河南省研究生教育改革与质量提升工程项目（精品教材）（YJS2022JC32）；河南大学研究生教育创新与质量提升计划项目（SYL20050104）；河南大学中国式现代化研究协同创新团队建设（S23041Y）；河南省高等教育教学改革研究与实践项目（本科教育类）（2024SJGLX0055）资助

旅游目的地研究与管理

陈玉英　主编

U0252034

中国环境出版集团·北京

图书在版编目（CIP）数据

旅游目的地研究与管理 / 陈玉英主编. -- 北京 ：
中国环境出版集团，2024.5
ISBN 978-7-5111-5872-7

Ⅰ．①旅… Ⅱ．①陈… Ⅲ．①旅游地－旅游资源－资
源管理 Ⅳ．①F590.3

中国国家版本馆CIP数据核字(2024)第111038号

责任编辑　孔　锦
封面设计　岳　帅

出版发行　中国环境出版集团
　　　　　（100062　北京市东城区广渠门内大街 16 号）
　　　　　网　　　址：http：//www.cesp.com.cn
　　　　　电子邮箱：bjgl@cesp.com.cn
　　　　　联系电话：010-67112765（编辑管理部）
　　　　　发行热线：010-67125803，010-67113405（传真）
印　　刷　玖龙（天津）印刷有限公司
经　　销　各地新华书店
版　　次　2024 年 5 月第 1 版
印　　次　2024 年 5 月第 1 次印刷
开　　本　787×960　1/16
印　　张　22.25
字　　数　360 千字
定　　价　89.00 元

中国环境出版集团郑重承诺：
中国环境出版集团合作的印刷单位、材料单位均具有中国环境标志产品认证。

前　言

　　国际上，越来越多的旅游目的地通过创造就业机会、促进新企业成立、增加出口创汇和基础设施建设，成为推动区域社会经济高质量发展的关键力量。自第二次世界大战以来，旅游业经历了持续的扩张和多样化发展，已成为世界上最大的经济部门之一，并且增长速度极快。除了欧洲和北美的传统旅游目的地，许多新兴的目的地不断涌现。根据世界旅游城市联合会数据，2019年是世界旅游经济发展的一个历史性高峰，全球各旅游区域、主要目的地国家以及旅游城市的经济都实现了前所未有的增长；特别是世界旅游中心城市，它们在全球旅游经济中的地位得到了进一步加强。我国的上海和北京作为世界旅游中心城市，在2019年旅游接待人数占全球总量的3.08%，旅游总收入占全球的1.32%，均已成为世界上最大的旅游目的地城市。

　　旅游研究逐渐从单一的旅游要素转向对聚集多种旅游要素的空间研究。旅游目的地成为学术界的热点议题。本书在前人研究的基础上，注重创新人才培养的需求，打破传统教材的知识体系结构，以研究型学习为核心，强调研究性学习的特点。本书围绕"研究规范—理论基础—学术思想—研究方法—案例分析"的逻辑主线，形成了"问题意识—命题引导—理论基础支撑—方法决策—理论凝练—案例解析"的研究型思维模式。根据旅游学科的研究规范和旅游管理学科的教学特点，本书明确设定了教材的重点和系统性内容。以提升研究生的综合科研能力为目标，全面系统地解析旅游目的地的研究规范、概念范畴和主要命题，培养学生评估旅游目的地研究领域主要课题的价值和意义；分析现有研究成果的方法论和理论基础，培养学生高效选择适合旅游目的地课题的研究方法和理论框架；通过深入分析旅游目的地开发、规划与管理三个层面的典型案例，总结成功的发展与管理实践，解构规划案例，并注重学术研究案例的剖析，以培养学生的旅游目的地开发、规划与管理方面的研究成果输出能力。

本书由陈玉英担任主编，负责全书内容结构、书稿的审定和出版事项的协调处理等。陈楠和陶犁担任副主编，对该书的出版做了部分协调性工作。全书共五篇十章，其编写分工是：任瀚撰写第一章，陶犁撰写第二章，陈玉英撰写第三、第四章，李萍撰写第五章，余永霞撰写第六章，陈楠、袁菁撰写第七、第八章，袁菁、刘宏芳撰写第九章，陈太政、王嵛撰写第十章。

在本书的编写过程中，我们参阅了大量书籍和学术论文等，吸收了诸多专家学者的研究成果，在此特向他们表示崇高的敬意和衷心的感谢！本书的出版，得到了教育部人文社科重点研究基地——河南大学黄河文明与可持续发展研究中心、黄河文明省部共建协同创新中心主任苗长虹教授，河南大学文化旅游学院孔涛书记、桓占伟院长、张召鹏副院长，云南财经大学旅游文化产业研究院院长明庆忠教授的关心和支持；中国环境出版集团有限公司孔锦编辑为本书的出版做了大量工作；在本书编撰过程中，研究生李亚洁、张皓钰、王欣玲、刘美婷、禹建崇、晁丹参与了本书的资料收集和图表制作，李博、高雅、卜方方、吴博、梁三勇、王莲君、谢金玉协助校对书稿，借此机会一并表示衷心的感谢！

编 者

2023 年 12 月 12 日于开封市明伦街 85 号

目　录

第一篇　研究规范

第二篇　理论基础

第三篇　研究方法

第四篇　管理与治理

第五篇　案例分析

第一篇

研究规范

　　无论研究者选择旅游目的地哪个领域的课题，他们的研究都会受到社会效用和理论价值的影响，以及旅游研究领域内不同研究规范的制约。研究规范是由一系列概念和理论假设构成的，它们是完成研究任务的参考准则或观点。在旅游目的地的研究中，规范体现为研究者观察旅游目的地的路径、研究视角、理论基础、方法和过程。研究者所观察到的旅游目的地是客观存在的，独立于研究者自身之外。然而，对这一旅游目的地的现实世界的理解和解释，是通过研究者所持有的研究准则、概念、范畴、理论观点或偏见等规范要素来实现的。因此，即使面对相同的旅游目的地研究课题，不同的研究规范可能导致不同的研究结果和结论。

第一章 旅游目的地研究准则和关键词

本章将基于哲学理念，全面阐释旅游目的地研究的规范，引导学生进行科学选题，涉及旅游目的地的开发、规划与管理。结合已有的研究成果和经验积累，以及思维范式，本章将展示旅游目的地研究的准则，包括价值中立、可重复性逻辑上可信和事实上可验证。还将介绍旅游目的地研究的关键词（如范畴、命题、理论和范式），为学生在旅游目的地研究选题和论证的知识学习奠定基础。

第一节 旅游目的地研究准则

一、价值中立

德国社会学家、哲学家马克斯·韦伯，作为现代社会学奠基人之一，对现代社会提出了深刻的见解[1]。他指出，现代社会与古代社会的区别不仅体现在时间顺序上，更体现在本质上的深刻转变。韦伯认为现代社会的本质特征在于个体能够追求自己的价值观，并得到社会的包容。基于此，韦伯提出了著名的"价值中立"原则。他认为，在现代社会中，多元价值观并存，没有任何一种价值观可以被断言为高于其他价值观。因此，学者在研究中应避免价值判断的干扰，力求客观和公正，以实现价值中立。这一原则被大多数科学家和研究者所认同。然而，价值中立的概念也曾面临着挑战。从科学研究的初衷和成果应用来看，科学家们实际上很难做到完全的客观和中立。尽管如此，科学界至今仍坚持价值中立原则。科学家们相信，即使受到各种外界因素的影响，也应努力维持价值中立，并将其作为一个基本原则或目标。这是确保科学研究纯粹性的基本标准。在旅游目的地研究领域，坚持价值中立同样是研究者应遵循的基本准则。

二、可重复性

在社会科学的研究领域，存在许多不可实验的现象，研究者的生命跨度与所研究的社会现象的发展周期往往不同步，加之研究者与研究对象之间存在着不可分割的联系，这些因素都促使我们对"可重复性（repeatability）原则"持更为宽容的态度。然而，起源于自然科学并作为实证主义核心原则之一的可重复性原则，仍然对社会科学研究者具有警示和启发作用。在自然科学中，坚持可重复性原则对于科学实验的理论构建具有重大意义。同时，我们也应当意识到，通过借鉴奥地利哲学家波普尔所提出的证伪主义，可以对那些可重复性原则揭示出的规律进行有效的检验[2]。

在旅游目的地的研究中，可重复性原则是价值中立原则的一个衍生概念。为了排除主观价值判断，研究者需要对相同的研究对象或课题采用统一的方法论，使用一致的研究资料，并在相同的条件下进行研究，以实现不同研究者之间结果的一致性。这种指导思想反映了归纳法的哲学基础，将可重复性和可验证性视为揭示事物内在规律性的关键指标。然而，在实际操作中，旅游目的地研究不可避免地会受到某些限制。通过可重复性原则揭示出的规律，往往只能建立在概率性的基础上，而非逻辑上的必然性。这是因为归纳法中的不完全枚举存在固有的局限性，有限的枚举可能导致所提出的规律最终被新的反例所推翻。

三、逻辑上可信与事实上可验证

逻辑是一种推理的方法和原则，它基于人们的经验事实之上构建。在旅游目的地的研究中，遵循逻辑至关重要，因为科学研究的核心在于相信事物之间存在着联系和因果关系，并将事物的可解释性建立在坚实的逻辑基础之上。根据逻辑规则，研究者不仅能描述事物的结构和形态，还能揭示其运动规律，并从中提炼出具有解释力或预测力的模型。因此，在进行科学推论和论证时，应坚持逻辑的可信性原则，即旅游目的地的研究推理必须满足逻辑的基本要求[2]。

实际上，可验证性（testability）作为一项研究标准，不仅历史悠久，而且在实际应用中也非常广泛。在遵循可验证性这一科学原则的过程中，研究结果既可以支持研究的逻辑假设，也可以推翻这些假设。在通常情况下，科学界主要遵循归纳法来寻求对逻辑假设的证实，即通过已被证实的事实来构建理论的命题和框架。然而，由于归纳法本身存在局限性，卡尔·波普尔提出了"可证伪性"（falsifiability）的概念，这一理论的提出使他在科学哲学界声名鹊起。

第二节 旅游目的地研究的关键词

在旅游目的地的研究中，一些关键术语或关键词频繁出现，例如范畴、命题、理论和范式。这些术语构成了科学研究活动的基础要素，它们所包含的知识丰富性在范式达到成熟阶段时表现得尤为明显。从科学知识体系的历史和逻辑发展来看，范式的形成依赖于范畴的丰富性、命题的独立性以及理论的独特性，这些是其形成的基础和前提。这四个关键词不仅代表了科学研究的具体对象，而且它们之间的相互作用还能描绘出科学知识领域的发展和成熟轨迹。

一、范畴

在汉语中，范畴（category）早期出现在中国古代先秦文献《尚书·洪范》中，最初是指对事物的分类，源自箕子在回答武王关于治国安民的次序问题时提出的"洪范九畴"。而在西方语言中，无论是英语、德语、法语还是俄语中的"范畴"，均源自希腊语，其含义涉及种类、类目、部属和等级。随着近现代西方科学知识的传入，中文中的"范畴"一词不仅保留了其在中国古代文献中的传统含义，还融入了新的科学内涵。1987 年出版的《中国大百科全书》（哲学卷）中对"范畴"的解释是："范畴是反映事物本质属性和普遍联系的基本概念"，"理性思维的逻辑形式"。尽管对范畴的解释远不止于此，但这个定义揭示了范畴的本质特征。一般而言，范畴被视为反映事物最一般规定性的概念，是思维对客观事物最一般即本质属性和关系的概括与反映。在本体论层面，范畴是指本体的属性；在知识论层面，范畴是指知识的特质；在方法论层面，范畴是进行理论思维的工具；在语言层面，范畴是指表达本体论和知识论思想的语言形式 [3]。

"范畴"在科学研究中是一个极为关键的术语。它在不同的学科领域中都是基础性、核心性且频繁使用的词汇之一。在各个成熟的学科领域或知识共同体中，它们或独立或与其他学科相互联系，形成了一些专门的范畴。这些范畴的数量及其在学术界获得的普遍认可程度，是衡量一个学科成熟度和深度的重要指标。范畴越多，且得到越广泛的共识，通常意味着该学科发展得越成熟、越深入；相反，如果范畴较少或共识不足，则可能表明该学科仍处于发展的初期阶段，甚至可能还处于前学科状态。

在经典物理学、数学、天文学乃至经济学等学科中，都存在丰富而独特的科学范畴。例如，在牛顿力学中，有"力""惯性""绝对时间""绝对空间"等概念；爱因斯坦提出了"相对论"；海德格尔探讨了"存在"；胡塞尔研究了"意向性""本质直观""生活世界"；后现代主义则关注"现代性""后现代性""解构"等议题。这些术语因其能够阐释和界定特定现象的内在含义，而在各自的知识领域中占据了核心地位。它们就像是构建知识大厦的基石，为理论体系的建立打下了坚实的基础。然而，对于一些新兴学科而言，其范畴的丰富性、独特性和成熟度往往难以与这些传统学科相媲美。这不仅反映了这些新兴学科在知识成熟度上的不足，也预示着未来在知识体系构建上将面临的挑战。管理学、营销学和公共关系学等学科目前大致处于这样的发展阶段。

在旅游学领域，范畴的积累与创新尚处于早期发展阶段，主要因为该领域尚未形成一套独特的范畴体系。虽然存在如"旅游""旅游者""旅游资源""旅游产品""旅游体验""旅游世界""旅游情境""旅游场"等既有和新提出的范畴，它们可以被视为旅游学研究的核心概念，但这些有限的范畴尚未在学术界形成广泛的理性共识，其数量之少也未能为旅游学界带来明确的身份认同。这些问题不仅是旅游基础理论研究需要关注的方向和承担的使命，也是旅游学方法论需要深入探讨的议题。当然，范畴的构建与应用是一个长期的历史进程，它需要时间的积累和沉淀，不能急于求成。

二、命题

命题（proposition）这一术语与范畴理论紧密相连。简而言之，命题是范畴之间的观点性连接。更具体地说，命题是利用特定的范畴来构建某种观点的陈述形式，它们是人们通过陈述句来表达断定内容的工具。因此，命题也可以被视为一种判断，而这种判断构成了知识的基石。例如，"旅游是一种空间迁移活动""旅游资源并非固定不变""旅游提供了体验"等，都是这样的命题或判断，它们对某些事物进行了肯定或否定。正如柯匹与科恩在他们的著作《逻辑学导论》中所指出的："命题是可以被肯定或否定的，这与问题、命令和感叹不同。问题可以被提出，命令可以被下达，感叹可以被表达，但它们本身并不具备可肯定或否定的性质。只有命题能够断言事物的状态，因此，也只有命题能够被判定为真或假。"[4]

命题，作为一种具有明确意义的判断性词组或语句，既是人类对世界认知的知识表达形式，也是思维逻辑的一种体现。在科学研究的实践中，命题常以待验证的假设或预设的形式出现，它们可能是尚未证实的观点，也可能是经过实证研究验证的结论。例如，命题"宇宙中其他星球上存在生命"目前尚无法确定其真实性。通常来说，命题具有真假二元性，这是其基本特征之一。真命题可以表现为多种形式（如公理、定律、模型等）。一项研究，尤其是实证研究，往往始于明确待验证真假的命题。对于一个知识领域而言，命题的积累是推动该领域知识体系化和理论化的基础，也是其发展的前提。

我们可以通过一个例子来阐释范畴与命题之间的联系。以"旅游""体验""愉悦""休闲""余暇"等术语为例，它们不仅是旅游知识体系中的核心范畴，也是该领域的关键概念。尽管这些范畴代表了旅游知识领域的独立要素，但它们本身并不足以全面表达人们对旅游现象的认识，特别是在理解现象间关系时，仅靠范畴的界定是不足的。因此，人们利用命题来运用和调动这些范畴，使得范畴和命题成为相互依赖的思维和表达工具。在旅游知识领域中，这一现象同样适用。通过经验观察或专业研究，人们得出了一些规范性的结论："旅游是一种体验""旅游是一种休闲活动""旅游发生在自由时间或余暇中""旅游能带来心理上的愉悦"。这些命题可能涉及整体现象，也可能关注个体体验，但无论如何，它们所描述的现象都是真实且具体的。因此，这些命题构成了逻辑判断和知识认知的基础。它们在范畴之间建立了某种判断上的联系。如果这些命题是基于严谨的科学研究得出的，那么它们可以被视为科学结论的表达，为知识的传播和积累提供内容。

在逻辑学领域，命题是构建论证的核心要素。逻辑学的论证或推论过程涉及从一个或多个命题出发，进而推导出另一个命题。在实证性科学研究中，命题通常被设定为研究的基本假设，并成为科学验证的主要对象。

三、理论

理论（theory）是一系列系统性地相互关联的命题，这些命题包含了经验上可验证的规律性概括[5]。它是人们通过加工和转化感性认识材料而获得的思维成果，是一种具有内在结构并通过这种结构发挥功能的整体性知识形态。如果用命题来表达这种联系，理论可以被表述为"由多个自治命题构成的知识体系"。换句话说，一个理想的理论应当是一系列相互关联且系统陈述的命题，它们在更高层次上描述和解释经验现象。理论不仅能够解释和批判现有的法则或规律，还能整合实践中出现的问题。在理论的形成过程中，人们往往会在经验的引导下发现许多新的知识集合，这些新知识使得法则或规律更加新颖、有力和普遍。理论的形成不仅教会我们从经验中学习，还促使我们思考应该学习什么[6]。科学理论是对客观事物本质及其规律的正确反映，它基于社会实践产生，并经过社会实践的检验和证明。科学理论的重要任务是揭示客观事物的发展规律。科学理论是通过概念—判断—推理，以及论题—论据—论证等逻辑推导过程来认识的，它涵盖了知性认识阶段和理性认识阶段的理论。

（一）知性认识阶段的理论

知性认识阶段的理论揭示了世界的本质，而理性认识阶段的理论则揭示了事物的本质。规律是本质及其相互关系的展开，人类认识的目标在于理解事物的本质和规律，并以此作为行动的指导。因此，知性认识只是人类认识世界的一个环节，而非终极目标；理性认识才是人类认识追求的终极目的。从狭义上讲，理论是指理性认识阶段的理论，它具有抽象性、逻辑性、系统性、可证实性和可证伪性五大基本特征。没有抽象性和严密逻辑推演的随感、散文、技术文档、实验报告、可行性研究报告、方案设计、模式设计、数学模型、政策建议等，都不能被视为理论。只有观点而缺乏逻辑体系支撑的观点同样不能构成理论。科学理论必须是可证伪的、可证实的。

（二）理性认识阶段的理论

英国社会学家特纳全面阐述了理论的内涵，并从理论思想的不同构成形式来分析理性认识阶段。在理性认识阶段，理论主要分为思辨理论、分析理论、演绎理论和模型理论。

思辨理论主要从哲学视角探讨理论的核心概念和基本假设。当研究者关注"旅游的本质是什么"、"旅游的基本范畴包括哪些"以及"旅游学作为一门学科，其研究对象是什么"等问题时，他们需要利用旅游领域内已有的理论思想或观点进行深入分析和综合。在此基础上，研究者提出核心概念或理论假设，并将这些作为理论研究的基础或前提。通过抽象地分析旅游目的地的社会现实，得出的理论性结论即为思辨理论。思辨理论最显著的特征在于其逻辑的严密性和思想的深邃性。

分析理论侧重于对人类社会进行类型学的划分，旨在构建一套概念体系和分类框架。在这个体系中，每个概念都用于界定一种基本的社会现象，而分类框架则用于将社会现象进行分解，确保每个经验现象都能在分类体系中找到明确的位置，并展现出其类别现象的共同特征。这种类型学的研究有助于加深人们对客观世界的理解，而且，对现象进行类型化的过程也是探索关系变量的一种方法。例如，在深入分析旅游体验时，将其分解为生理体验、心理体验，或者进一步划分为认知体验、情感体验、意志体验，或者细分为自省体验、互感体验、融体验等类型，这不仅增强了人们对旅游体验的理解，而且通过分析各类体验与旅游者整体体验之间的关系，进一步深化了对旅游体验的认识。

演绎理论也称为形式理论，是由一系列不同抽象层次的命题构成的理论体系。从较高层次的命题出发，可以推导出较低层次的命题，进而解释具体的实证现象。在社会理论领域，演绎理论并不像自然科学那样能够依赖公认的公理或公设进行逻辑推演，而是通过从抽象概念到变量，再从变量到具体指标的经验演绎过程。因此，其逻辑推演的严谨性相对较弱。在旅游目的地研究领域，理论体系的构建基于对"地方性"这一基本概念的理解，将游客置于旅游目的地的社会、文化和自然环境的具体框架之中，从而提炼出旅游目的地可持续发展的指标。尽管这种理论体系在抽象层次与经验层次之间建立了联系，它不仅具有较高的解释抽象度，而且能够接受实证事实的检验，因此，这种理论体系也展现出了科学理论的典型特征。

模型理论通常源自经验总结，具有较低的抽象层次和鲜明的实证特征。在社会科学领域，包括旅游学科，模型理论主要依赖于数学和统计学方法来分析经验数据中的因果关系，以此构建理论模型。在模型构建的过程中，演绎法和归纳法是两种常用的方法，它们虽然路径不同，但最终都能达成构建理论模型的目的。演绎法从一般性的命题出发，通过逻辑推理来验证这些命题的真实性或虚假性；而归纳法则从具体的现象观察入手，通过总结和概括来形成一般性的命题。这两种方法都强调理论与经验事实的紧密结合，要求理论命题必须建立在经验事实的基础之上。然而，由于经验事实所反映的现象往往具有一定的局限性，模型理论在尝试推广其结论以获得更广泛的适用性时，可能会遇到一定的限制。

总体而言，在旅游学研究领域，目前尚未形成一套成熟的理论体系。这一判断的依据在于，现有的旅游学知识体系中，缺乏足够的概念范畴和命题，尤其是缺乏足够多的协调一致的命题。在一些旅游学的著作中，从基本范畴的概念界定到各种命题的提出，常常出现自相矛盾的现象，这是理论发展不成熟的体现。鉴于旅游现象的独特性，旅游学作为一个独立的学科领域已经具备了相应的条件，理论的独立发展只是时间问题。随着旅游在富裕社会中的地位日益提升，有关旅游的理论也将逐步走向成熟。如果旅游学术界能够在理论构建上形成共识并积极推进，这一成熟过程有望得到加速。

四、范式

在研究设计中，选择研究范式是一个关键的决策。范式是指关于本体论和认识论的哲学假设，它是同一学科领域内研究者共同认可的概念、命题和理论体系。范式不仅包含与这些概念、命题和理论相关的特定方法学技术，还以一些代表性研究作为实践的典范。在研究实践的设计和实施中，基于推理和观测构建的知识体系，即构思模型或理论框架，被称为范式。范式这一概念最早由美国哲学家托马斯·库恩在 1962 年的著作《科学革命的结构》中提出。库恩将范式定义为"特定的科学共同体从事某一类科学活动所必须遵循的公认的'模式'，包括共有的世界观、基本理论、范例、方法、手段、标准等与科学研究相关的所有要素。"库恩主张科学发展是"历史阶段论"，认为每个科学发展阶段都有其特殊的内在结构，而范式正是体现这种结构的模型。[8]

范式概念是库恩范式理论的核心，它本质上是一种理论体系。库恩指出，范式是一种公认的模型或模式，它不仅是科学家共同体在特定科学活动中遵循的模式，也包括了共有的世界观、基本理论、范例、方法、手段、标准等与科学研究相关的所有要素。库恩提出这一概念，意在阐释科学实践活动中某些被公认的范例（包括定律、理论、应用以及仪器设备等），为某种科学研究传统的形成提供了模型。在库恩的理论中，范式是本体论、认识论和方法论的综合体，是科学家集团所共同接受的一组假说、理论、准则和方法的总和，这些东西在心理上形成了科学家的共同信念。[9]

由于范式往往是隐晦的、假设性的，并被视为理所当然，因此通常难以识别。然而，识别范式对于调和不同个体对相同社会现象所产生的不同看法至关重要。

学术研讨题

1. 如何呈现旅游目的地研究中的价值中立？
2. 辨析逻辑上可信与事实上可验证。
3. 选择一个旅游目的地研究命题，说明其学术价值、应用价值及其发展前景。
4. 选择一个管理学或区域经济学中的理论，说明其对旅游目的地研究的适用性。

推荐阅读文献

（1）谢彦君. 旅游研究方法[M]. 北京：中国旅游出版社，2018.

（2）[法]伏尔泰. 哲学辞典[M]. 王燕生，译. 北京：商务印书馆，1991.

（3）韩乾. 科学研究的方法：论文写作的逻辑思维[M]. 成都：四川人民出版社，2020.

主要参考文献

[1] 黄渡. 社会科学的逻辑[M]. 上海：上海人民出版社，2023.

[2] 谢彦君. 旅游研究方法[M]. 北京：中国旅游出版社，2018.

[3] 成中英. 从真理与方法到本体与诠释[A]. 本体与诠释[C]. 北京：三联书店，2000.

[4] 张建军，潘天群，顿新国，等. 逻辑学导论[M]. 13 版. 北京：中国人民大学出版社，2014.

[5] 鲁德纳. 社会科学哲学[M]. 北京：三联书店，1989.

[6] 韩乾. 科学研究的方法：论文写作的逻辑思维[M]. 成都：四川人民出版社，2020.

[7] 乔纳森·特纳. 社会学理论的结构[M]. 杭州：浙江人民出版社，1987.

[8] 李宝恒，纪树立. 科学革命的结构[M]. 上海：上海科学技术出版社，1980.

[9] 金吾伦，胡新和. 科学革命的结构[M]. 4 版. 北京：北京大学出版社，2012.

第二章　旅游目的地研究选题与论证

在学术研究中，第一步就是选题，即明确研究的具体方向、科学问题和命题。对于旅游目的地的学术研究而言，选题尤为关键。进行旅游目的地研究时，研究者需要全面掌握该领域的学术概况，并依据旅游学科的理论基础、文献积累以及实践发展来构建自己的学术视角。特别需要指出的是，旅游目的地研究的选题和论证应充分考虑研究者的个人兴趣，并立足于旅游学科的全景。

第一节　旅游目的地研究选题与设计

一、选题概念

（一）内涵

什么是问题？毛泽东同志曾说过："问题就是事物的矛盾，哪里有没有解决的矛盾，哪里就有问题。"例如，游客在同一旅游目的地的停留时间为什么有长有短？旅游目的地形象是否有利于营销？旅游目的地能否实现可持续发展？诸如此类，均存在矛盾点，解决这些矛盾，都需要有一个明确的命题表达，需要有一个合理的切入点。问题是已知与未知的统一，是研究的起点也应该是研究的结果。波普尔把科学认知过程归纳为四段图式：P_1—TT—EE—P_2，即问题1—试探性力量—批判性检验、消除错误—问题 2；波普尔把问题作为科学研究的起点，强调问题对科学认知发展的推动作用[1]。

选择命题是研究工作的起点。那么，我们如何确定正确的研究起点呢？这需要我们探索前人或他人研究的终点以及他们在这些终点所取得的成就。要准确找到这些终点和起点，必须进行广泛而深入的文献调研和实践调查研究。否则，我们可能会无意中重复他人的工作。科学选题不仅需要了解研究课题的历史发展、经验教训和当前研究动态，还要考虑主观和客观的实际条件。因此，选题本身就是一项极为重要且复杂的研究工作。它不仅是研究工作的起点，而且在某种意义上，正确而恰当的选题本身就是一项科研成果。能够正确而恰当地选择研究课题，不仅反映了一个人的工作态度和方法，也体现了其科学素养和科研能力。

创见性的选题对学科发展具有重要推动作用。提出一个具有创见性的研究课题，是科学进步的真正标志。德国著名理论物理学家、思想家及哲学家阿尔伯特·爱因斯坦曾说过："提出一个问题往往比解决一个问题更为重要，因为解决问题可能仅涉及数学或实验技能。而提出新问题，则需要创造性的想象力，这标志着科学真正的进步。"科学发展的历史充分证实了这一观点。例如，17世纪，伽利略提出了测定光速的问题，并进行了相关实验；尽管他的实验并未完全解决问题，但光速问题的提出对科学实验和自然科学的发展产生了深远影响。它激发了丹麦物理学家罗默、法国物理学家斐索、美国物理学家迈克尔逊等对光速进行越来越精确的测定，为天文学提供了光年这一便利的计量单位，并推动了光学理论、电磁理论，以及狭义相对论的发展。英国物理学家法拉第选择了将磁能转换为电能的研究课题，并发现了电磁感应定律，这一发现促成了发电机的发明，引领人类进入了电气化时代。提出一个问题之所以往往比解决一个问题更重要，是因为：第一，提出创新性的研究课题往往能成为自然科学发展和取得成果的新起点或指南；第二，提出和选择正确的研究课题对人类社会的进步至关重要。自然界的奥秘是无限的，是人类永远无法完全认识和探索穷尽的。

综上所述，笔者认为旅游目的地研究选题是科研人员基于旅游目的地的理论或发展实践，识别旅游目的地研究领域中尚未被充分认识且需要探索、认知和解决的问题，以此确定研究的主要方向和目标的战略性决策过程。它是开展旅游目的地研究的首要步骤，不仅明确了研究的对象和目标，而且在一定程度上决定了研究的方法和路径。其基本要求是：提出一个科学的假设、确保研究的创新性、与旅游学科的发展规律相一致，以及符合旅游发展的战略和趋势。

（二）价值取向

选题是旅游目的地研究工作的第一步。如何选择合适的课题对于科研成果的预期实现和重大发现的可能性至关重要。研究课题应是前人尚未深入探讨的领域，能够填补科研空白，或者对错误的命题进行辨析和证伪。课题的结论应能为国家旅游政策的制定提供重要的参考依据，或者解决旅游体验中的紧迫问题。此外，研究还应促进旅游目的地的建设、旅游安全、区域经济发展以及先进文化的传承与创新。

作为研究者，在选题时应兼顾社会责任和价值取向。首先，选题应与国家旅游发展规划的需求相契合，确保命题、研究内容和成果能够服务于国家旅游经济建设，并推动国家旅游综合实力的提升。其次，选题应充分考虑本地区的实际需求，利用科研优势，满足区域经济发展的需求，增强本地区的旅游竞争力，促进目的地的可持续发展。最后，选题还应考虑团队的科研基础和成员兴趣，将团队的研究目标与个人价值实现相结合，努力营造一个和谐、积极、团结的科研环境。

（三）来源

旅游目的地研究选题的来源主要可归纳为两个方面：一方面是旅游学科的理论研究。在旅游学科的理论知识学习或学术交流中，研究者可能对旅游目的地研究的特定领域产生兴趣，并萌生积极探索和创新研究的愿望。另一方面是旅游目的地发展实践的观察、调查与感悟。随着旅游成为人们日常生活的一部分，旅游目的地的经济、生理和社会活动为研究者提供了丰富的实践认知，使他们能够发现并选择自己感兴趣的研究课题；在参与旅游目的地的实地实习、专项调查等实践活动中，研究者可能遇到并识别出自己感兴趣的问题。此外，各种研究基金发布的与旅游目的地相关的研究课题，也是研究者选题时的重要参考依据。具体来源有以下4个方面。

1. 从国家发布的旅游发展计划中得到带有问题的课题

国家在一定的时期会根据社会经济发展的需求，制定符合国情的旅游发展规划或纲要。例如，文化和旅游部在不同阶段会发布科研计划，这些计划中包含了对旅游目的地科研工作的具体需求，有时甚至直接提出需要研究的旅游目的地相关课题。

2. 从旅游目的地发展所亟须解决的问题中选题

随着我国经济的持续发展，对旅游目的地的发展要求日益提高，特别是在旅游目的地的土地利用和高质量发展方面，这些问题已成为区域旅游经济运行中迫切需要解决的关键议题。例如，在旅游旺季或高峰期，如何确保旅游接待服务质量和旅游体验质量，成为了一个亟待探讨的课题。可以提出关于旅游目的地高质量发展的应用研究课题。

3. 从平时的工作实践中发现问题

每位旅游目的地的科研人员都是旅游研究的实践者，他们通过对日常阅读的研究成果进行深入理解，对旅游目的地的规划研发、开发管理、形象传播、市场营销和投融资等方面都会有持续深化的认识。在日常的文献学习和知识积累过程中，他们可能会发现新的旅游目的地管理内容，或者识别出旅游目的地产业结构需要进一步优化调整的问题。这些发现都可以成为研究选题的方向，为旅游目的地的科研工作提供新的思路和视角。

4. 世界标准和国家政策中发现问题

通过对旅游目的地规划、开发和管理的世界标准和国家政策进行深入研究，可以揭示旅游目的地发展的区域差异、发展主题和发展趋势等关键信息。这些发现可以作为解决实践问题或探索前沿性选题的重要方向。例如，对比旅游经济发达地区与欠发达、不发达地区的差异，可以形成有关旅游目的地发展战略决策的相关课题。同时，根据国家关于旅游目的地发展的方针政策，可以提出解决问题的方法与途径，进而形成具体的研究选题。

二、选题原则

选择课题是一项既复杂又富有创造性的任务。它不仅涉及科学情报信息资料的搜集、分析、筛选和整理，还包括对课题的修正、调整、更换、排列、确定、评价和预测。这一过程中的每个环节都要求科研人员具备强大的分析能力、洞察力、决策力和预见力，这些都是对科研人员思维能力和科研技能的重要培养和锻炼。旅游目的地研究的选题同样会受到多种因素的影响。为了合理地进行科学选题，一般认为在选题时应遵循一些基本原则，如需要性原则、创造性原则、科学性原则和可行性原则。

（一）需要性原则

需要性原则要求选题必须满足旅游目的地发展战略和实践的需求，以及旅游学科发展的需求，同时也要符合科学技术发展和区域社会发展的需求。区域社会发展的需求主要涵盖居民生活水平的提升、满足人们的高层次需求，以及文化教育和休闲时间的需求等。科学技术发展的需求是指在选题过程中，应重视选择那些基础性和理论性研究的课题。基础性研究是旅游目的地基础知识创新的核心，是推动旅游科学发现的根本途径，也是旅游技能技术创新的前提和基础。

（二）创造性原则

旅游目的地研究活动本质上是探索性的，它涉及前人未曾触及或未完成的领域，预期能够产出新的研究成果。这些研究工作包括在理论问题和实践问题中发现的新原理、新方法、新数据和新工艺等。简言之，旅游目的地研究中提出的新概念、新方法，建立的新理论，以及在特定旅游目的地发展过程中发现的新机制，还有在旅游目的地开发过程中发明的新技术、新工艺等，都属于创新的范畴。创新的程度也有不同，包括原创性创新、移植性创新、完善性创新和深化创新等。在旅游目的地研究的创新过程中，原创性工作的有无，是评判科学研究成果水平高低的关键因素。

强调研究选题的创新性，对于初学研究者来说有些困难，但以提升自我研究能力为目的，来进行创新性的研究是可以接受的。严格地讲，这称为"学习研究"，不能称为"创新研究"。对于自己知道而他人不知道的知识，研究者要做的事就是发表，对于大家都知道的知识，只要去应用就可以了。我们可以用图 2-1 对这 4 种情况进行区别[3]。

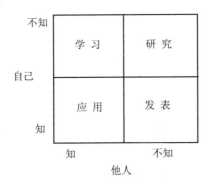

图 2-1 有关知识活动的四象限

（三）科学性原则

旅游目的地研究选择的课题必须以一定的旅游发展事实为依据，与已有的旅游科学理论、规律及相关学科理论一致，把课题置于当前科学技术发展背景下。为此必须做到：选题时要有科学理论依据和事实根据；与自然规律、旅游发展实践、学科理论一致，避免主观臆测、宗教迷信；选题时要以旅游目的地实际情况为依据，做到实事求是；任何课题的选择都要与已有的且经证实是正确，还没有被新的发现所否定的旅游学科理论、规律和经验事实一致；所选课题应尽可能地具体、明确，这与研究者思路的清晰度、预测研究结果的可信度及解决问题的深刻性有很大关系。

（四）可行性原则

可行性原则要考虑主客观条件，既要考虑实际具备的条件，也要考虑通过主观努力可以达到的条件。如果所选择的课题与自己的主客观条件相适应，则选题是可行的。主观条件主要包括：正确评价研究者的知识结构和水平，研究者的科研能力、思维能力、文字能力，以及研究者的科研管理能力等；客观条件主要包括：旅游目的地研究所使用的科研经费、仪器设备、研究对象、实验材料、情报信息资料、研究时间和地点、协作条件以及相关学科的发展程度等。

三、选题的研究设计规程

科研选题是选择某一学科领域中尚未认识而又需探索、认识和解决的科学技术问题以备研究的过程。科研选题是科学研究的第一步，其具有战略性和全局性，决定科研工作的方向，在一定程度上决定整个科研工作的内容、方法和途径，影响研究成员的组成和才能的发挥，关系科研成果的产出。因此，旅游目的地研究选题要遵循一定的规程，如图 2-2 所示。

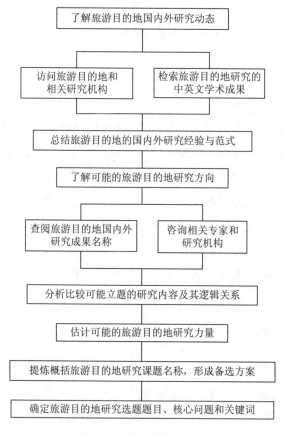

图 2-2　旅游目的地研究选题规程

（一）了解旅游目的地国内外研究动态

旅游目的地研究选题的基础工作是了解国内外相关研究态势，争取广泛了解、扩大视野、增加选题空间。了解旅游目的地国内外研究动态主要有以下两种途径。

1. 访问旅游目的地和相关研究机构

实地访问旅游目的地和相关研究机构是获取旅游目的地研究动态的一种可靠且直接有效的方法。对于初涉旅游目的地研究的学者而言，由于旅游专业知识的积累有限，可能对旅游目的地研究的全貌缺乏足够的了解，因此不宜闭门造车，主观臆断地设计研究课题。研究者需要"走出去"，亲自到旅游目的地进行实地调研，向学术权威机构和专业人士咨询，以收集准确可靠的数据和信息。相关研究机构包括旅游目的地的主管部门，旅游规划设计研究部门，旅游目的地研究的相关研究机构、学术团体、出版社及学术期刊杂志社等。通过这些途径，研究者可以更全面地掌握旅游目的地的研究现状，为自己的研究课题设计提供坚实的基础。

2. 检索旅游目的地研究的学术成果

查阅有关旅游目的地研究态势的文献资料，是收集动态信息的间接途径，可以获取详细的文献资料。中英文学术成果包括旅游学术著作、相关学术刊物、旅游学术会议论文、有关管理机构主办的动态信息简报等。这些资料除了可以在旅游相关的情报资料机构查阅，也可以通过互联网查询。有条件的情况下，还应查阅历史资料和国外的有关资料，以尽可能全面地收集信息，了解大趋势，做到知己知彼。因此，在广泛了解国内外研究动态的基础上，也要对自己多年来从事的旅游研究工作进行认真总结。不仅要总结已有的成果，还要总结研究工作开展的经验，自己擅长的研究方向和方法，以及不足之处，做到有自知之明。

（二）了解可能的旅游目的地研究方向

在广泛了解旅游目的地研究动态的基础上，筛选感兴趣、有价值且可行的研究内容，以确定可能立项的研究方向。为了科学合理地确立可能的研究方向，需要查阅相关研究成果名称，并咨询相关专家和研究机构。

（三）分析比较可能立题的研究内容及其逻辑关系

在明确旅游目的地的研究方向之后，进一步对可供选择的研究方向进行比较分析是必要的，以挑选出存在明显逻辑关系的研究内容。对比分析已有的研究成果，进行"查新"，判断是否有类似的研究课题及相关成果。确定旅游目的地研究选题不仅涉及研究方向的确定，还包括研究层次的界定，即属于哪个一级学科，或者旅游学科的哪类子课题。选题的层次设置过高可能导致研究课题过于宽泛，而层次过低则可能导致研究价值和意义不够显著，因此需要进行认知上的权衡。

（四）估计可能的旅游目的地研究力量

在确定旅游目的地研究课题的同时，还需评估自身可能组织的研究资源，包括人力资源、物资资源和财务资源。人力资源是指可能参与研究活动的基本团队成员，同时，专家顾问的人选对课题的确立也具有重要影响。物资资源主要涉及所拥有的设施和图书资料，以及进行试验性研究所需的基本物质条件等。财务资源一方面包括采集数据、检索文献、进行田野考察以及研究设施设备购置所需的经费；另一方面是涉及经费的可获取性，即资金的来源和筹集的可能性。

（五）提炼概括旅游目的地研究课题名称，形成备选方案

确定旅游目的地研究方向和内容之后，要对研究内容加以提炼概括，优化选题名称。选题名称的表述要简明扼要，突出研究特色和核心问题，让读者印象深刻。要设计多种表述方案，比较后确定选题名称。

（六）确定旅游目的地研究选题题目、核心问题和关键词

在上述一系列工作的基础上，对旅游目的地选题的名称、内容、方法、效益等作大概的描述，进一步明确选题题目、核心问题和关键词，以完成选题工作。

第二节 旅游目的地研究选题的测量与操作化

在旅游目的地选题论证过程中，将选题领域或研究方向中模糊的观念转化为可以认知、可测量的概念，并将这些概念变成在后期研究实施过程中可操作的阐释，这是一项十分重要的工作。

一、选题的测量

旅游目的地研究选题的测量应遵循一定的法则，对所选课题涉及的事实、规律或现象的属性特征用符号或数字来表示。这一过程的目的是确定特定的旅游目的地研究单元及其属性类别，明确其质量和数量。旅游目的地研究选题的测量旨在识别研究选题的核心概念，并进一步明确研究选题的关键词，揭示这些关键词的特定属性特征。例如，在测量"旅游目的地形象塑造与传播"这一选题时，我们不仅要测量旅游目的地形象这一概念及其子概念，还要明确旅游目的地形象塑造的具体内容、方法，以及传播的路径、媒介和效果等。

旅游目的地研究选题的测量应具有一定的法则，这些法则涉及用符号通则、范畴模型、价值标准来表达选题的属性和特征的操作规则。这是一种具体的概念化操作程序，也是划分不同特征或属性的逻辑标准。旅游目的地的符号通则、范畴模型、价值标准是表示旅游目的地研究选题测量结果的工具。由于旅游目的地研究所涉及的现象具有不同的性质和特征，因此对它们的测量也就具有不同的层次和标准。目前广泛采用的测量层次分类法是由史蒂文斯在 1951 年创立的，其思想中对选题的概念性测量主要包括定类测量和定序测量两种[4]。旅游目的地研究选题的测量属于概念性测量，可以采用定类测量和定序测量两种方法进行测量分析。

研究选题的定类测量是测量层次中最基础的一种，本质上它构成了一种分类体系。这种测量方法将研究对象的不同属性或特征进行区分，并用不同的旅游专业术语、原理、规律或典型案例来确定其分类（如旅游目的地形象有原生形象、投射形象、感知形象、诱导形象等）。定类测量具有对称性和传递性两种属性，对称性表示如果甲与乙同类，则乙也一定与甲同类；传递性表示如果甲与乙同类，乙与丙同类，那么可以确定甲与丙也是同类。在社会现象的测量中，大部分属于定类测量，分类是研究选题或概念分析的最基本的目标和最经常性的操作。运用好定类测量，发挥其作用，对于旅游目的地研究选题的测量而言是一个重要任务。

研究选题的定序测量旨在对研究选题所体现的模糊概念进行清晰化、概念化和数量化的程度测量，其取值可以按照某种逻辑顺序，对旅游目的地研究选题中可能的研究对象、基本概念，甚至是研究内容的概念化程度进行排列，从而确定其等级和次序，以便选择并最终确定选题的核心概念和主要研究内容。旅游目的地研究选题的定序测量可以根据特定特征或标准将对象区分为不同强度、程度或等级的序列。例如，旅游目的地资源的开发程度可以划分为已开发、在开发和待开发等不同层次。定序测量不仅能够将不同的旅游目的地研究选题的概念区分为不同的领域类别，还能反映其在范式、理论、学术共同体和典型案例等方面的成熟度、质量高低以及可持续性等方面的差异。

测量是对旅游目的地研究选题领域、研究内容、研究方向进行概念化认识的过程，也就是选题的概念化阶段。在这一测量过程中，研究者需要明确所选择的研究问题所涉及的概念，并为后续选题的操作化打下基础。因此，在概念化测量阶段，研究者不仅要考虑这些概念在研究选题中的逻辑位置，还要赋予这些概念清晰的定义，并认真考虑这些概念是否能够在研究中被测量，以及如何进行测量。概念化是在文献分析的基础上，结合研究者对选题的理解和对旅游目的地发展实践的观察，形成的一种较为严谨和具体的认知。一旦研究方向和内容被概念化，研究选题就会变得更加具体和易于准确描述。

二、选题的操作化

旅游目的地研究选题的操作化是将选题测量所得的概念转化为可观察、可阐释的具象化现象或符号的过程，是对那些抽象层次较高的概念进行具体测量所采用的程序、步骤、方法、手段的详细说明。例如，将抽象概念"旅游目的地产业关联"转化为"旅游目的地的投入产出表""灰色关联度""旅游产业链"等，就是操作化的一个例子。

旅游目的地研究选题的操作化在社会科学研究中扮演着至关重要的角色。一方面，操作化过程使得研究者头脑中用于构建理论框架的各种概念和变量得以被普通人理解和在现实社会中具体化；另一方面，操作化是定量社会研究中不可或缺的一步。特别是在解释性的旅游目的地研究中，通过操作化过程，将抽象的理论推理转化为旅游目的地调研纲要或发展实践中的具体事实，并进行解释性验证，使得假设检验的旅游目的地命题成为可能。这一过程不仅有助于理论的具体应用，也确保了研究的实证性和科学性。

可以说，旅游目的地研究选题的操作化，是旅游目的地研究中沟通抽象理论概念与具体发展实践事实的一座桥梁，为研究者在实际的旅游目的地研究中测量抽象概念提供了关键手段。例如，我们在前文提到的"旅游目的地产业关联"的概念，是个抽象的范畴，它在旅游目的地发展实践中并不存在具象。但是，当我们将它操作化为"旅游目的地的投入产出表""灰色关联度""旅游产业链"，或者"旅游产业集群"等具体专业术语时，就比较容易测量了。

旅游目的地研究选题的操作化过程，本质上是将理论或抽象概念转化为可实践或可经验化的具体步骤。在一般情况下，旅游目的地的研究选题涉及的概念是基于对旅游目的地研究成果及其实践发展的归纳总结而形成的。但是，一旦这些概念从旅游目的地的研究或实践事实中被抽象化，它们就会获得理论上的明确界定。研究者应采用操作性界定方法，即不是直接描述概念的性质和特征，而是具体列举出能够用于测量旅游目的地研究概念的操作性活动。通过这种操作化定义，研究者能够明确测量所使用的认知水平、工具和程序，进而开展实证研究。

旅游目的地选题测量概念的操作化过程，是一个将抽象概念及其定义具体化到经验层面的过程，涉及从术语到定义再到经验的三角关系（图 2-3）[5]。图 2-3 概括地说明了抽象的理论定义和操作化定义之间的关系，即对于确定的旅游目的地研究选题的概念，既要知道其学理上的内涵和外延，又要从其概念中去寻找能够测量其内涵和外延所表示的客观事物、研究成果以及旅游目的地发展实践的具体活动。例如，"政府主导模式"在旅游目的地发展中是一个专业术语，其学术概念是指政府在旅游目的地规划、开发和管理等环节中的决策、支持和参与。为了操作化这一概念，我们可以考虑将目的地政府的旅游发展政策、政府在旅游领域的投资以及旅游行政管理等方面作为衡量政府主导模式的具体指标。通过这样的操作化定义，研究者可以将抽象的政府主导模式转化为可测量的经验数据，从而在实证研究中进行有效分析（图 2-4）[5]。

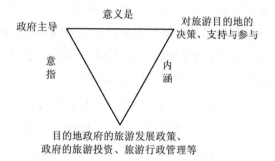

图 2-3　概念操作化过程定义　　　图 2-4　"政府主导"模式概念操作化过程

　　操作化定义通常分为 3 种类型。第一种是基于某种现象在特定状态下必须执行的操作程序来定义，这适用于描述现象的状态。例如，全域旅游可以被定义为旅游目的地内所有行业、部门及人员共同参与旅游发展的一个状态；城市型旅游目的地则可以定义为以休闲或旅游功能为主导的城市。第二种是从描述事物动态特征的构成来定义，可以根据某一特定种类的行为主体所展现的可观察的具体行为来描述和定义这类行为主体。例如，优秀的旅游员工可以定义为那些每次都能参加旅游企业的集体活动、从不迟到早退、工作质量始终达标，并且每月都能超额完成工作任务的员工。第三种是根据事物或现象的静态特征来定义。例如，遗产旅游地可以定义为提供人们参观体验人类遗产所反映的物质与现象、历史建筑、艺术工艺以及优美风景等旅游活动的场所、空间或综合体。

　　建立操作化定义，首先能够明确旅游目的地研究选题的范围。例如，在研究旅游目的地发展中的政府主导作用时，"政府"可以被操作化为负责旅游目的地旅游及相关产业的主管机构或区域政府。任何不符合上述"政府"操作化定义的情况，将被排除在研究范围之外。其次，操作化定义有助于使研究者的思考更加清晰和具体，避免因概念定义模糊而导致的研究偏差，并促进研究者之间的有效沟通，减少因对概念理解不同而产生的误解。第三，操作化定义可以在建立测量体系的基础上，指导问题提出和文献资料的收集。例如，根据政府主导的操作化定义及其测量范围，可以设计如下问题："政府是否制定了支持旅游发展的战略决策或方针政策？""政府能否完成旅游发展所需的资金筹措与使用工作？""旅游行政管理部门是否独立运作,是否具有明确的职责和行政功能?"等。然而,并非所有概念都能通过操作化来界定,尤其是那些涉及旅游目的地发展过程中的社会理论或社会哲学概念。对于这些概念的操作化,可能需要对概念进行不断的"降维",以实现可操作化。

第三节 旅游目的地研究选题论证案例

在旅游研究实践中,旅游目的地的研究选题论证常常体现为命题的形成。一个命题的形成既可以通过文献研究进行归纳和演绎,也可以通过普遍的基础知识进行逻辑分析和判断。旅游目的地研究选题论证的案例,可能是一篇学术期刊论文、一本专著,或是一个研究报告。为了更好地理解旅游目的地研究选题论证的推理逻辑与演绎过程,本节选择了易于识别的旅游研究领域的命题为案例进行分析。

一、旅游经营性资源与旅游设施均为旅游目的地发展的基础条件

在观察旅游目的地的发展实践时,我们提出了一个观点:"旅游经营性资源和旅游设施是旅游目的地发展的基础条件"。为了深入理解这一观点,并探讨其是否可以构成一个命题,我们需要遵循逻辑推理的分析框架。首先,我们要明确观点中的关键术语,包括"旅游经营性资源""旅游设施"和"旅游目的地";其次,我们要分析旅游经营性资源和旅游设施如何与旅游目的地的发展相互作用;最后,通过归纳和演绎的方法,我们可以进一步明确并形成这一命题。

关于旅游经营性资源的内涵,学术界尚未有系统性的描述。然而,我们可以借鉴经营性资源的概念进行演绎推理。从经济学的视角来看,经营性资源是指作为生产资料的自然资源(如土地、森林、矿产、水等资源)[6]。而在新闻传播学领域,则认为经营性资源包括电台、电视台等新闻媒体,以及新闻宣传之外的资源,这些资源可以从事业体制中分离出来,按照现代产权和企业制度组建公司,实行所有权与经营权分离,并推动跨地区经营和多媒体兼营[7]。对于旅游目的地而言,其经营性资源主要包括景观资源、旅游吸引物、土地资源、人力资源、组织文化、政策制度等[8]。

　　城市作为常见的旅游目的地,可以通过创新的经营方式实现发展理念的创新。所谓经营城市,是指政府运用市场经济的手段,对城市的自然资源、基础设施资源和人文资源进行优化整合和市场化运作。具体来说,自然资源主要包括城市的土地、山水、空间等;基础设施资源涵盖电力、道路、桥梁、通信网络和市政公用设施等;人文资源包括人力资源、文化资源、科技资源以及政府资源等。此外,从这些资源中衍生出的信息资源、品牌资源和注意力资源等,也是城市经营的重要组成部分[9]。结合经济学、新闻传播学、景区经营和城市经营的理论观点,我们可以明确旅游目的地的经营性资源包括:用于旅游目的地的开发、运营和管理的各类资源,如旅游资源、土地资源、人力资源、资本与资产、旅游设施、公共服务设施、信息资源和品牌资源等。这些资源构成了旅游目的地开发、经营和管理的基石和前提。

　　旅游设施是为满足游客旅游活动的正常进行而由旅游目的地提供的、使旅游服务得以顺利开展的各种设备和设施的总称。旅游设施与旅游服务共同构成了旅游目的地的接待能力,是旅游经营者从事旅游经营的物质基础[10]。在旅游体验过程中,一方面,游客需要与居民共享公共事业设施和现代社会生活的基本设施,例如公共交通、宾馆饭店、城市道路、信息服务等设施,以保障最基本的生活和生理需求;另一方面,游客需要旅游接待解说、旅游代理组织、游客集散中心等接待设施,以满足游览、娱乐或度假等旅游需求。对于旅游目的地城市而言,旅游设施是其发展旅游业的基础条件,高质量的城市旅游设施能形成强大的旅游集聚效应,促进城市成为旅游中心[11],进而发展成为旅游目的地。高质量的城市旅游设施建设的核心是实施旅游设施建设提质升级行动,这包括进一步加强立体旅游交通、旅游接待设施和旅游信息服务体系建设,提升设施档次,形成品类齐全、功能完备、方便舒适的旅游设施体系,以满足多层次、多样化的游客需求。旅游设施建设提质升级是一个复杂的系统工程,不仅任务繁重,而且涉及面广,要充分调动各方面的积极性和主动性,采取多种方式,协调各方力量,统筹推进各项目建设;通过持续不断地投入和建设,加快改善旅游设施,为旅游目的地功能的完善提供基础保障。旅游设施是旅游目的地发展的基础条件。

二、旅游目的地产业关联显著且呈多元化融合

观察旅游目的地的发展实践案例可以发现，为了满足旅游者的需求，旅游目的地的社会经济行业部门存在密切关联，包括种植业、制造业、交通运输、住宿餐饮、商务租赁等产业。同时，也出现了农业+旅游业、文化+旅游业、体育+旅游业，以及农业+文化+旅游、文化+体育+旅游等多元产业融合现象。因此，我们可以提出"旅游目的地产业关联显著且呈现多元化融合"的命题。这一观点可以通过分析旅游目的地的产业关联特征和产业融合方式进行推理演绎。

我国旅游业的快速发展是在改革开放以后，经过 40 多年的不断完善和发展，其产业功能和地位发生了根本性的变化。旅游业关联效应明显、产业链长、辐射面广泛等特点决定了其对国民经济的发展起着举足轻重的作用。对旅游产业关联的研究不仅可以促进旅游业的可持续发展，也对发挥旅游业的带动作用具有重要的指导意义。

对旅游产业及其后向关联进行定量分析，明确与旅游产业紧密关联的主要产业类型，是定量反映旅游产业间关联效应的重要步骤。这种关联效应可以从直接关联和完全关联两个维度进行分析。直接关联是指各相关产业间的波及和影响效应，可以通过揭示旅游产业与其他产业间的消耗关系来表示直接关联关系。直接消耗和间接消耗则体现了完全关联关系的内在结构和协同发展关系。直接关联的程度可以通过直接消耗系数来度量。旅游产业的直接关联主要表现为两种形式：一是后向关联，即消耗系数越大，表明旅游产业对其他产业的直接需求越强，直接影响那些向旅游产业供应生产要素的产业；二是前向关联，即旅游产业对下游产业的影响越明显。旅游产业与其他产业或旅游产业内不同行业间的相互渗透、交叉，最终融合形成新产业或产业链的动态发展过程，被称为产业融合发展。这一过程不仅满足了游客市场的有效需求，节约了相关企业与机构的投入成本，还实现了"1+1＞2"的协同效应。

按照融合的产业类型与地区分类，旅游产业融合至少可以分成 4 种形式：①产业间融合，即旅游产业与其他相关产业融合，如旅游业与地方建筑保护与更新相结合，典型案例就是上海新天地。已成为中央商务游憩区的上海新天地，是上海 20 世纪 30 年代石库门建筑的风貌保护与功能提升同旅游休闲产业相结合的产物。

②产业内融合，即旅游产业内不同行业的融合，如锦江集团起初发展饭店业，以后逐步发展旅行社业、旅游出租车业、旅游教育业、旅游景点业等，以有效分享客源与各种经营管理资源。③本地融合，即将旅游相关产业集聚在一个空间里，如深圳东部华侨城，将主题公园、饭店、商业住宅与度假地产相结合，互相提升价值，形成复合型旅游商业地产的经营模式。④跨行政区融合，即指位于不同国家或行政管辖区的旅游产业与其他产业及旅游产业内部行业间的融合。目前，我国旅游产业的融合发展比较偏重于产业间的融合。旅游产业是微观层面的旅游企业组织交互作用而产生的宏观现象，旅游产业组织演化是一个包括旅游企业演化、旅游产业结构演化和政府行为演化三个层面的动态变迁过程，旅游创新是推动旅游产业组织演化的动力。

三、旅游增权是实现旅游目的地可持续发展的重要前提

"旅游增权是实现旅游目的地可持续发展的重要前提"这一观点出自学术论文《从"社区参与"走向"社区增权"——西方"旅游增权"理论研究述评》[12]，该论文针对所选择的学术问题，通过分析西方学者对旅游发展的政治属性，以及对当前社区参与的研究成果，探讨了权力关系在社区参与旅游发展中的必要性和重要性，进而形成了这一命题。这一命题的具体推理过程如下：

Akama J 最早在对肯尼亚生态旅游的研究中提出了对社区居民增权的必要性[13]。而在此之前，许多旅游研究者都不同程度地意识到了权力关系在旅游发展中的重要性。如 Pearce 指出"在关于社区参与旅游发展决策的任何讨论中，权力及其影响问题都是一个决定性的考虑因素[14]"。Reed 引入组织理论论证了权力关系是了解社区旅游规划特点和因果关系不可或缺的因子，是协作成功或失败的一个变量[15]。但是他们都没有将增权理论与其分析和研究联系起来。Scheyvens 正式将增权理论引入生态旅游研究中。他明确指出，旅游增权的受体应当是目的地社区，并提出了一个包含政治、经济、心理、社会四个维度在内的社区旅游增权框架（表 2-1）[16]。

表 2-1　旅游发展中社区增权的四维框架

维度	增权	去权
经济	旅游为当地社区带来持续的经济收益。发展旅游所赚来的钱被社区中许多家庭共同分享，并明显提高生活水平	旅游仅仅带来了少量、间歇性的收益。大部分利益流向地方精英、外来开发商、政府机构，只有少数个人或家庭从旅游中获得直接经济收益，由于缺少资本或适当的技能，其他人很难找到一条途径来分享利益
心理	旅游发展提高了许多社区居民的自豪感，因为他们的文化、自然资源和传统知识的独特性和价值得到外部肯定。当地居民日益增强的信心促使他们进一步接受教育和培训机会，就业和挣钱机会可获得性的增加使处于传统社会底层的群体，如妇女和年轻人的社会地位提高	许多人不仅没有分享到旅游的利益，而且由于使用保护区资源的机会减少而造成生活困难。他们因此而感到沮丧、无所适从、对旅游发展毫无兴趣或悲观失望
社会	旅游提高或维持当地社区的平衡。当个人和家庭为建设成功的旅游企业而工作时，社区的整合度被提高。部分旅游收益被用于推动社区发展，如修建学校或改善道路交通	社会混乱和堕落，许多社区居民受外来价值观念影响，失去了对传统文化的尊重，弱势群体特别是妇女承受了旅游发展带来的负面影响，不能公平地分享收益。个人、家庭、民族或社会经济群体不仅不合作，还为了经济利益而相互竞争，憎恨、妒忌很常见
政治	社区的政治结构在相当程度上代表了所有社区群体的需要与利益，并提供了一个平台供人们就旅游发展相关的问题以及处理方法进行交流。为发展旅游而建立起来的机构处理和解决不同社区群体（包括特殊利益集团如妇女、年轻人和其他社会弱势群体）的各种问题，并为这些群体提供被选举作为代表参与决策的机会	社区拥有一个专横的或以自我利益为中心的领导集体。为发展旅游而建立起来的机构将社区作为被动的受益者对待，不让他们参与决策，社区的大多数成员感到他们只有很少或根本没有机会和权力发表关于是否发展旅游或应该怎样发展旅游的看法

Scheyvens 认为，对当地社区来说，要真正对旅游发展实施控制，需要将权力从国家层面放置到社区层面，如将当地各种宗教团体、相关机构、普通群众组织包括妇女和年轻人也都应该选派代表参与旅游发展的决策。这些不同的声音和主张应当指引着每一个旅游项目的开发，从初始的可行性评估阶段直至实施完成阶

段。此外，由于社区并非是一个持有共同目的的、同质的、平等的群体，为了杜绝社区中的权力经纪人（power broker）或地方精英（local elites）操纵和主导社区旅游的发展方向，垄断旅游发展的经济利益，有必要成立类似于董事会或地方旅游组织之类的机构。

2003 年，澳大利亚学者 Sofield 在《增权与旅游可持续发展》（*Empowerment for Sustainable Tourism Development*）一书中进一步深化了旅游增权的概念。他指出任何政策的制定都是技术与政治过程的结合，发展并非仅仅是技术性的，发展不可能超越政治。社会发展和经济发展与相应的政治发展是密不可分的，在任何关于旅游现代化理论和发展理论的分析中，都应当包含对政治和权力的研究。增权作为一种参与、控制、分配和使用资源的力量和过程，与目的地的可持续发展之间存在着密切的联系，这种联系根植于旅游发展的政治学之中。Sofield 以南太平洋的所罗门群岛和斐济的旅游开发为例，指出过去的社区参与是一种单向的被动过程，社区居民在本质上是"无权"的，这正是其在实践中失败的原因。只有通过社区增权（community empowerment），才能真正凸显社区在旅游发展中的主体地位。因此，增权是目的地获得可持续发展的重要前提，增权的观念必须渗入整个旅游系统。

Sofield 将社区旅游发展的结果视为行动者之间权力关系交换的结果。他用社会交换图谱来分析社区与开发商在权力交换中可能出现的 3 种结果，如图 2-5 所示。第一种结果对应图中第一种情形，开发商与社区都具有独立的同等强度的权力，双方都将这种互换视为有利的，并认可其所得收益，可以获得可持续的旅游发展。第二种结果对应图中第二、三两种情形，当开发商和社区任一方控制资源并具有较强的权力时，必然产生对另一方不利的交换结果。在这种情形下，由于失利的一方对交换结果不满意而可能损害或中止双方的利益交换，旅游发展不可持续。第三种结果对应图中第四种情形。交换双方都无权，此时双方都没有激励进行交换，旅游不可能得到发展。在此基础上，Sofield 总结：第一，没有增权因素，社区层面的旅游发展很难实现可持续；第二，在传统社区旅游发展中，社区是一个被动的没有被包括在权力分享过程中的实体，传统的社区参与和赋权方式是一种无效的机制，无法获得旅游的可持续发展；第三，如果要获得旅游的可持续发展，必须将传统的赋权方式转变为合法性增权方式；第四，社区增权常常要求改变环境和制度以实现真正的权力分享，因此合法的增权必须能够保障社区和外部社会之间非均衡的权力关系能够得到适当的重新分配；第五，仅依靠社区自身的能力无法实现真正的增权，增权需要政府长期的支持和授权（sanction）。

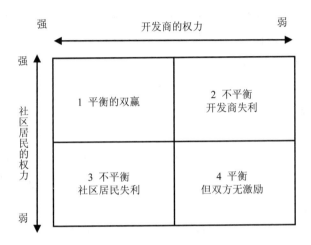

图 2-5 社区与开发商社会（权力）交换的结果

资料来源：左冰，保继刚.从"社区参与"走向"社区增权"——西方"旅游增权"理论研究述评[J].旅游学刊，2008，23（4）：58-63。

增权既是一个过程，也是这一过程的结果。在西方旅游研究者看来，旅游增权不仅仅意味着权力的分享，也不是通过权威对社区实施控制。增权的目的是提升社区福利，为那些被边缘化的社区创造社会资本，并建立一个有助于利益相关者参与旅游发展决策的合法权利框架。其本质在于通过增强当地社区在旅游开发方面的控制权、利益分享权，强调社区在推动旅游发展中的重要性，从而使社区居民从被动参与转向主动行动，打破不平衡的权力关系，获取旅游发展中的决策权，确保当地居民的利益最大化，并能够部分控制旅游在地方的发展，实现"让旅游为我所用，而不是我为旅游所用"。

四、黄河流域适合构建黄金旅游带

"黄河流域适合构建黄金旅游带"是学术论文《沿黄黄金旅游带质性特征及其

理性存在》的重要研究结论[18]。该论文借鉴了区域科学理论的要素及其思维逻辑，梳理了经典经济区位理论的构建思路，演绎构建了黄金旅游带理论假设的思路框架，并以黄河流域为研究区域，识别其黄金旅游带的客观存在，解析了黄河流域黄金旅游带的质性特征及其理性存在，进而形成了命题。这一命题的具体推理过程如下：沿黄黄金旅游带的首要属性是经济属性，即沿黄黄金旅游带属于经济区，是以旅游产业为核心的旅游经济区。它既具有一般经济区的内涵属性及特征，也有明显的旅游经济发达区域属性。从理论视角来看，旅游科学、区域科学、区域经济学、经济地理学以及历史学等不同学科的理论，可以为沿黄黄金旅游带的质性分析提供多元化的启示。而区域科学和旅游科学的双重视角则能透视黄金旅游带的质性特征和理性存在。在区域科学理论发展演变过程中，每次演变创新均随着商品市场竞争、经济发展的关键生产资料要素、供需市场均衡机制或区域协调发展机制，以及产业布局环境的显著变化。古典区位论向新古典区位论的创新发展，主要驱动力是大量劳动力的迁移，以及围绕种植业或工业衍生的商业，甚至信息服务等产业多元化。新古典区位论向现代区域科学理论创新发展，主要是受因生产集聚而形成的规模经济，以及区域熵存在而引起政府制定相关政策以协调区域发展的影响。特别是 20 世纪 50—60 年代，西方经济发达国家实现经济全面复苏，区域经济发展需求催生了现代区域科学理论的产生、形成与发展。

在休闲时代、信息时代和知识经济叠加的人类社会发展阶段，人们面临着如何有效利用大量闲暇时间的挑战，这促使人们借助信息技术智慧化地选择休闲活动。当旅游被视为获取知识、实现自我价值、赢得社会地位的休闲活动方式时，旅游经济活动将围绕旅游者的空间足迹集聚，同时旅游产业链也将根据旅行代理商或旅游者对旅游产品要素的消费需求进行扩展。旅游经济活动的空间集聚与旅游产业链的部门扩展，在区域内的相互作用，以及由此引起的区域旅游生产资料供需的矛盾运动，将使区域旅游经济区特征更加明显。基于这一形成机理，可以借鉴区域科学理论演进规律和理论解析维度，提出黄金旅游带的质性理论假设（图 2-6）。

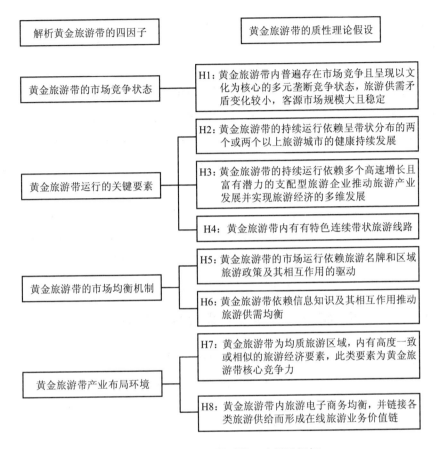

图 2-6 黄金旅游带质性理论假设框架

　　根据黄金旅游带质性分析框架，对黄河流域的旅游发展进行审视，可以发现黄河流域的旅游产业发展展现出五个方面的质性特征：首先，以黄河文明为核心的多元垄断竞争格局；其次，多个旅游城市中旅游产业已成为主导产业，5A级景区、大型旅游企业集团、垄断经营的旅行社等支配型旅游企业展现出强大的竞争力；第三，黄河旅游及其相关旅游线路已经发展成为国家级旅游精品；第四，品牌战略与政府调控并行，信息与知识的共享互动共同促进了旅游供需的均衡；最后，文化旅游和旅游电子商务实现了均质分布，各类电子旅游交易链接形成了在线旅游业务的价值链。在文化旅游均质区域、支配型旅游企业、优秀旅游城市、品牌战略与政府政策的双重驱动力，以及普遍存在的旅游电子商务等方面，已经显示出成熟的发展态势。其他黄金旅游带的特征也已经显现并持续发展。这些特征表明黄河流域的黄金旅游带具有显著的质性特征，非常适合构建沿黄河流域的黄金旅游带。

综上所述，区域科学理论每次创新都随着市场竞争状态、区域关键要素、市场均衡机制、产业布局环境等显著变化。将这一规律应用于旅游经济区的休闲、信息和知识叠加的发展环境中分析，可以发现黄金旅游带有以下特点：在垄断竞争下供需矛盾弱，旅游城市、支配型旅游企业与特色旅游线路共同塑造核心竞争力；品牌战略、区域旅游政策与知识型信息协同调控市场均衡；由电子商务主导旅游经济活动的均质旅游经济区。黄河流域旅游经济发展呈现显著的文化旅游主导、支配型旅游企业引领、优秀旅游城市遍布、品牌战略与政府政策双重驱动、各类电子商务链接而成在线旅游业务价值链等黄金旅游带特征。因此，黄河流域适合构建沿黄黄金旅游带，以推动黄河国际旅游目的地的建设。

五、CCSPM 模型是界定文化廊道空间范围的有效方法

CCSPM（Cultural Cor-ridor Spatial Pattern model）模型是界定文化廊道空间范围的有效方法是学术论文《文化廊道空间界定之 CCSPM 模型构建——以滇西南跨境文化廊道为例》的重要结论[19]。界定文化廊道的空间范围是分析廊道空间格局和空间活动的基础，它为研究文化廊道的空间格局演变、资源的优化配置等提供了必要的空间信息。深入研究文化廊道的空间范围，能够促进廊道的整体保护和科学管理。如何科学地测量文化廊道的空间范围，是线性文化遗产研究中的一个关键问题[20]。该论文提出 CCSPM 模型是基于数学模型，能够客观地刻画廊道中文化点之间的交流影响，创新性地测量了各个文化点的文化传播范围，并利用地理信息系统（GIS）进行空间展示，从而避免了主观因素的过多干扰，清晰地描绘了文化廊道空间辐射的地域差异。CCSPM 模型具有科学性和可行性，从宏观视角出发，研究文化廊道的影响和作用范围，操作简单直观，并且不受行政范围的限制，为深入分析廊道内部的文化联系方向和强度提供了空间基础。CCSPM 模型具有普适性，有效避免了其他方法中因评价指标选取的地域差异而产生的问题，可以为不同尺度的文化廊道区域提供研究参考。

刘沛林将生物基因概念引用至景观基因研究，并提出景观信息链理论[21]。该

理论核心是将代表地方特色的历史核心文化（信息元）通过构建景观信息载体（信息点和信息廊道）的形式呈现。已有学者[21-22]将该理论运用在区域文化特征识别和廊道空间构建上，实现对文化遗产地的整体保护和开发。文化廊道是经主题文化影响形成的特殊廊道空间，强调文化的时空真实性与区域整体的保护性开发相统一，而景观信息链围绕景观基因、通过识别信息点将文化景观集聚效应有效表征，能在兼顾文化保护的同时诠释文化廊道的空间形态布局，为文化廊道空间界定及整体保护开发的研究提供理论基础。基于此，本书借鉴该理论，按照识别文化基因、确定文化点、模拟廊道空间传播的过程，探索界定文化廊道空间范围的方法。①挖掘廊道历史文化信息获得构成文化景观的最核心因子，准确提炼文化廊道的文化景观基因；②基于前述，采用德尔菲法确定与廊道主体文化信息相对应以及在空间上相关的文化点；③基于文化点的空间关联传播特征来模拟界定文化廊道空间布局，并借鉴俞孔坚从景观生态学视角提出的模拟物种克服阻力实现空间扩张过程的"阻力面"概念及最小阻力（MCR）模型[23]，表征文化传播扩散[24]。目前空间格局的判定已提升为综合考虑社会与自然等阻力因子[25]，阻力评价体系不断完善[26]。但这一模型仅获得传播适宜性的相对评价值，未能精确识别廊道具体空间范围。综合其优缺点，本书模拟文化点传播过程，创建能表征文化在空间基面的扩散模型，并综合社会和自然因素，反映文化点克服阻力从而实现空间传播的能力，以此得到具体的廊道文化影响范围。具体来看，文化廊道空间范围由线路文化的影响力"半径"及传播阻力决定[27]，因通道文化的载体是与之相辅相成、相互影响的一组文化点（包括物质文化和非物质文化；此处无须考虑文化点的尺度层级，后续将综合考虑文化点重要性程度），随着人在线路上迁移，多维度商品、知识和价值在文化点间传播串联，这些文化点具备区域层的文化相似性，进而形成具有一定文化维度的廊道格局。表征文化廊道的空间格局，应建立在与廊道相关联的文化点对文化传播范围的影响的基础之上，同时不可忽略在影响传播过程的基面特性因素，即传播阻力的作用。因而 CCSPM 模型的构建是以确定廊道文化相关点及相关线路的文化辐射范围为基础，并综合考虑文化点自身的扩散能力、距离及地形阻力因子等。

文化点的重要程度、区域影响力、地形等均影响文化点的传播，进而影响文化廊道空间格局，由 MCR 模型原理及距离衰减规律可知，文化资源点的实际传播距离与其到空间任意文化点的距离成反比，与自身扩散能力成正相关关系。由分析可知，"传播半径标准值"是文化传播的标准量，"文化点重要值""区域影响力"均对文化点的传播产生正向作用，而"距离""地形"等与文化传播为反向关系。本书为使模型直观易懂，基于 GIS 将地形因子叠加，并将"距离""重要值"和"区域影响力"表征为权重因子（且均为正向关系，代表各因素的相对重要性）。因此 CCSPM 模型的基本方程为：

$$U_i = W_i \times E_i \times D_i \times \varepsilon_s$$

式中，U_i 为各文化点文化传播半径，km；W_i 为各文化点的重要值权重；E_i 为各文化点区域影响力权重；D_i 为各文化点距离权重；ε_s 为文化传播半径标准值，km；i 为各文化点的编号（$i \geq 1$）。

学术研讨题

1．如何理解旅游目的地研究选题？

2．阐述旅游目的地研究选题规程。

3．请选择一个你感兴趣的旅游目的地研究方向，自拟题目，说明其选题意义、学术价值，以及论证过程。

推荐阅读文献

（1）杨杜．管理学研究方法[M]．大连：东北财经大学出版社，2013．

（2）杨清媚，张国旺．社会学论文写作讲义[M]．北京：商务印书馆，2021．

（3）蒲春生．科学精神与科学研究方法[M]．北京：中国石油大学出版社，2018．

（4）邬焜．自然辩证法新教程[M]．西安：西安交通大学出版社，2009．

（5）张伟刚．专业技术人员科学素养与科研方法[M]．北京：国家行政学院出版社，2013．

（6）袁书琪．地理教育学[M]．北京：高等教育出版社，2001．

（7）仇立平．社会研究方法[M]．重庆：重庆大学出版社，2015．

（8）荆玲玲．社会研究方法[M]．哈尔滨：哈尔滨工程大学出版社，2016．

主要参考文献

[1]　许立人，张玉昆，等．自然辩证法概论[M]．哈尔滨：黑龙江人民出版社，1988．

[2] 耿东伟，张殿清. 选择确定课题是科学研究的关键[J]. 北京印刷学院学报，2003（1）：29-31，35.

[3] 杨杜. 管理学研究方法[M]. 沈阳：东北财经大学出版社，2009.

[4] 李君轶. 旅游市场调查与预测[M]. 北京：科学出版社，2012.

[5] 仇立平. 社会研究方法[M]. 重庆：重庆大学出版社，2015.

[6] 周泓洋，杨荣忠. 国有资产管理学导论[M]. 北京：中国工商出版社，1997.

[7] 李继东. 中国影视政策创新研究[M]. 北京：中国传媒大学出版社，2014.

[8] 陈玉英. 景区经营与管理[M]. 北京：北京大学出版社，2014.

[9] 项光勤. 城市竞争力研究[M]. 北京：中国工商出版社，2006.

[10] 林南枝，陶汉军. 旅游经济学[M]. 3 版. 天津：南开大学出版社，2009.

[11] 苏金豹，王珺，王瑞花. 当前视域下旅游管理学新探[M]. 北京：中国商业出版社，2018.

[12] 左冰，保继刚. 从"社区参与"走向"社区增权"——西方"旅游增权"理论研究述评[J]. 旅游学刊，2008，23（4）：58-63.

[13] Akama J. Western environmental values and nature-based tourism in Kenya [J]. Tourism Management，1996，17（8）：567-574.

[14] Pearce P，Moscardo G，Ross G. Tourism Community Relationships [M]. New York：Pergamon，1996.

[15] Reed M. Power relations and community based tourism Planning[J]. Annals of Tourism Research，1997，24：566-591.

[16] Scheyvens R. Ecotourism and the empowerment of local communities[J]. Tourism Management，1999，20：245-249.

[17] Clark D et al. Rural governance，community empowerment and the new institutionalism：A case study of the Isle of Wight[J].Journal of Journal Rural Studies，2006，10：4.

[18] 陈玉英，程遂营. 沿黄黄金旅游带质性特征及其理性存在[J]. 河南大学学报（社会科学版），2017，57（5）：24-33.

[19] 陶犁，王海英，李杰，等. 文化廊道空间界定之 CCSPM 模型构建——以滇西南跨境文化廊道为例[J]. 地理科学，2022，42（4）：602-610.

[20] 朱强，俞孔坚，李迪华. 景观规划中的生态廊道宽度[J]. 生态学报，2005，25（9）：2406-2412.

[21] 刘沛林. "景观信息链"理论及其在文化旅游地规划中的运用[J]. 经济地理，2008，28（6）：

1035-1039.

[22] 李伯华，李雪，陈新新，等. 新型城镇化背景下特色旅游小镇建设的双轮驱动机制研究[J]. 地理科学进展，2021，40（1）：40-49.

[23] 俞孔坚. 生物保护的景观生态安全格局[J]. 生态学报，1999，19（1）：8-15.

[24] 蒋依依，王仰麟，成升魁. 旅游景观生态系统格局研究方法探讨——以云南省丽江纳西族自治县为例[J]. 地理研究，2009，28（4）：1069-1077.

[25] 于成龙，刘丹，冯锐，等. 基于最小累积阻力模型的东北地区生态安全格局构建[J]. 生态学报，2021，41（1）：290-301.

[26] 张飞，杨林生，何勋，等. 大运河遗产河道游憩利用适宜性评价[J]. 地理科学，2020，40（7）：1114-1123.

[27] 陶犁."文化廊道"及旅游开发：一种新的线性遗产区域旅游开发思路[J]. 思想战线，2012，38（2）：99-103.

第二篇

理论基础

第三章　旅游目的地基本概念

第一节　关于概念的规定

　　概念是意义的载体，是人类对一个复杂的过程或事物的理解。从哲学的角度来看，概念是思维活动的基本构成元素。在日常交流中，人们常常将概念与特定的词汇或名词混为一谈。同一个概念可以通过不同语言来表达。例如，"旅游者"这个词，在汉语中是"旅游者"，在英语中对应为"tourist"，在韩语中则是"여행하다"。尽管在不同语言中表达方式各异，但"旅游者"这一概念在各种语言中具有相同的含义，因为它们都指向相同的内涵和外延。概念是抽象的、普遍的思想或观念，它们代表一类实体、事件或关系。概念之所以抽象，是因为它们在处理事物时忽略了具体的差异，将具有相同属性的事物归为一类。它们的普遍性则源于对所有属于其外延的事物的普遍适用性。概念通常蕴含丰富的信息，是精炼的思想，具有形象性和图像性，特别是在科学领域，概念还展现出系统性。为了确保概念能够被广泛理解，它们必须具备普遍性和客观性。明确概念需要运用逻辑方法来界定其内涵和外延。定义是用来明确概念内涵的工具，而划分则是用来明确概念外延的工具。在使用概念时，必须遵循以下逻辑原则：首先，概念必须准确反映事物的本质和范围，以确保其准确性和适用性；其次，使用的概念应通过精确的词汇来表达，选择明确的词语以确保概念的内涵和外延得到准确的体现。

一、逻辑学关于概念的规定

（一）字义与词义

1. 概

"概"最初是古代一种量具用词，表示用作对古代量具"斛"的满量状态做出校准。斛是中国旧时代的测量器具，方形，口小，底大。其原字义为：量米粟时，使用木板在斗斛上刮平，使其处于一定范围以内，不至于过满；明确字义为：对事物做出限定，使其不超出范围；现代字义为：处于一定范围内，如大概、概念、概括，在范围以内，如概览、概况、概视、概貌、概量、概率。此外，概有量化意义，量化是指在一定范围内有明确状态，如概念化、概平、概准；同时，有同向量化意义，如一概而论。

事物本有的价值与特征，主要是指量化以后形成的，如男子气概、气概。在一定条件下，概可表示为对事物做出的价值限定，如以偏概全，或对事物做出限定，表诠定，如概括、梗概。

2. 念

"念"古时有两层字义：一是今心，心之力，心通思，自然地思维，即常思；二是会心，心通思，会通合，思合，即意识集合和思维。"念"的现代定义有四层含义：一是思维，如杂念、局念、概念；二是对某物的思维保持，如想念、怀念、信念、执念、念念不忘；三是想法，如念头、顾念；四是意识思维的状态体现，主要是指语言体现，也表示语言表达，如念书、念佛、念词、念诵。

（二）概念的内涵

概念的中文字义为：受判断所产生的对事物的理解，其中概主要指量化，念指思维意识。在采用定义的逻辑方法描述概念内涵时，常见的定义方式有学理定义和技术定义两种。

学理定义通常是指人类在认知过程中，从感性认识到理性认识的提升，将感知到的事物的共同本质特征抽象并概括，它是认知意识的一种表现形式，能够形成概念化的思维模式。具体可以从以下三个方面来理解概念：①概念是人类思维的一种形式，它反映了事物的本质和特征。这种思维形式所反映的对象既包括具体的实体，也包括事物的基本属性和相互关系。人们通过概念这种形式来认识客观现实中普遍存在和本质的特征。人类对自然界的认识过程，是从感性知觉过渡到形成概念的阶段。概念是对大量个别现象进行概括的结果，在概括的过程中，需要排除非本质的特征，从而构成描述事物本质的、主要的、决定性的特征。②概念体现了人类对复杂过程或事物的理解。从哲学的角度来看，概念是思维的基本构成单位。③概念是意义的承载者，而非意义的创造者。单一概念可以通过多种语言来表达。在日常交流中，人们常常将概念与特定的词汇或名词混为一谈。

技术定义一般表现为不同国家和地区的各项标准、规定或条例中。如《术语工作词汇 第 1 部分：理论与应用》（GB/T 15237.1—2000）："概念"是对特征的独特组合而形成的知识单元；德国标准《术语词汇、基本概念》（*Begriffe der Terminologielehre Grundbegriffe*）（DIN 2342-1-1992）将概念定义为一个"通过使用抽象化的方式从一群事物中提取出来的反映其共同特性的思维单位"。

概念与专业术语有着密切的联系。在学科领域中，概念的具体表达形式就是专业术语，它们构成了学科的基础。专业术语是特定领域内对某些事物的标准称谓，在国际惯例中是通用的，并且在各个行业中都有其应用。与日常用语相比，专业术语通常只为该领域的专业人士所熟悉和使用。在同一领域内，用来表达相同事物现象或规律的专业术语和概念在语言表述上是一致的。

（三）概念的外延

1. 概念的特征

概念具备内涵和外延两个基本属性。概念的内涵是指概念所代表的意义，即该概念所描述的事物对象所独有的特征。概念的外延是指概念所涵盖的事物对象的范畴，也就是所有具备该概念所描述属性的事物或对象的集合。

概念是一种凝练了丰富信息的深刻思想，它具有抽象性，这体现在概念不展示其外延中各个要素之间的具体差异，而是将这些要素视为一个整体，并在逻辑上进行表达。概念之所以能够被人们相互理解，是因为它具有普遍性和客观性。客观性体现在概念虽然是抽象的、普遍的，但它们作为思想、观念或含义的实体、事件或关系的范畴，以及类的实体，都是物质世界中的客观存在。普遍性表现在概念的各个要素对于它们外延中的所有事物都具有同等的适用性。此外，概念还具有系统性、形象性和图像性。

2. 概念的功能

通过使用概念来解释各类事物，我们实际上是根据它们固有的本质特征将它们归类为同一类，同时区分它们与他类事物的不同。事物的本质特征是它们自身同一性的体现，同时也是与其他事物差异性的体现。利用概念来阐释事物，可以揭示事物在量和质上的规定性，从而帮助人们理解事物的共性以及它们与其他事物的差异，增强判断的确定性。

二、概念的逻辑划分

每个概念都包含一系列既一致又有差异的子概念。逻辑划分是指识别并界定一个概念下所有可能的、相互对立且各不相同的事物的过程，这一过程被称为对概念的逻辑细分。细分的结果构建了一个子概念的体系。在这个体系中，逻辑层次较高的概念被称作母概念，而逻辑层次较低的概念被称作子概念。通过概念的逻辑细分，我们可以将子概念提升至更高层次的概念，反之亦然。进行概念的逻辑细分时，必须遵循一些基本原则，例如，细分出的子概念应当是互斥或对立的；所有细分出的概念体系应当统一于一个更高层次的概念之下；所有细分出的子概念的总和，构成或等于被划分概念的范围。

概念的逻辑划分在论述和处理科学知识时，可采用各种不同的方法。①科学方法和通俗方法。科学方法（或学术方法）区别于通俗方法，前者从基本命题出发，后者从惯常而有趣的事情出发。前者依靠彻底性，远离一切奇异的东西，后者则以消遣为目的。这两种方法不是单纯地在陈述上相互区别，方法上的通俗与陈述上的通俗是某种不同的东西。②系统方法或前后不连续的方法。系统方法与前后不连续的方法相对立。如果按一种方法去思考，随后在陈述中将它表达出来，并明晰地指出一命题向另一命题的过渡，那就是在系统地研讨一种知识。反之，虽然按一种方法去思考，但没有按程序处理陈述，这样的方法可称为前后不连续的方法。③分析方法或综合方法。分析方法与综合方法是对立的。前者从既定条件和根据出发，进向原理；后者从原理走向结论或从简单走向复杂。前者可称倒溯法，后者可称前进法。④密授法或诘问法。单独传授的方法是密授法；同时也发问的方法是诘问法。后一种方法又分为对话法或苏格拉底方法与问答教授法，其问题或者对知性而发，或者单纯对记忆力而发。

第二节　旅游目的地概念内涵与外延

一、国外有关旅游目的地的概念解析

国外对旅游目的地的研究始于 20 世纪 70 年代。1972 年，Clare A. Gunn 在 *Vacationscape—Designing Tourist Regions* 中提出目的地（Destination Zone）概念，认为目的地供给具有多样性，包括主要外部交通通道、目的地门户、社区（包括基础设施服务和旅游吸引物）、旅游吸引物综合体和内部交通线（连接旅游吸引物富集区和社区）等，这些要素的整合能促进旅游业更好的发展[1]。研究早期，学者们多从地理学的角度定义旅游目的地。1992 年，世界旅游环境中心对旅游目的地做出如下定义：乡村、度假中心、海滨或山岳休假地、小镇、城市或乡村公园。人们在其特定的区域内实施特别的管理政策和运作规则，以管理游客体验及其对环境造成的冲击。1995 年，澳大利亚学者雷珀（Leiper）将旅游目的地解释为具有某种特色和吸引力，且人们愿意选择去旅行和逗留一段时间以体验区域特色或感知区域特征的地方[2]。1997 年，戴维德森和梅特兰德（Davidson & Maitland）认为，传统意义上的旅游目的地可被认为是有着良好基础设施的地理区域，如一个国家、一个岛屿或一个城镇[3]。1998 年，以库珀（Cooper）、弗莱彻（Fletcher）、吉尔伯特（Gilbert）、谢坡德（Shepherd）等为代表的学者把目的地定义为：能够满足游客需要的设施和服务的集中地[3]。2000 年，英国学者布哈里斯（Buhalis）认为旅游目的地是一个有统一旅游管理和规划的政策司法框架，并包含旅游业发展所必需的地理空间、基础设施、接待设施、产业链等要素，对游客具有一定吸引力，能满足游客食、住、行、游、购、娱等基本旅游需求的明确的地理区域[4]。2004 年，世界旅游组织（UNWTO）①将旅游目的地定义为"旅游者至少停留一晚的地理空间"[5]。

---

① 2024 年 1 月，世界旅游组织更名为联合国旅游组织（UN Tourism）。

美国学者菲利普·科特勒从区域范围的角度，将旅游目的地定义为："旅游目的地是那些有实际或可识别边界（例如海岛的自然边界、政治边界，甚至是由于市场划分而形成的边界等）地方。"[3]然而，与这种用时间和地理空间来界定旅游目的地的方式不同，另外一些学者将旅游目的地定义为一种知觉性概念。一些学者从旅游消费者的角度对旅游目的地进行界定，如根据旅游路线的安排、文化背景的不同等标准界定的旅游目的地边界。例如，对于德国游客来说，伦敦是一个目的地；而对于日本游客来说，可能整个欧洲就是其心目中的目的地。鲁宾斯等则认为旅游目的地包含旅游者需要消费的一系列产品和服务的地方[3]。Webster 词典把目的地定义为"旅途的终点"。

然而，人们逐渐认识到旅游目的地是一个知觉概念，消费者可以主观地理解它，这种理解取决于他们的旅游路线、文化背景、游览目的、受教育程度及过去的经历。

在众多旅游目的地概念中，较为公认的概念是英国学者布哈里斯在 2000 年提出的：旅游目的地是"一个特定的地理区域，被旅游者公认为是一个完整的个体，有统一的旅游业管理与规划的政策司法框架，也就是由统一的目的地管理机构进行管理的区域"。该概念不仅从区域范围，而且从管理的角度对旅游目的地进行了界定。

二、国内有关旅游目的地的概念解析

国内有不少学者提出了各自的旅游目的地的概念，这些概念大多是从地理学和经济学的角度来定义的。1993 年保继刚等在《旅游地理学》一书中将旅游目的地定义为：一定空间上的旅游资源与旅游专用设施、旅游基础设施以及相关的其他条件有机地集合起来，作为旅游者停留和活动的综合地，即旅游地[6]。2002 年，崔凤军认为旅游目的地"是具有统一和整体的形象的旅游吸引物体系的开放系统"[7]。2002 年，魏小安采用引申定义的方式，将旅游目的地定义为：能够使旅游者产生动机，并追求旅游动机实现的各类空间要素的总和，包括"旅游者""追求""实现""各类空间"和"要素"5 个层次。"旅游者"是旅游目的地的吸引对象和服务对象，他可以"追求"旅游目的地选择、旅游动机产生以及旅游目的地体验的过程，进而"实现"旅游消费和旅游目的地生产的过程；"各类空间"说明没有足够的空间不能称为旅游目的地，它至少是一个中尺度的，或者是大尺度的复合型空间，即地域性空间，具有经济性、文化性或心理性等；而"要素"至少包括三个层次，即吸引要素、服务要素和环境要素[8]。2002年，张辉将旅游目的地定义为：拥有特定性质的旅游资源，具备一定的旅游吸引力，能够吸引一定规模数量的旅游者进行旅游活动的特定区域。其必须具备3个条件：一是要拥有一定数量、可以满足旅游者某些旅游活动需要的旅游资源；二是要拥有各种相适应的旅游设施；三是该地区具有一定的旅游需求流量[9]。2006年，基于旅游产品特征，邹统钎提出：旅游目的地是一个感性概念，它为游客提供一个旅游产品和服务的合成品，一个组合的体验经历。2007年，杨振之等在区分了"旅游目的地"与"旅游过境地"的基础上，指出旅游目的地是一定地理空间范围内，以对客源市场具有吸引力的旅游吸引物为基础，形成旅游业的食、住、行、游、购、娱六大要素综合协调发展并能实现游客最终旅游目的的区域[10]。2012年，厉新建认为，旅游目的地的发展重要的是开发规划旅游景区，并围绕旅游景区吸引力所带来的游客数量配套建设相应的吃、住、行、游、购、娱等旅游要素，形成住宿、交通、信息咨询等综合产业。但由于旅游产业边界模糊化、泛化的发展趋势，旅游者泛化、旅游活动泛化、旅游空间泛化、旅游经济泛化等现象客观存在，在此背景下，发展旅游目的地就必须超越"吃、住、行、游、购、娱六要素，抓好"文化、科技、资讯、环境、制度"等相关要素，做好"人、事、地"等文章。"人"是指必须培养对目的地特别熟悉或对目的地某个领域具有深刻了解的行家，可以是研究某个特定地区的专家学者，也可以是对该地区风土人情、历史典故非常了解的本地普通居民，或者是专门从事导游服务的导游等旅游服务人员。"事"是指要从游客的视角，充分挖掘目的地的节事庆典等活动，尤其要形成具有标志性意义的节庆活动，构建"大中小结合、时序得当、常有常新"的节事活动体系。"地"是指旅游目的地不仅要有适宜大众游客观光游览的地方，也要有充分体现目的地特质的独特的吸引物，这些吸引物或者借助历史的传承而创新，或者因市场需求而创新[11]。

尽管国内外学者对旅游目的地的定义及侧重点各不相同，但还是能归纳出一些共识：第一，旅游目的地作为旅游者主要的停留场所，具有一定的边界和管理，并与旅游消费偏好、旅游动机等客源市场特征息息相关；第二，旅游目的地的范围可大可小，范围大的可以是几个国家的联合区域、一个国家或一个城市，范围小的可以是一个旅游区或一个旅游景区；第三，旅游目的地的构成因素中一般包括旅游吸引物、特定的地理区域、旅游设施、不同类型的旅游经济部门以及管理机构等。

三、旅游目的地构成要素

（一）旅游目的地"6A"模型

1998 年，库珀（Cooper）提出旅游目的地的"4A"模型，认为旅游目的地由旅游吸引物（Attractions）、进入通道（Access）、接待设施（Amenities）、辅助性服务（Ancillary service）4 个要素构成[12]。2000 年，布哈里斯（Buhalis）在 Cooper 的"4A"模型基础上，增加了包价服务（Available package）和活动（Activities）两个要素，将旅游目的地的构成要素推广为 6 个，形成了"6A"模型，具体描述见表 3-1[4]。

表 3-1　布哈里斯的旅游目的地"6A"模型构成要素

旅游吸引物（Attractions）	包括自然风景、人造景观、人工物品、主题公园、遗产、特殊事件等
进入通道（Access）	整个旅游交通系统，包括道路、终端设施和交通工具等
接待设施（Amenities）	住宿业和餐饮业设施，零售业，其他游客服务设施
辅助性服务（Ancillary service）	各种游客服务，如银行、通信设施、邮政、报刊、医疗等
包价服务（Available package）	预先由旅游中间商和相关负责人安排好的旅游服务
活动（Activities）	包括所有的目的地活动，以及游客在游览期间所进行的各种消费活动

（二）四要素理论

英国学者 Cooper 在他的 *Essential Tourism* 一书中提出旅游目的地的构成要素可以从不同角度进行分析。如果以游客为中心，根据满足旅游者在目的地的需要进行分析，旅游目的地构成要素包括住宿餐饮设施、零售业与其他服务、实现可进入性的交通设施（如汽车租赁、观光游览酒店往返等）、辅助性服务设施（如旅游目的地管理机构、区域旅游局、国家旅游局等）4 类要素[5]。2000 年，Goeldner 从供给的角度指出了旅游目的地构成的四要素：自然资源与环境（Natural resources and environment）、人文环境（Built environment）、交通运输（Transportation），以及接待服务和文化资源（Hospitality and cultural resources）[3]。

（三）三要素说

Pearce 提出旅游目的地整合性概念框架，认为旅游目的地由三个维度构成：地理维度（空间与地方）、生产方式维度（结构、行为与角色）和动态维度（结构演化、驱动因素）（表 3-2）[13]，旅游目的地整合概念框架如图 3-1 所示。

表 3-2　旅游目的地的维度与要素

地理维度	生产方式维度	动态维度
（1）空间	（1）结构	（1）结构演化
空间密度	相互依存	（2）驱动因素
空间范围	互补	
空间尺度	对角线生产	
子系统	（2）行为	
外部联系	合作:	
双重或多重身份	互补性	
（2）地方	信任	
语境因素	规模经济	
文化特征	竞争:	
社会嵌入性	公司层面	
地域根植性	目的地的水平	
旅游资源	（3）角色	

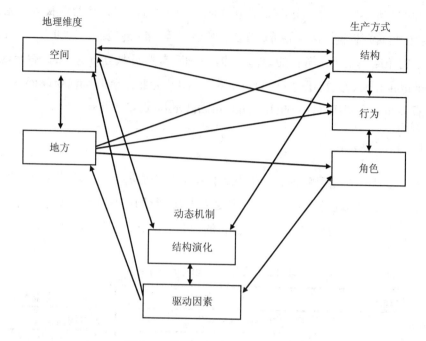

图 3-1 旅游目的地整合概念框架

引自：Douglas G Pearce. Toward an Integrative Conceptual Framework of Destinations[J].Journal of Travel Research，2014，33（2）：141-153.

国外学者魏小安认为旅游目的地要素一般包括 3 个层次的内容。一是吸引要素，即各类旅游吸引物[8]。它是吸引旅游者从客源地到目的地的直接的、基本的吸引力，以此为基础形成的旅游景区（点）是"第一产品"（Primary products）。二是服务要素，即各类旅游服务的综合。旅游地的其他设施及服务作为"第二产品"（Secondary products）将会影响旅游者的整个旅游经历，与旅游吸引物共同构成旅游地的整体吸引力的来源。三是环境要素。它既是吸引要素的组成部分，又是服务要素的组成部分，是一个旅游目的地的发展条件，其中的供水、供电、排污、道路等公共设施，医院、银行、治安管理等机构以及当地居民的友好态度等构成"附加产品"（additional products）[14]。

此外，邹统钎认为旅游目的地的核心要素有两点：一是具有旅游吸引物；二是人类聚落，要有永久性的或者临时性的住宿设施，游客一般要在这里逗留一夜以上[15]。对比以上国内外学者对旅游目的地构成要素的不同观点，可以看出，布哈里斯的目的地"6A"模型，除了包价服务（Available package），其他构成要素与国内学者的观点基本一致，都包括吸引物、旅游设施与服务、社区基础设施等部分[3]。

四、旅游目的地分类体系

（一）按旅游活动范围划分

旅游目的地是旅游活动的中心，按旅游活动的范围大小可分为旅游区型、城市型、大区域型3种类型。其中，旅游区型旅游目的地的旅游活动是"点状"的，包括风景名胜区、旅游度假区、旅游村落等，如九寨沟、黄山、张家界等风景名胜区，亚龙湾、北戴河、滇池、夏威夷州威基基等旅游度假区，地中海俱乐部（Club Med）、西递、宏村、库姆堡（Castle Combe）等旅游村落。城市型旅游目的地的旅游活动是"面状"的，城市是旅游活动的中心，如西安、桂林、登封、香港、巴黎、阿姆斯特丹等。大区域型旅游目的地的旅游活动范围一般会跨城市、省份乃至国家，旅游活动是"点、线、面"的结合，如四川省、香格里拉、丝绸之路、美国五大湖区等。

（二）按旅游者需求划分

按旅游者需求划分，旅游目的地可分为观光型旅游目的地、休闲度假型旅游目的地、商务型旅游目的地和特殊需求型旅游目的地。观光型旅游目的地凭借优美的自然景观和独具特色的人文景观满足旅游者视觉、听觉、触觉等感观层次的需求，我国大多数旅游目的地可归属此类。休闲度假型旅游目的地以良好的旅游环境吸引旅游者，满足旅游者放松身心和修身养性的需求。休闲度假型旅游目的地既有与观光型旅游目的地相结合的，也有功能单一的，如近些年大量在城市周边涌现的，以休闲为主要功能的旅游目的地。商务型旅游目的地则凭借所依托城市的完善基础设施和商务功能，满足商务工作人员工作之余的旅游需求或在旅游中进行商务活动的需求。特殊需求型旅游目的地则以满足旅游者特殊的旅游需求为目的，如沙漠、戈壁以及高山等探险型旅游目的地。

（三）按旅游资源类型划分

按旅游资源类型划分，旅游目的地可分为自然山水型、都市商务型、乡野田园型、宗教历史型、民族民俗型和古城古镇型。其中自然山水型以自然山水旅游资源为主，可细分为山岳型旅游目的地、水域型旅游目的地、森林草原型旅游目的地、沙漠戈壁型旅游目的地等；都市商务型是凭借大城市作为区域政治、经济、文化中心的优势发展起来的；乡野田园型则凭借农村生活环境、农业耕作方式、农田景观及农业产品吸引旅游者；宗教历史型是凭借宗教历史文化、宗教历史建筑、宗教历史遗迹成为具有浓厚文化底蕴的旅游目的地；民族民俗型依托不同地区、不同民族之间的民俗文化和民族传统上的差异，以及独特的地方民俗文化和民族特色而得到发展；古城古镇型依托在历史发展中所保存下来的完整的古色古香的城镇风貌和天人合一的居民生活环境吸引旅游者。

（四）按照旅游目的地的构成特征划分

按照目的地的构成特征，把旅游目的地分为城市型、胜地型、乡村型和综合型 4 种类型。各类目的地类型又可以依据不同的标准继续往下细分，如胜地型目的地又可以分为山地型、湖泊型、滨海型等。旅游目的地类型及其典型特征、主导功能和典型案例见表 3-3[16]。

表 3-3　旅游目的地类型及其典型特征、主导功能和典型案例

类型	典型特征	主导功能	典型案例
城市型	以现代城市景观（都市风貌）、城市文化和城市商贸为吸引物	城市旅游、商务会展旅游	北京、上海、广州、大连、西安等
胜地型	以独特的自然或文化遗产为吸引物，城市依托景区而发展	观光旅游、生态旅游、休闲度假	黄山、泰山、峨眉山、武当山等
乡村型	乡村风貌典型、乡村旅游特色鲜明	乡村旅游、农家乐	横店、苏家围、阿坝州等
综合型	景区与城市互为依托	综合性休闲度假	宜昌、秦皇岛、桂林、三亚等

第三节 旅游目的地研究领域的概念体系

一、旅游目的地形象

（一）旅游目的地形象的内涵

目的地形象的研究历史可追溯到 20 世纪 60 年代，1962 年美国商务部旅游局（Travel Service，United States Department of Commerce） 对美国形象进行了大规模调研[17]。1971 年，美国科罗拉多大学 Hunt 博士在其学位论文《形象——旅游发展的一个因素》中指出，旅游目的地形象是个人或群体对非惯常居住地的认知形象，该文也被认为是第一部系统研究旅游目的地形象的著作[18]。1972 年 Gunn 在旅游规划中引入形象设计[19]，1973 年 Mayao 首次明确提出目的地形象的概念，并认为"形象是目的地选择过程中的关键要素"[20]，1975 年 Hunt 发表标志性论文，他在文中初步勾勒了目的地形象的研究框架，并验证了它在旅游发展中的重要性[21]，该文的发表意味着目的地形象研究正式进入学术领域。至今，相关研究已有 50 多年的历史，但学术界对旅游目的地形象的概念阐释仍未达成共识，多数学者在研究中用到"目的地形象"这一概念时，几乎都会给其下一个定义。在 20 世纪末 21 世纪初，境外对旅游目的地内涵的阐释百花齐放，有代表性的如表 3-4 所示。

表 3-4 部分境外学者的目的地形象的定义

作者	定义
Hunt（1971）	人们对其非居住地状况所持的印象
Markin（1974）	人们对自己所了解的东西的一种个体化、内在化和概念化的理解
Lawson 和 Bond - Bovy（1977）	个体对某一客体或地方的所有知识、印象、偏见、想象和情感的表达
Crompton（1979）	个体对目的地所持有的信念、思想和印象的总和
Dichter（1985）	形象是客体在人们头脑中留下的印象，既包括个别特征或品质，也包括整体印象

作者	定义
Reynolds（1985）	形象是消费者在从众多印象中选择出少数的突出印象的基础上形成的心理结构，它是对所选印象进行详尽说明、修饰和整理的创造性过程的结果
Embacher 和 Buttle（1989）	形象是指个体或群体对目的地持有的思想和概念，可能包括认知和情感成分
Fakeye 和 Crompton（1991）	形象是潜在旅游者在从众多总体印象中选择的少数印象的基础上形成的心理结构
Echtner 和 Ritchie（1991）	对目的地个别属性的感知和对目的地的整体印象
Kotler 等（1994）	地方形象是个体所持有的该地方的信念、思想和印象的总和
Gartner（1993，1996）	目的地形象通过相互联系的、具有层次性的三个成分（认知、情感和意动）而形成
Santos 和 Arrebola（1994）	形象是产品属性和利益追求的心理表征
Parenteau（1995）	形象是受众或分销商对产品或目的地的喜欢或不喜欢的偏见
Pritchard（1998）	对特定地方的视觉或心理印象
Baloglu 和 McCleary（1999）	个体关于目的地的知识、感情和整体印象的心理表征
Murphy 等（2000）	与目的地相关的各种信息及其联系的总和，包括目的地的多种成分和个体感知因素
Tapachai 和 Waryszak（2000）	旅游者所持有的与期望利益和消费价值相关的目的地的感知和印象
Bigne 等（2001）	旅游者对现实所作的主观解释
Kim 和 Richardson（2003）	长期累积起来的对一个地方的印象、信念、思想、期望、感情的总和
Beerli 和 Martin（2004）	是消费者在认知评价和情感评价这两个紧密联系的成分的基础上对客体的理性和情感的解释，认知评价是关于个体持有的有关客体的知识和信念，情感评价与个体对客体的感情相关

注：Gallarza M G，Saura I G，Garcia H C，Destination image：Toward a conceptual framework [J].Annals of Tourism Research，2002（1）：56-78.

　　Martín H S，Rodriguez I A. Exploring the cognitive-affective nature of destination image and the role of psychological factors in its formation [J].Tourism Management，2008，2：263-277.

　　我国对旅游目的地形象研究初始于 20 世纪 90 年代初，侧重于形象定位、策划等实用性研究，对目的地形象概念的理解也与国外的主流存在差异。邱焰美撰写的《简析我国的旅游形象》，被普遍视为我国最早关于研究旅游目的地形象的文章[22]。此后，王克坚在其主编的《旅游辞典》中，将旅游目的地形象定义为旅游者对某一旅游接待国或地区总体或区域旅游服务的看法或评价[23]。李蕾蕾则认为旅游目的地形象是旅游者心中关于旅游目的地的生动、鲜明且强烈的感知印象[24]。1999年，李蕾蕾通过广东旅游出版社发表我国第一本系统性地探讨旅游目的地形象策划著作，即《旅游地形象策划：理论与实务》。其后越来越多的国内学者对旅游目的地形象定义从涵盖层面、形式等多个维度，提出了自己的观点（表3-5）。

表3-5　部分国内学者的旅游目的地形象定义

作者	定义
邓祝仁（1998）宋章海（2000）	旅游地形象，是人们对旅游地总体的、抽象的、概括的认识和评价，是对旅游地的历史印象、现实感知和未来信念的一种理性综合
谢朝武和黄远水（2002）	旅游地的各种要素资源通过各种传播形式作用于旅游者，并在旅游者心中形成的综合印象。从旅游地层面来讲，旅游地形象是旅游地对本身的各种要素资源进行整合提炼、有选择性地对旅游者进行传播的意念要素，是旅游地进行对外宣传的代表性形象；从旅游者层面来讲，旅游地形象是旅游者通过各种传播媒介或实地经历所获得的旅游地各种要素资源所形成的意念要素的结合，是旅游地客观形象在旅游者心中的反映
程金龙和吴国清（2004）	旅游目的地形象是公众对旅游地总体的、抽象的、概括的认识和评价，是对区域内在和外在精神价值进行提升的无形价值，是旅游地现实的一种理性再现
白凯（2008）	用特殊设计过的文字或图形，即通过标志化的符号组成来表达旅游目的地的特定含义
高静（2009）	从两个层面理解旅游目的地形象：第一个层面基于供给角度，主要是指旅游目的地所宣传的自我形象，这是旅游目的地营销者所期望的理想化形象；第二个层面基于需求角度，指消费者所持有的感知形象，即消费者对旅游目的地信念、想法和印象的总和
刘建峰等（2009）	基于符号的表征视角，旅游目的地形象涉及"共享的意义"，是在一定的历史时期，经由符号的表征功能而形成的为旅游目的地社群和旅游者群体所共享的、独立于个人经验之外而持续存在的有关旅游目的地的各种概念、观念、意象及感情等，是一种具有社会意义的概念系统
瞿华等（2017）	旅游目的地形象是基于意向或现实旅游者对旅游目的地社会、政治、经济、生活、文化等各方面要素综合感知后的整体印象[26]
谭红日等（2021）	旅游目的地形象是旅游者对某一旅游目的地的综合感知和评价，是提升内在与外在的精神和价值的隐形价值

注：根据中国知网数据库的相关期刊论文整理。

（二）旅游目的地形象的概念体系

杨永德等在对国内外旅游目的地形象研究成果进行归纳和整理的基础上，从主体、客体和信息媒介三个方面归纳形象的本体维度：主体相关维度包括个体化与社会化、主观与客观、正面与负面；客体相关维度包括一般性与特有性、总体与属性；信息媒介相关维度包括静态与动态、发射与接收、直接与间接[25]。这种归纳有利于对目的地形象维度和结构复杂性的认识。同时，他们还将文献中与旅游目的地形象构成和形象生成的相关概念进行了综合，系统地展示了目的地形象的概念体系（图 3-2）[25]。

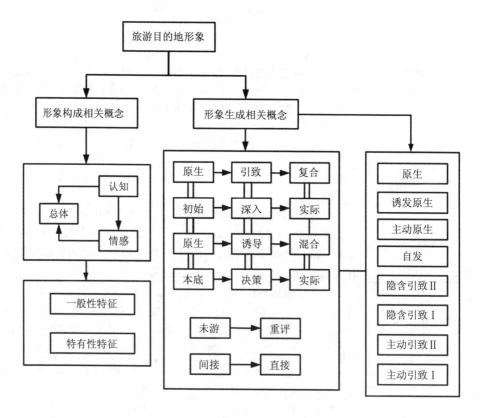

图 3-2　旅游目的地形象的概念体系

　　图 3-2 中旅游目的地形象可分为主观构成（认知形象、情感形象和总体形象）和客体属性构成（一般性特征与特有性特征）；其生成过程的相关子概念依据形象三阶段和进一步细分的形象 8 类型进行辨析，其中特别指出了三阶段界定中的等同概念（图中以"＝"连接）。

　　旅游目的地原生形象（Original Image）是个体通过教育或非商业营销性质大众文化、公众传媒、文献等信息源形成的目的地印象，是内生的；而引致形象（Induced Image）是受目的地有意识的广告、促销、宣传推动影响产生的形象[26]。由于旅游组织与一般与公共媒体等建立宣传关系，引致形象与原生形象并不绝对互相排斥，而是会通过引致形象的形成经历，整合已有知识形成一个更综合的复合形象（Compound Image）[27]。对这一现象，我国也有学者称之为初始印象、深入印象和实际印象或原生形象、诱导形象和混合形象[28]。Gartner 将 Gunn 提出的原生和引致形象进一步细化，分为 8 个类型：明显引致 I（Overt Induced I）、明显引致 II（Overt Induced II）、隐含引致 I（Covert Induced I）、隐含引致 II（Covert Induced II）、自发（Autonomous）、主动原生（Unsolicited Organic）、诱发原生（Solicited Original）和原生（Original）[29]。这些类型实质是信息来源及旅游目的地控制程度的等级序列，与信息渗透水平和可信度有关，明显引致 I 源于旅游目的地组织的传统广告，信任度低但有很高的市场渗透性和信息可控度；明显引致 II 源于与旅游目的地有利益联系但非直接相关的媒介（如旅游经营商）[30]，其可信度提高，但可控度会受具体交易的影响。隐含引致 I 通过名人认可和旅行作者描写产生，具有极高的信任度但他们的观点却不可控；隐含引致 II 源于公共关系（Publicity）。自发来源是独立产生的报道和流行文化，尤其是新闻和电影，它们能吸引广泛的注意，但旅游目的地基本无控制性可言。原生信息可能来自于从已有游览体验者处未经询问而获得的信息（主动原生）或询问产生口碑宣传（诱发原生），都具有最高的信任度。

（三）旅游目的地形象的测量

　　旅游目的地形象测量是开展形象设计与推广前必经的步骤，测量结果则是实施推广策略的基本依据。旅游目的地形象测量是指针对公众（潜在和现实旅游者）对目的地现状、特征等的主观看法和态度倾向所开展的量化研究和调查[31]。它以对解析概念和维度构成为基础，可以采用定性、定量或定性与定量相结合的方法。定性测量方法主要包括开放式问题、焦点小组、深度访谈、内容分析（内容分析数据一般源于明信片、照片、小册子等促销材料、网站等）。定量测量方法主要通过设计旅游目的地形象维度关联的结构式问题，测量调查对象对目的地各属性的感知、情感体验和对目的地的整体感知，并使用统计分析技术对形象感知进行量化分析。

　　旅游目的地形象测量方法基本可分为结构法（Structured Methodology）和非结构法（Unstructured Methodology）两类。前者的基本思路是选取一系列不同的评价因子，运用标准工具，构建评价模型，之后通过采集和处理被访者的评价，得到目的地的形象资料；后者则使用自由阐述或开放式问题记录被访问者对目的地形象的描述。现有的目的地形象测量研究多使用结构法。这一方法具有可控性、直观性强、结论易于统计处理且便于比较等优点，其主要理论意义在于，通过指标体系的建立，寻找构成目的地形象的影响因素，同时，量化的形象指标可用于不同目的地形象的比较。应用结构法测量目的地形象的准确度主要取决于评价因子的选取数量和种类。但对于旅游目的地而言，非结构法更有效，其优势在于可以反映目的地社会化了的特征形象和游客感知的显著属性，但至今很少有人使用。显然，形象测量中最丰富、最有效的数据产生于两种方法的结合[32]。

　　一般情况下，旅游目的形象测量实践研究过程中，采用定量和定性相结合的方法，同时采用结构法和非结构法进行旅游目的地形象测量。如杨永德等于 2007 年同时采用结构法和非结构法，选取阳朔进行目的地形象测量，结果表明，阳朔形象显著表现为山水风光与休闲氛围，以西街、漓江及印象·刘三姐为首要形象载体，总体上呈积极形象。这一实证研究结果证明结构法与非结构法相结合显示出比单一方法更大的优势。在测量阳朔旅游形象时，非结构法能够明确感知形象的整体性与独特性方面，而结构法不仅明确感知形象构成，更提供认知形象、情感形象，以及总体形象评价的定量数据，两者结合可从"质"与"量"的角度全面把握阳朔旅游目的地形象。[33]

　　从旅游目的地形象子概念分析，在结构式问卷中，情感形象和总体形象的测量较为统一，情感形象多采用语义差异量表测量旅游者愉快、兴奋等情感体验，总体形象一般用一个题项测量，而不是简单地将各属性形象平均或加总，因为整体大于部分之和[34]。认知形象测量旅游者对目的地个体属性的感知，主要涉及以下几个方面：旅游吸引物（如自然、文化资源等）、基础设施和旅游设施、休闲游憩设施、运动设施、整体氛围、旅游信息、物有所值、自然和社会环境、活动、服务质量、安全、社会交往、居民态度、政治经济因素等[35,36]。由于目的地性质的差异，各研究在认知形象测量的具体题项上也存在一些差异。

（四）旅游目的地形象的构成

对旅游目的地形象构成的认识主要有形象三维连续体和形象三成分两种观点。

1. 旅游目的地形象三维连续体

旅游目的地形象三维连续体由 Echtner 等在 1991 年提出，该理论认为目的地形象包括三个维度：属性形象—总体形象、功能形象—心理形象、普通形象—独特形象（图 3-3）[37]。旅游目的地形象既包括对个体属性的感知，也包括整体印象；既涉及能直接观察和测量的功能形象，又涉及无形的、较难观察的心理形象；既包括一般的、共有的普通形象，也包括独有的特征和情感。表 3-6 显示了以形象三维连续体理论作为分析框架的上海、南京、合肥、济南、成都 5 个城市居民对江苏周庄的感知形象。

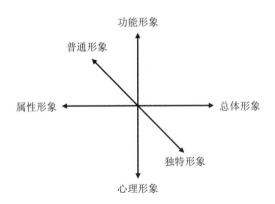

图 3-3 Echtner 等的形象三维连续体

表 3-6 周庄的属性形象—总体形象、独特形象—普通形象和功能形象—心理形象　　单位：%

		功能形象	均值	心理形象	均值
属性形象—总体形象	属性形象	对外交通非常便利	3.27	社会治安好、很安全	3.45
		宣传工作做得好	3.51	商业气息太浓	3.37
		环境没有受到污染，干净整洁	3.33	居民热情、友好	3.46
	总体形象	水乡古镇、水镇一体	66.5	古朴、典雅、朴素	46.6
				美丽、清新	30.9
		小桥、流水、人家、小船	47.5	安静、休闲	27.2
		江南文化	23.3	神秘、浪漫	10.8
				拥挤、乱	5.2
独特形象—普通形象	独特形象	水乡古镇、水镇一体	66.5	古朴、典雅、朴素	46.6
		小桥、流水、人家、小船	47.5		
		沈万三	12.2	安静、休闲	27.2
		陈逸飞的画	3.3		
	普通形象	江南文化	23.3	美丽、清新	30.9
		古商铺、古建筑	29.5	拥挤、乱	5.2

资料来源：张宏梅，陆林，章锦河. 感知距离对旅游目的地之形象影响的分析——以五大旅游客源城市游客对苏州周庄旅游形象的感知为例[J]. 人文地理，2006，（5）：25-30，83.

2. 旅游目的地形象三成分

　　旅游目的地形象三成分理论存在一个发展过程，早期对目的地形象的理解主要局限于认知成分，大多数的目的地形象研究仅仅考虑形象的认知成分。近年来，旅游目的地形象的情感成分逐渐受到重视，认知—情感成分的结合成为形象研究的趋势。Crompton[38]提出旅游目的地形象的认知成分，Em-bacher 等[39]，Baloglu 等[40]均提出形象包括认知、评估、情感成分，Gartner[41]认为旅游目的地形象结构应该包括认知、情感和意向 3 个成分。概括国内外目的地形象研究文献发现，目前学术界基本认同目的地形象结构包括认知形象、情感形象和总体形象 3 部分[42,43]。但国内外对目的地形象结构的分析多限于理论层次，缺少对形象结构的经验性验证。张宏梅等[44]以江苏周庄为例对旅游目的地形象的三维结构进行了验证，结果说明旅游目的地形象的认知、情感和总体形象三维结构适用于中国文化背景下的旅游目的地形象，且提出情感形象是影响游客行为意图的最主要的形象成分。

二、旅游目的地营销

(一) 旅游目的地营销概念的相关研究

国外对旅游目的地营销的研究虽然在 20 世纪 70 年代已有涉及,但从 20 世纪 90 年代开始才备受重视,这在很大程度上与全球旅游业的快速发展有关。随着旅游业的深入发展,市场竞争日益激烈,市场营销已成为大多数目的地的一项战略任务,直接影响着目的地旅游业的竞争力,对目的地营销进行研究的价值与意义日益凸显,因此,越来越多的研究关注于此,研究的深度和广度也不断得到扩展。

要想把旅游目的地推向市场,让旅游者能够了解目的地并能吸引旅游者前来旅游,其中最为关键的是如何营销旅游目的地。旅游目的地的营销是一个复杂的问题,其涉及经济、政治、文化、心理、广告等多个方面,因而是旅游目的地研究的重要内容。加拿大的 Robin 等为建立一个广泛的州际或省际旅游目的地营销系统(Destination Marketing Information System,DMIS)提供框架[45]:传统 DMIS 缺乏时效性且不能反映产业作为一个整体信息的缺陷,认为这部分是因其大多是由政府建立、设计和研究,没有包括产业的经营者所造成的。Robin 试图通过加拿大阿尔伯塔(Alberta)省一个由政府支持、产业经营的旅游目的地营销组织建立 DMIS 来解决这一缺陷,强调在建立 DMIS 时,政府部门和经营者合作的重要性。为满足两者的需求,Robin 提出通过一个三步模型来建立 DMIS,即信息需求的评价、满足这些需求的信息源的确定,以及推荐最有效的解决方法。

2017 年,Kotler 等撰写的英文著作 *Marketing forHospitality and Tourism*(《酒店业及旅游业营销战略》)中提出旅游目的地营销比其他产品营销更具挑战性,而且旅游目的地管理机构有限的监管并不能覆盖到目的地所在区域的各个方面,政府或私营旅游企业的庞大数量为管理和统筹整合营销增加了复杂性;由于是一个高度多样化复杂性的产品组合,包括地理规模、自然及人文景点、餐饮住宿、娱乐、民俗传统等,为兼顾旅游目的地产品的各类要素,营销活动需要多要素参与,如图 3-4 所示[46]。

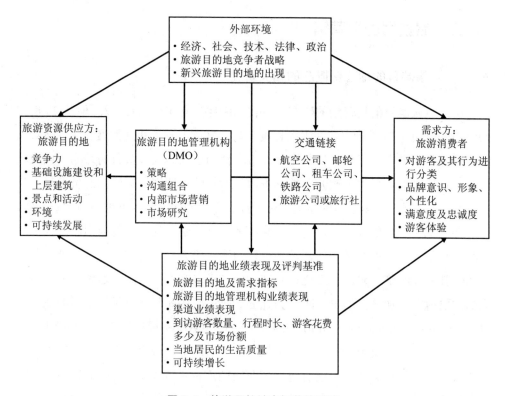

图 3-4　旅游目的地市场营销系统

　　美国 Edward 等指出[47]，目的地广告活动通常是通过转换研究或广告跟踪研究来进行评估的，这类评估最主要的局限是，他们假设广告的接收者在进行旅行决策时遵循一个高度相关的决策过程，没有考虑目的地广告是怎样影响低关联决策的。该文章提供了一个能测定广告对低关联决策的影响的框架，并通过利用得克萨斯州旅游广告活动来解释该框架是如何操作的[53]。这对旅游目的地营销组织进行营销和评估广告的作用具有重要的指导意义。

　　Leixia Cai 等为了认知以中国为旅游客源的美国旅行社通过互联网营销的情况，研究者评价了 20 家旅行社的网络平台，得出如下结论：这些旅行社网络平台的内容交付性能很低，说明这些旅游代理商的网络平台没有发挥其重要功能[48]。钟行明等把商业网站的工作流程分为 4 个阶段：网络出现（提供公司及其产品的基本信息）；网络服务（准备对产品或服务做出反应）；网络交易（网站准备交易，如预订）；整合的网络（组织通过网络把价值链上诸如供应商和分销商的重要成员联系起来，产生电子商务策略）。该项研究调查的网站大部分属于第二阶段，要努力向第三阶段及第四阶段转变[49]。

Robert Hollier 研究了欧洲作为旅游目的地进行营销的成就及发展趋势[50]。澳大利亚的 Gordon Waitt 考察了朝鲜作为国际旅游目的地营销存在的问题，指出朝鲜将持续作为一个边境国际旅游目的地[51]。

英国的 Buhalis 提供了多个被广泛运用的互联网营销技术的概念并阐明世界各地的旅游网络营销的典型案例[52]。该文解释了目的地营销应该平衡各利益相关者的战略性目标及当地资源的可持续性，认为利用新技术和互联网，通过增加目的地的可见性、降低成本、加强当地合作，也可以使目的地提高它们的竞争力。该文构建了互联网技术为目的地营销人员提供的广泛使用的框架，指出旅游目的地营销不仅是区域吸引游客的重要手段，也是促进区域发展、使旅游目的地战略目标得以实现的机制；旅游目的地营销应确保旅游供应链中利益相关者公正的利用资源获益，同时确保这些资源的可再生和持续利用。所以，市场营销应被作为旅游目的地规划和管理战略而不仅仅是一个销售工具。

（二）旅游目的地营销定义

市场营销理念在旅游体验与旅游业中的应用，主要集中在旅游企业和旅游目的地两个方面。与旅游企业的营销研究相比，旅游目的地营销是一个相对较新的研究领域。国内旅游目的地研究始于 20 世纪 90 年代，陈传康等将企业形象识别理念引入风景旅游区和景点的旅游形象策划，从此开启了国内研究旅游目的地营销的先河。本书通过收集相关期刊和专著，将国内有关旅游目的地营销的概念进行整理，列举其中比较具有代表性的观点，如表 3-7 所示。

表 3-7　国内部分旅游目的地营销的定义

序号	概念内涵	作者
1	提高旅游目的地的价值和形象，使潜在旅游者充分意识到该地区与众不同的优势；开发有吸引力的旅游产品，宣传和促销整个地区的产品和服务，刺激来访者的消费行为，提高其在该地区的消费额	赵西萍[54]

序号	概念内涵	作者
2	旅游目的地营销作为全面吸引游客注意力的工程，基本理念是从产品营销向综合形象营销跨越，营销运作机制从分散的个别营销向整合营销传播提升	舒伯阳[55]
3	针对确定的目标市场，通过传播和整合目的地的关键要素作用于消费者的感知，以达到塑造目的地形象、提升游客满意度的目的，进而开拓旅游市场	王国新[56]
4	旅游目的地营销是以旅游目的地区域为营销主体，代表区域内各种机构、所有旅游企业和全体从业人员，以一个旅游目的地的整体形象加入旅游市场激烈的竞争中，并以不同方式和手段传播旅游信息，制造兴奋点，展示新形象，增强吸引力，引发消费者注意力和兴奋点的全过程	袁新华[57]
5	旅游目的地营销是指区域性旅游组织通过区分、确定本区域旅游产品的目标市场，建立本地产品与这些市场间的关联系统，并保持或增加目的地产品所占市场份额的活动。它主要从营销主体、营销客体以及营销的媒介三方面阐述	王晨光[58]
6	向旅游者提供旅游目的地相关信息，突出旅游地的形象并打造景区吸引物；通过向潜在群体和目标群体进行营销从而吸引其注意力，诱发其对旅游目的地的向往，进而产生旅游消费	邹统钎[59]

三、旅游目的地管理

（一）旅游目的地管理概念的相关研究

斯洛文尼亚的 Tanja Mihalic 提出目的地的环境管理是旅游目的地竞争力的一个重要因素[60]。旅游目的地管理对确保各种类型的旅游目的地实现可持续发展中的重要性十分显著。旅游管理者可以整合各类旅游目的地要素，将其纳入旅游目的地管理政策和方法。环境质量是在旅游管理决策时面临的一个普遍问题，有着不同环境质量的目的地的竞争力有显著差异。不断增强的环境意识、旅游者要求更好的质量以及目的地间竞争的加剧，使得环境质量已成为一个现实的问题。目的地环境管理可以增强其竞争力[49]：第一，可以通过合适的与环境影响（EI）及环境质量（EQ）管理相联系的管理努力来增强目的地环境竞争力；第二，旅游目的地竞争力可通过一定的环境营销活动来提高；第三，环境管理被分成通过行为代码、自我发展的环境实践或授予的最好的实践及委派计划等进行管理，有利于竞争力提升。

荷兰的 Frank M .Go 等对旅游目的地的综合质量管理进行了论述，其研究的目的是识别被选定的欧洲目的地是否把综合质量管理作为一种方法应用到提高其竞争力上[61]。该文基于质量管理欧洲基金模型（EFQM）进行了一个目的地的比较研究，结果表明，旅游目的地的综合质量管理还没有开发。一般来说，旅游目的地在 EFQM 模型的某一方面会很强，如政策和策略或人力资源管理，这利于质量管理的综合方法和平衡。该比较分析试图检验综合质量管理在 7 个欧洲旅游目的地的性能，它运用 EFQM 多维模型（图 3-5）来获得对欧洲旅游目的地是如何提高综合质量管理的理解[62]。

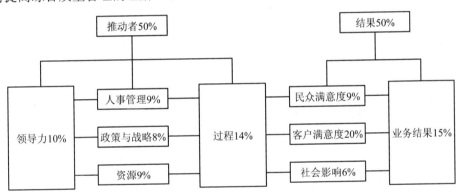

图 3-5　EFQM 多维模型

从全面的观点来看，旅游目的地的综合质量管理及竞争力还有很大的提升空间。综合质量管理的有效发展和实施有赖于用相关领域的知识解决问题的综合性方法，相关领域包括城市和区域规划、文化和遗产保护以及经济的发展。合作关系，包括目的地的私人和公众部门的合作，被认为是创新和更新的先决条件，它被要求用来达到和维持旅游业在欧洲范围内的竞争力并长期提供就业机会[62]。美国 Anne-Marie d' Hauteserre 以 Foxwoods 赌场度假区为例，论述了管理目的地竞争力的教训[63]。Foxwoods 证明了各个要素的组合对造成这一数量的竞争力是必需的。它说明了供给侧因素可以控制一个目的地的成长速度。Foxwoods 的一个教训是成功不是瞬间的；另一个教训是目的地任何最初的或比较优势，无论是位置或是其他开端，都需要在它开发前得到认可。Foxwoods 的发展同样表明策略管理需要经验，因此风险、改革和创新都会导致竞争力的增加。

旅游目的地有许多属性，但在营销时不能对所有人促销所有的东西，而是应该有针对性地营销某些属性。新加坡的 Stephen W 等讨论了目的地属性管理模型在印度尼西亚 Bintan 度假区（一个靠近新加坡的相对独立的度假区）的应用[64]。文中提出的目的地属性管理模型是对 Martilla 等提出的"Importance-Performance Analysis"模型的修改。模型包括 6 个扇形矩阵（sectorial matrix）。此文还分别分析了目的地属性管理模型的 3 个差距：期望差距（expectation gap）——第一次来游览且将要离开的度假者和从来没有选择过到此地的人之间的差距；感知差距（perception gap）——已经游览过该度假区的旅游者和即将对该地进行第一次旅游的旅游者之间的差距；忠诚度差距（loyalty gap）——重游者和第一次游览者之间的差距。对 Bintan 度假区及其他目的地的营销者来说，提出目的地属性管理模型是理解旅游者重要旅行经历的那些方面以及使营销者有能力理解、满足并超过旅游期望的一个有效工具。

挪威的 Arvid Flagestad 等在回顾战略管理中的资源基础理论和产业组织理论的基础上，根据欧洲和北美滑雪公司的年度报告，提出了与冬季体育运动目的地的战略分析相关的 2 个新模型。第一个是冬季体育运动目的地价值创造的建议性结构（suggested configuration）——"value fan"；第二个是为在战略层面上分析目的地提供框架的概念性组织模型（conceptual organizational model）。

（二）旅游目的管理概念内涵

旅游目的地一方面是一个开放的系统，它与社会有着广泛的、密切的联系，要向社会、游客提供特定的产品及服务，要面对来自同行业的激烈竞争和挑战，还必须担负社会某些方面的责任和义务；另一方面旅游目的地自身就是一个系统，拥有很多工作部门、大量员工，还有许多产品，各种各样的设施、设备以及旅游环境等。为了使这个复杂系统良性运转，需要科学地管理旅游目的地。旅游目的地作为社会管理和经营活动的一个单元，它的管理目标既有总目标，又有分目标。这些目标任务在旅游目的地管理活动的实施过程中起着纲领性的作用，虽然旅游目的地之间各有不同，具体要求有所差异，但从总体来看，其管理的任务大体上是一致的。这些任务包括：开发旅游资源，培育生态环境，开展健康有益的文化游览活动，丰富群众的精神文化生活，达到一定的经营目标，以取得经济效益和社会效益。

综上所述，可以把旅游目的地管理定义为基于清晰的战略目标和旅游规划，运用行政、经济和法律手段，对目的地区域内的包括旅游资源、接待设施、基础设施、公共服务、节事活动等所有目的地组合要素进行协调与整合，并打造旅游目的地形象以及向旅游者进行营销宣传，为旅游目的地创造经济效益、社会效益和文化效益的过程。

四、旅游产业链

（一）旅游产业链的思想源

产业链的思想最早源自亚当·斯密（Adam Smith）的分工理论。有了劳动分工，才能有为同一最终产品的生产活动而出现若干个生产商。最早的产业链概念实际上局限于企业内部操作，注重的是企业自身资源的利用，这一内涵更接近生产链。只有当马歇尔（Alfred Marshall）将分工扩展到企业之间时，强调分工协作的重要性，被认为是产业链理论的真正起源。传统产业链以产品为核心进行上下游企业之间的联系。然而，随着供应链与价值链概念的相继出现，人们对产业链概念的认识开始有些弱化，更多的研究者和实践者们开始关注供应链。从国内产业链理论的研究来看，姚齐源等将产业链概念引入经济研究[65]。产业链是指以某项核心技术或工艺为基础，以提供满足消费者某种需求的效用系统为目的，具有相互衔接关系的企业集合[66]。随着产业链理论的进一步发展，学者们认为，产业链在本质上是以知识分工、协作为基础的功能网链，通过知识分工和知识共享来创造递增报酬，并为顾客创造价值，是产品的生产联系和由此产生的物质流动、知识共享的相互链接的外在表现形式。

产业链是产业经济学中的概念，是各个产业部门之间基于一定的技术经济关联，并依据特定的逻辑关系和时空布局关系客观形成的链条式关联关系形态。按照 Porter 的逻辑，每个企业都处在产业链中的某一环节，一个企业要赢得和维持竞争优势不仅取决于其内部价值链，还取决于在一个更大的价值系统（即产业价值链）中，一个企业的价值链同其供应商、销售商以及顾客价值链之间的连接。企业间的这种价值链关系，对应于波特的价值链定义，在产业链中、在企业竞争中所进行的一系列经济活动仅从价值的角度来分析研究，称为产业价值链（industrial value chain）。价值链的研究大致起源于 20 世纪 80 年代中期，开始由 Porter 提出[67]，通过构建价值链这个视角，Porter 为产业经济组织和企业战略管理提供一个微观的分析框架，认为在当前全球化时代下，企业的竞争力取决于能否运作这些价值链条，并且占据这个链条中高价值的环节。这个分析逻辑成为 Porter 的企业竞争力理论的重要组成部分，是其最负盛名的钻石五力分析模型（the five competitive forces）和产业集群（industrial cluster）的重要理论依据之一。随后，价值链研究得到了广泛的关注和跟进，研究价值链的学者覆盖多学科领域，形成较大的影响力，主要包括 3 个方面[68]：第一，学者们将研究视角从微观尺度拓展到宏观尺度，不仅讨论了商品本身的价值链组织，还研究了行业整体的价值链形态；不仅研究了企业在价值链中的位置，还拓展到研究地区、国家在全球价值链中的位置。第二，在 Gereffi 等的带领下，学者们对价值链的基本类型、管治形态、核心变量和机制进行理论构建。第三，研究议题不再局限于竞争力，而是拓展到产业管治（industrial governance）、产业迁移、经济追赶。当主流价值链领域研究专家没有给予旅游行业充分关注的时候，旅游研究学者本身关注到了价值链议题的重要性，并自 20 世纪 90 年代开始尝试讨论旅游价值链话题。其中，Clancy 最先讨论了价值链理论在旅游领域的应用问题，认为在全球化背景下，旅游话题值得关注[69]。但是因为旅游行业为服务行业，与制造业不一致，讨论其价值链很有难度。在此基础上，Clancy 分析了酒店和航空业商品链的全球化，指出这些链条在全球范围内逐渐集聚在少数大公司的控制之下，而这些大公司的分支机构又同时广泛地扩散到世界各地[69]。这一研究成为旅游价值链研究重要的基石，但是基本上停留在分析旅游产业全球化的层面上，没有与主流价值链理论对接。

（二）旅游产业链的界定与特征

1. 界定

对于旅游产业链的定义划分与界定，存在 3 种观点[70]：一是基于旅游者需求的旅游价值链界定。旅游者的需求拉动了旅游产业要素的形成，因此，旅游产业链的界定也常从旅游者需求角度出发。如李丹枫等认为，旅游产业链是指旅游消费者从获得旅游信息并决定进行某次旅行、经过空间移动，到最终实现旅游体验这一系列的活动过程中，因吃、住、行、游、购、娱等旅游消费涉及的企业分属不同的产业类型而形成的一种产业链接关系[71]。何建民提出，对于常规旅游来说，旅游价值链包括目标顾客的选择、定位、产品设计、价格制定、渠道选择和形象推广等[72]。这类概念都强调产业链始于旅游者空间移动，止于旅游者旅游消费体验的实现，是吃、住、行、游、购、娱6要素相关企业的集合。这种界定方法使旅游产业的边界相对较窄，通常被称为狭义的旅游产业，但便于统计与操作。也正因如此，目前国家文化和旅游部主导的旅游产业统计口径也基本上采用这一界定方式。

二是基于旅游产品供应的旅游价值链界定。通常认为旅游产业是由生产旅游产品与服务的旅游企业集合构成的，因此，不少关于旅游产业链的定义从旅游产品与服务的供应角度出发，如 Tapper 等将旅游产业链定义为一条包含了所有旅游产品与服务的供应与分配的链条[73]，旅游价值链因此可分为赢得订单（win order）、分配前的支持（pre-delivery support）、分配（delivery）以及分配后的支持（post delivery support）4个阶段，以实现旅游产品的端到端无缝连接[74]，或者将旅游产业链定义为包含了旅游供应商、旅游开发商、旅行社和游客4个部分的单链[75]。路科从供应链管理思想出发，认为目前旅游业的运作是以旅行社为核心、各相关行业企业为节点而联结成的服务于旅游者的供应链模式[76]。张辉把旅游的生产与销售涉及众多的企业活动，从获取旅游目的地的各种旅游要素暂时使用权开始，到旅游产品的组合以及产品的分配和销售的整个过程定义为旅游产业链或旅游产品链[77]。在应用研究领域，Sigala 认为旅游供应链包含产品一生中的所有方面，如原材料、材料处理、制造、分配、零售、顾客使用和最终抛弃[78]。Murphy 等认为 John Mentzer 等对供应链的定义适合描述烹饪旅游的供应链[79]，即直接参与产品、服务、资金和/或信息从源头到顾客、从上游到下游的流动的3个或更多的实体（组织或个人）组成的一个整体[80]。Raventos 描述了在旅游产业链中航空公司、酒店及其他供应商与旅行社的供需关系[81]。部分研究则根据各自研究的内容，直接从各行业通用的供应链定义中选择了较符合自身要求的内容。此类旅游产业链的界定方法强调旅游产品与服务的供给，但并不强调产品与服务供给的起点与终点，旅游产业链的外延比较宽泛，与通常大家所说的广义的旅游产业概念基本相当。

三是基于空间移动范围内旅游产品供应的旅游价值链界定。基于旅游者需求的旅游产业链界定划分了旅游产业链的起点与终点，使旅游产业研究具有可操作性；基于旅游产品与服务供给的价值链强调了旅游产业链的多元性，但又陷入概念泛化的困境。于是又有学者将旅游产品与服务的价值链终点限定在"特定旅游目的地的分配和营销"内，相应的旅游供应价值链定义为："参与了从旅游产品/服务不同部分的供应（如航空业、住宿业）到最终旅游产品在特定旅游目的地的分配和营销这个过程中不同活动的旅游组织所组成的网络"[82]，或者将旅游供给限定在旅游者空间转移过程中，如"在旅游者到目的地的空间转移及旅游消费过程中，为其加工、组合并提供旅游产品，以助其完成到达目的地的旅行与游览，此间所形成的以旅游企业为核心的各种产业供需关系"[83]。

以上 3 种旅游价值链或者旅游产业链的界定方式都各有优缺点[84]：第一种界定方便操作但局限了旅游产业链的边界；第二种界定放大了旅游产业链的边界，但由于"什么是旅游产品"仍难以界定，旅游产业链的边界问题也仍未解决；第三种界定方法使旅游产业链理论上的边界清晰，但它与第二种界定方法存在同样的困境。传统的旅游产业链定义比较关注产品的生产联系和由此产生的物质流动，这些都只是产业链的外在表现形式。产业链在本质上是以知识分工协作为基础的功能网链，通过知识的分工和知识共享创造递增报酬，为顾客创造价值。因此，旅游产业链的定义本质上应该从知识的分工协作入手，以不同的价值创造来划分产业环节，并将各环节以网状结构联系起来。

2. 特征

由于旅游服务具有传递性强、行业内服务互补性强、相互协调性强、关联性密切，部门合作关系紧密，顾客前后的一致性，而使旅游业发展的产业链特征明显。旅游业以服务产品为核心，而服务产品的无形性、差异性、多变性等特征，又使旅游产业链的技术联系和依赖关系更为显著。

近年来，旅游产业链研究得到了较快发展，它主要以旅游业中的优势企业为链核，以旅游交通、住宿、购物、娱乐等相关行业和企业为基础，共同直接或间接地创造和提供旅游者所需的产品和服务。目前，国内外学者针对旅游产业链的研究并不多，这一研究的更大价值是通过产业链的发展来增强企业的竞争力，以进一步扩大产业的影响力和带动力，从而为旅游产业的集聚和集群化发展奠定基础。因此，从旅游产业发展的实际来看，旅游产业链的价值与意义更大，它还具有与供应链、价值链相协调、相一致的特点。旅游产业链就是以旅游者需求为导向或内驱力，由旅行社出发，经旅游交通业、住宿业、餐饮业、景区业，再到旅游购物和旅游娱乐等构成的一条或多条产业链。

旅游产业链通常有以下 3 个特征：①横向性。旅游产业链是横向联系的产业链，与传统制造业纵向联系的产业链有很大不同，直接面对的是消费市场（旅游者）。②综合性。旅游产业链生产的是最具综合性的服务产品，它不是某个行业所能提供的，任何旅游行业的企业都只能为旅游者提供旅游服务产品的一部分。③无约束性。旅游产业链的横向联系特点使各旅游行业之间缺乏有效的约束机制，整个产业链条直接面对旅游市场，各行业的利益来自向旅游者销售的产品，收益的多少与旅游市场的大小相关，不直接接受其他相关行业的制约。

旅游产业的关联性产业部门数量众多。20 世纪末、21 世纪初，学者大多围绕旅游 6 要素所直接涉及的产业部门来界定旅游产业链，认为旅游产业链是为满足旅游者的消费需求，以产业中具有竞争力或竞争潜力的企业为链核，与相关产业的企业以产品、技术、资本等为纽带结合起来。通过包价或零售方式将旅游产品间接或直接销售给旅游者，以助其完成客源地与目的地之间的旅行和游览，从而在旅行社、饭店、餐饮、旅游景区、旅游交通、旅游商店等行业之间形成链条关系。

还有少数学者对旅游产业链的基本形态进行了研究。黄继元根据传统制造业产业链的研究，认为旅游产业链由旅游教育与研究、旅游开发设计公司、旅游设备供应商、宾馆饭店、景区（点）、旅游商品销售商、旅游餐饮服务商、旅游交通经营商、旅游娱乐产品经营商、旅行社、旅游者和政府等上游、中游、下游多个部分共同组成[85]。由于网络技术大量运用到旅游产业中，部分学者指出网络改变了传统的旅游产业链形态。传统旅游产业链的旅游信息方向和支付是一种复杂的层级型模式，信息共享较为困难；而在网络环境下，互联网使所有的传统经营者都成为信息中介，生产商、中介以及信息中介的差别逐渐消失。这样也大大改变了传统产业链的结构与形态。

（三）旅游产业链的内部构成

1．中间商与旅游产业链

旅游产业链与传统产业相似，均由供应商、中间商和消费者三部分构成，旅游中间商居于主导地位[86]。杨路明等认为处在产业链不同环节的旅游企业，各司其职、分工合作、优胜劣汰，在每一个环节实现增加值，从而使最终的旅游产品和服务更好地满足消费者需求[87]。旅游中间商具有双边平台特征，一方面与供应商交易；另一方面与消费者交易，中间商从旅游地、酒店等收集相关的信息，再整合各种旅游资源设计出旅游产品，最后向旅游需求者提供产业和服务。研究表明，传统旅游中间商模式存在三大缺陷：首先，供应商、中间商和消费者按照固定顺序链接，资源流动缓慢、灵活性差，一旦中间某一环节受阻，整个产业链条面临系统风险。其次，中间商阻隔供应商和消费者，阻碍信息流动，消费者不能直接接受供应商的产品和服务信息，供应商不能直接接受消费者的需求信息，如此，供应商、中间商和消费者只能依据各自受损的私人信息决策，产业链的整体价值和利益无法保证，有时市场和消费者不认可企业，有时企业不认可市场和消费者。最后，中间商既掌握供应商的信息，又掌握消费者的信息，基于个体利益最大化，中间商存在恶意控制的激励，利用其信息优势欺瞒旅游供应商和旅游消费者，最终控制整个产业链。旅游中间商不仅具备信息优势，还拥有垄断优势，传统的旅游中间商模式会伤害供应商和消费者，最终使整个产业链受损[89]。

旅游中间商连接消费者和供应商的模式并不必然，供应商自己的分销渠道或专门的电子分销系统也可以直接连接消费者。如果去掉中间商，消费者、分销系统、服务代理商和供应商也可以组成旅游产业链[88]。分销系统可以在旅游产业链中担任核心角色，如全球预订系统（GDS）、饭店中央预订系统（CSR）在发达国家的旅行服务中起着非常重要的作用，分销系统和旅行社、航空公司等结合，为消费者直接提供产品和服务，其市场份额在发达国家居主体地位[89]。

2．旅游产业链的组织关系

旅游产业健康发展，识别和确立产业链的核心环节是前提条件[91]。早期，旅游产业链的核心应该由旅行社向旅游景区转变。传统观点认为，旅行社把旅游者组织起来，协调"吃、住、行、游、购、娱"等各环节，整合产业链资源，向消费者提供一揽子服务，应该是旅游产业链中的核心企业。但是，信息化的快速发展在多个方面削弱了旅行社的作用，全球预订系统、饭店中央预订系统的形成与发展就是证明。而景区是旅游产业的核心吸引物且无法移动，可以为消费者提供差异化的旅游产品，对目标群体具有垄断优势，所以，当前旅游产业链的核心企业可以是旅游景区经营者。刘亭立比较分析了旅游景区和旅行社的获利能力，认为旅游产业链的核心地位由获利能力决定[92]。景区的价值创造能力较强，天然景区的垄断源自差异性和不可复制性，人造景区的垄断来自高进入成本。旅行社的价值创造能力较小，旅行社既缺乏天然景区的差异性，又缺乏人造景区的高进入成本，竞争非常激烈，利润率自然降低。路科也认为景区景点应该成为旅游产业链的核心，传统以旅行社为核心的旅游价值链必须围绕新的核心节点再造重生[76]。虽然信息技术的发展削弱了旅游中间商在旅游市场上的作用，但信息技术也提供了新的发展机遇，旅游中间商可以利用网络销售扩大自己的影响，甚至可以向前或向后合作、联盟直至兼并相关企业，组成企业集团，在内部实现完全产业链。信息、资金等要素是旅游产业链核心企业的必备条件。以航空公司和饭店集团为例，如果资金实力比较雄厚，可以向网络旅游业延伸，建立自己的在线渠道，取代旅游中介；如果是中小型的餐饮企业和航空公司，可以联合建立自己的在线渠道，借助信息技术，部分取代旅游中介；航空公司和饭店集团作为旅游产业链核心企业，已经成为一种发展趋势。

从产业群的角度考察旅游产业链的组织关系，发现大型旅游资源企业（如旅游景点、旅游娱乐场所等）通常占据核心地位，众多旅行社、旅游饭店、旅游交通运输企业等中介行业，以及其他相关产业占据边缘地位，众多行业、部门在特定区域围绕核心企业集聚，形成了规模庞大的旅游产业群。旅游产业群内企业和组织既竞争又合作，互相学习互相交流，形成一个复杂的利益和风险网络[85]。黄继元认为旅游产业群内必须建立一种尊重和符合各方利益的机制，形成良性的竞争与合作关系，才能保障整体的商业利益，才能实现旅游产业链的动态平衡；短期内，产业群依靠产品和服务的利益交换协调内部关系；从中期来看，群内企业优势互补、资源共享、流程对接形成集群整体竞争优势[85]；从长远来看，战略联盟和文化融合等深度合作才能维持长期竞争优势。刘人怀等从企业信任的角度考察旅游产业链的组织关系，认为当节点企业之间缺乏信任时，信息和资源分享就无法实现，当节点企业之间过分信任时，知识产权容易被窃取，合作企业互相持有专用性资产，无法保证独立性[93]。

3. 信息技术与旅游产业链

从旅行社的职能考察信息技术对旅行社行业的冲击，认为旅行社承担信息职能和代理职能，电子化、信息化产品虽然在一定程度上替代了旅行社的职能，但是旅行社可以提供人性化、差异化的导游服务，这是旅行社行业的核心竞争力，旅游电子商务不能替代[94]。江波等认为，信息化技术推动旅游电子商务的发展和完善，旅游产业链不断重组和优化，旅游消费者和旅游企业均从信息技术中获益[89]。但是，互联网仍有其局限性，不能完全替代传统旅游中间商提供咨询、建议和经验的作用，也不能完全替代组合、包装旅游产品的功能，传统旅游中间商在合成复杂多元的旅游产品体系方面仍具有优势。巫宁等考察了网络旅游预订业务对旅行社业务的影响，认为信息技术不断扩大网络旅游预订业务的经营空间，资本的力量推动网络旅游预订业务的市场集中程度，以携程为代表的大型预订网站逐渐主导市场，而旅行社则渐渐失去原有的市场地位[95]。周玲强等基于携程网的案例，考察旅游网站对旅游产业链的影响，发现旅游网站冲击传统旅行社行业是信息技术推动下的必然趋势，旅游网站渗入旅游产业链的各个环节，逐步完成对旅游产业链的再造[96]。信息技术冲击下旅游中间商可采用前向或后向一体化、战略联盟、松散合作、开发新产品等应对策略[97]。李德明等认为电子商务提高了旅游价值链的灵活性，消费者自己的需求与供应商的产品对接更加便利[98]。杨路明等认为信息通信技术显著降低了旅游产品的中介佣金成本，旅游相关企业与消费者直接进行网上交易，或者用电子中介替代传统中间商，旅游企业的分销和促销成本得以有效控制[87]。唐业芳等考察了信息技术对旅游咨询服务的影响，可以发现私人旅游咨询师可以借助信息技术成为旅游价值链的一个独立环节，甚至是核心环节，从传统旅游价值链中剥离出来[99]。专业信息咨询公司、导游服务网站等新型业态从传统旅行社职能中分化，形成新的旅游价值链，为消费者开发和提供超细分产品以及个性化服务。

信息技术对旅游产业链的影响，可以从供应商、中间商和消费者等不同角度考察。从供应商角度来看，信息技术打破旅游供给的地域限制，使得旅游产品与客源市场的联系更加自由、高效，而且旅游供应商也可以直接与旅游者发展商务关系，也可以保持与旅游中间商的传统关系。从中间商角度来看，信息技术推动旅游中间产品更广泛地与中间商结合，中间商也能利用互联网与更丰富的旅游资源和旅游经济要素结合，且可大大提高中间商的资源配置效率。从消费者的角度来看，信息技术推动供应商、中间商和旅游者直接的双向互动，形成多对多的网状旅游产业联系。总体来看，信息化技术减缓了旅游产业价值链成员间的实体对接，提高了旅游价值链的灵活性。供应商、中间商和消费者可以跨环节互动，可以交叉互动，还可以维持固定联系。例如，旅游供应商可以直接向旅游者销售产品和服务，旅游者和供应商可以便利地比较多家中间商，中间商的信息垄断被打破，三者形成一个信息网络，选择机会扩大，都可以更有效地优化资源配置，寻找最佳方案，从而形成多元价值链模式。

4. 旅游产业链的作用机制

任何产业最重要、最根本的功能应当是满足消费者需求，旅游产业链则因旅游者的需求而存在。旅游需求可分为基本需求和核心需求。基本需求是指旅游者在游览过程中维持正常生活的需求；核心需求则是指旅游者游览、休闲的需求。旅游产业链可划分为基本服务环节和核心服务环节。旅游者在旅游过程中主要产生"吃、住、行、游、购、娱"等需求，餐饮、饭店、交通、景点（区）、商业和娱乐等产业相互依赖、相互制约、共同作用，为旅游者提供旅游产品。

旅游产业链要求旅游资源和要素合理流动和共享，打破区域的行政界限成为旅游产业发展的内在要求。旅游产业的产业关联性较强，对税收和就业影响较大，往往被地方政府视为支柱产业。地方政府基于狭隘的地方利益，采取地方保护主义的做法，切断旅游产业链各环节的联系，打破了旅游产业链各环节所必需的分工协作网络，获得眼前暂时的收益，损害了整个旅游产业链的利益。所以，要形成集群的竞争优势，要让资源和要素在旅游产业链内自由流动，保证服务、交通、信息在旅游产业链内畅通无阻，保证旅游产业链内网络协同效应发挥作用。

五、智慧旅游

（一）智慧旅游产生的背景

智慧旅游来源于"智慧地球"（Smarter Planet）及其在中国实践的"智慧城市"（Smarter Cities）。2008 年 11 月，IBM（International Business Machine）在美国纽约发布"智慧地球：下一代领导人议程"的主题报告中，首先提出"智慧地球"的理念、内涵、设想和行动，指出"智慧地球"的核心是以一种更智慧的方法通过利用新一代信息技术来改变政府、公司和人们相互交互的方式，以便提高交互的明确性、效率、灵活性和响应速度。由于城市是地球发展的重要载体，"智慧城市"便成为"智慧地球"实现的重要支撑。通过"智慧城市"建设不仅可以提供世界范围内城市发展新模式，而且可以带动 20 世纪 80 年代兴起的互联网产业的发展，因此，很快在世界范围内掀起了一股风暴，各国主要经济体纷纷将发展"智慧城市"作为应对金融危机、扩大就业、抢占未来科技制高点的重要战略。

"智慧城市"是"智慧地球"从理念到实际、落地城市的举措。IBM 公司认为，21 世纪的"智慧城市"能够充分运用信息和通信技术手段感测、分析、整合城市运行核心系统的各项关键信息，从而对于包括民生、环保、公共安全、城市服务、工商业活动在内的各种需求做出智能的响应，为人类创造更美好的城市生活。该定义的实质是用先进的信息技术，实现城市智慧式管理和运行，进而为人们创造美好的生活，促进城市的和谐、可持续成长。我国学者对"智慧城市"有自己的解读。邬贺铨院士认为，"智慧城市"就是一个网络城市，物联网是"智慧城市"的重要标志[100]；武汉大学教授李德仁认为，数字城市+物联网=智慧城市[101]；智慧城市是信息化推动工业化、城镇化、农业现代化的时代体现和具体落实，是遍及"生产、流通、消费""管理、服务、生活""绿色、生态、文明"全方位多层次的系统建设[102]。新加坡提出 2015 年建成"智慧国"的计划。中国台北市提出建设"智慧台北"的发展战略，上海、深圳、南京、武汉、成都、杭州、宁波、佛山、昆山等城市相继推出了"智慧城市"的发展战略。IBM 公司的"智慧城市"理念把城市本身看成一个生态系统，城市中的市民、交通、能源、商业、通信、水资源构成子系统。这些子系统形成一个普遍联系、相互促进、彼此影响的整体。

《国务院关于加快发展旅游业的意见》（国发〔2009〕41号）发布后，旅游业开始寻求以信息技术为纽带的旅游产业体系与服务管理模式重构方式，以实现旅游业建设成为现代服务业的质的跨越。受智慧城市的理念及其在我国建设与发展的启发，智慧旅游应运而生，表3-8是2011年我国学者提出的智慧旅游的概念。从城市角度来看，智慧旅游可视作"智慧城市"信息网络和产业发展的一个重要子系统，实现智慧旅游的某些功能可借助或共享"智慧城市"的已有成果。因智慧旅游是一项侧重公共管理与服务的惠民工程，将智慧旅游在城市视角下纳入"智慧城市"有助于明确建设主体并集约资源。值得注意的是，由于旅游者与城市居民的特性与需求差异，智慧旅游与"智慧城市"体系下的"旅游"是不同的两个概念，旅游不仅发生在城市，旅游者要比城市居民具有更广泛的内涵。

表3-8　智慧旅游概念

作者	概念
叶铁伟[103]	利用云计算、物联网等新技术，通过互联网或移动互联网，借助便携的终端上网设备，主要感知旅游资源、经济、活动和旅游者等方面的信息并及时发布，让人们能够及时了解这些信息，及时安排和调整工作与旅游计划，从而达到对各类旅游信息的智能感知、方便利用的效果，通过便利的手段实现更加优质的服务
黄超等[104]	智慧旅游也被称为智能旅游，就是利用云计算、物联网等新技术，通过互联网/移动互联网，借助便携的上网终端，主动感知旅游资源、旅游经济、旅游活动等方面的信息，达到及时发布、及时了解、安排和调整工作与计划，从而实现对各类旅游信息的智能感知和利用
南京市物联网产业联盟[105]	利用移动云计算、互联网等新技术，借助便携的终端上网设备，主动感知旅游相关信息，并及时安排和调整旅游计划。简单地说，就是游客与网络实时互动，让游程安排进入"触摸时代"
刘军林等[106]	智慧旅游系统是智慧旅游的技术支撑体，它以在线服务为基础，通过云计算中心海量信息存储和智能运算服务的提供，满足服务端和使用端便捷地处理掌控旅游综合信息的需求
马勇	智慧旅游是以物联网、云计算、下一代通信网络、高性能信息处理、智能数据挖掘等技术在旅游中的应用

资料来源：表中马勇教授观点来自2011年11月中国（温州）网络旅游节发言，其他的均来源于作者所发表的论文。

（二）智慧旅游的发展条件

智慧旅游概念源于"智慧地球"与"智慧城市"，但其发展的推动力依托以下 6 个方面：①全球信息化浪潮促进了旅游产业的信息化进程；②旅游产业的快速发展需要借助信息化手段，尤其是旅游业被国务院定位为"国民经济的战略性支柱产业和人民群众更加满意的现代服务业"以来，旅游业与信息产业的融合发展成为引导旅游消费、提升旅游产业素质的关键环节；③物联网/泛在网、移动通信/移动互联网、云计算以及人工智能技术的成熟与发展具备了促成智慧旅游建设的技术支撑；④整个社会的信息化水平逐渐提升促进了旅游者的信息手段应用能力，使智能化的变革具有广泛的用户基础；⑤智能手机、平板电脑等智能移动终端的普及为智慧旅游提供了应用载体；⑥随着旅游者增加和对旅游体验的深入需求，旅游者对信息服务的需求在逐渐增加，尤其旅游是在开放性的、不同空间之间的流动，旅游过程具有很大的不确定性和不可预见性，实时实地、随时随地获取信息是提高旅游体验质量的重要方式，也昭示了智慧旅游建设的强大市场需求。智慧化是社会继工业化、电气化、信息化之后的又一次突破。智慧旅游已经成为旅游业的一次深刻变革（表 3-8）。

严格来说，国外并无智慧旅游这一专业术语，"智慧城市"其实只是 IBM 公司推出的一个商业计划和项目。笔者在线查阅了国外各大学术文献数据库 200 多篇与旅游信息化相关论文，也未发现有智慧旅游这一概念。但国外将信息技术应用于旅游业的研究和实践开展得比国内早，如欧盟早在 2001 年的"创建用户友好的个性化移动旅游服务"项目；韩国旅游局的"移动旅游信息服务项目"；日本 NTT DoCoMo 公司的"i-mode"手机服务项目[107]。

我国原国家旅游局把智慧旅游写入了《中国旅游业"十二五"旅游发展规划纲要》中，并对智慧旅游城市试点工作进行了部署，确定江苏镇江为"国家智慧旅游服务中心"。自 2010 年开始，南京、苏州、扬州、温州、北京等城市纷纷宣布了建设智慧旅游城市的发展战略，有条件城市则率先开展了智慧旅游的建设，至今已经取得了一定成效。如上海市面向旅游者提供的基于智能手机终端的"智能导游"，涵盖导游、导航、导览等服务；北京市采用基于二维码的物联网技术，向旅游者提供一种线上线下融合的"景区电子门票"服务等。同时，智慧旅游也受到国内学术界的关注，东南大学搭建了多学科交叉、科学研究与应用融合的"智慧旅游实验平台"。

技术的快速发展将智能引入所有组织和社区。"智慧旅游"目的地（STD）的概念是在智慧城市的发展中产生的。随着技术被嵌入所有组织和实体中，目的地将利用泛在传感技术与其社会组件之间的协同作用，以支持丰富旅游体验。通过应用智能概念来解决旅行者在旅行之前、期间和之后的需求，目的地可以提高他们的竞争力水平。

学术研讨题

检索相关中英文文献，明确 5 个旅游目的地规划与管理领域的专业术语，并说明其内涵和外延，并形成 PPT 文稿，将进行课堂讨论。

推荐阅读文献

（1）[德]康德. 逻辑学讲义[M]. 许景行，译. 北京：商务印书馆，1991.

（2）[俄]格里尼奥夫. 术语学[M]. 郑述谱，等，译. 北京：商务印书馆，2011.

（3）邹统钎，王欣，等. 旅游目的地管理[M]. 北京：北京师范大学出版社，2012.

（4）陈玉英. 景区经营与管理[M]. 北京：北京大学出版社，2014.

（5）李天元，徐虹，等. 旅游目的地竞争力管理[M]. 天津：南开大学出版社，2006.

（6）王晨光. 旅游目的地营销[M]. 北京：经济科学出版社，2005.

主要参考文献

[1]　Clare A Gunn，Turgut Var. Tourism planning：Basics，Concepts，Cases（fourth editon）[M]. New York：Routledge Taylor & Francis Group，2002：222.

[2]　Leiper N. Tourism Management[M]. Melbourne：RMIT Press，1995.

[3]　邹统钎. 旅游目的地开发与管理[M]. 天津：南开大学，2015.

[4]　Buhalis D. Marketing the competitive destination of the future[J]. Tourism Management，2000，21（1）：97，116.

[5]　石芳芳. 旅游学精要[M]. 沈阳：东北财经大学出版社，2014：30-31.

[6]　保继刚，楚义芳，彭华. 旅游地理学[M]. 北京：高等教育出版社，1993：52-53.

[7] 崔凤军. 中国传统旅游目的地创新与发展[M]. 北京：中国旅游出版社，2002：11-12.

[8] 魏小安. 旅游目的地发展实证研究[M]. 北京：中国旅游出版社，2002：2-3.

[9] 张辉. 旅游经济论[M]. 北京：旅游教育出版社，2002：64-65.

[10] 杨振之，陈顺明. 论"旅游目的地"与"旅游过境地"[J]. 旅游学刊，2007（2）：27-32.

[11] 厉新建. 旅游经济发展研究——转型中的新思考[M]. 北京：旅游教育出版社，2012：9.

[12] 邹统钎，等. 旅游学术思想流派（第四版）[M]. 天津：南开大学出版社，2022：180

[13] 邹统钎. 旅游学术思想流派[M]. 天津：南开大学出版社，2019：199-200.

[14] 黄安民. 旅游目的地管理[M]. 武汉：华中科技大学出版社，2021：6.

[15] 邹统钎. 旅游目的地开发与管理[M]. 天津：南开大学出版社，2015：4.

[16] 张立明，赵黎明. 旅游目的地系统及空间演变模式研究——以长江三峡旅游目的地为例[J]. 西南交通大学学报（社会科学版），2005（1）：78-83.

[17] U.S. Travel Service，United States Department of Commerce，Market Research of Attitudes of potential Travelers to the U.S.A.，1962，108.

[18] Hunt J D. Image：A Factor in Tourism [D]. Colorado：Colorado State University，1971.

[19] Gunn C. Vacation scape：Designing Tourist Regions[M]. Austin：University of Texas Press，1972.

[20] Mayo J E. Regional Images and Regional Travel Behavior，Research for Changing Travel patterns：Interpretation and Utilisation，Proceedings of The Travel Research Association，Fourth Annual Conference[C]，1973：211-218.

[21] Hunt J D. Image as a factor in tourism development[J]. Journal of Travel Research，1975，13（1）：1-7.

[22] 邱焰美. 简析我国的旅游形象[J]. 经济问题，1986（8）：56-57.

[23] 王克坚. 旅游辞典[M]. 西安：陕西旅游出版社，1991.

[24] 李蕾蕾. 旅游点形象定位——兼析深圳景点旅游形象[J]. 旅游学刊，1995（3）：29-31.

[25] 杨永德，白丽明. 旅游目的地形象概念体系辨析[J]. 人文地理，2007（5）：94-98.

[26] Andersen V，Prentice R，Guerin S. Imagery of Denmark among visitors to Danish fine arts exhibitions in Scotland[J]. Tourism Management，1997，18（7）：453-464.

[27] 李想，黄震方. 旅游地形象资源的理论认知与开发对策[J]. 人文地理，2002，17（2）：42-46.

[28] 郭英之. 旅游感知形象研究综述[J]. 经济地理，2003，23（2）：280-284.

[29] Gartner W C. Image formation process[J]. Jounal of Travel and Tourism Marketing，1993，2

（2/3）：191-215.

[30] Hughes H，Allen D. Cultural tourism in Central and Eastern Europe：the views of induced image formation agents[J].Tourism Management，2005，26（2）：173-183.

[31] 黄震方，李想，高宇轩. 旅游目的地形象的测量与分析——以南京为例[J]. 南开管理评论，2002（3）：69-73.

[32] Selby M，Morgan N G. Reconstructing place image：a case study ofits role in destination market research[J]. Tourism Management，1996，17：287-294.

[33] 杨永德，白丽明，苏振. 旅游目的地形象的结构化与非结构化比较研究——以阳朔旅游形象测量分析为例[J]. 旅游学刊，2007（4）：53-57.

[34] Bigné E，Sánchez M I，Sánchez J. Tourism image evaluation variables and after purchase behavior：inter-relationship[J]. Tourism Management，2001，22：607-616.

[35] Gallarza M G，Gil I，Calderón H. Destination image：towards aconceptual framework[J]. Annals of Tourism Research，2002，29（1）：56-78.

[36] Beerli A，Marít n J D. Tourists' characteristics and the perceived image of tourist destinations：a quantitative analysis：a case study of Lanzarote Spain[J]. Tourism Management，2004（25）：623-636.

[37] Echtner C M，Ritchie J R B. The meaning and measurement of destination image[O/L]. 2003. https：//www.semanticscholar.org/paper/The-meaning-and-measurement-of- destination-image.-Echtner-Ritchie/47e0e77448e3ccd93a22aa20725d5a38fd5e6082.

[38] Crompton J L. An Assessment of the lmage of Mexico as a Vacation Destination and the Influence of Geographical Location upon that Image[J]. Journal of Travel Research，1979，17（4）：18-24.

[39] Em-bacher J，Buttle F. A repertory grid analysis of Austria's image as a summer vacation destination [J].Journal of Travel Research，1989（3）：3-7.

[40] Baloglu S，McCleary K W. A Model of Destination Image Formation[J]. Annals of Tourism Research.1999，26（4）：868-897.

[41] Gartner W C.Tourism development：principles，processes，and policies [M].New York：Van Nostrum Reinhold，1996：145-149.

[42] Dann G M.Tourists' images of a destination：An alternative analysis [J].Journal of Travel &

Tourism Marketing，1996（2）：41-55.

[43] 吕俊芳，张嘉辰. 国内近20年旅游目的地研究述评[J]. 安阳师范学院学报，2018（2）：80-86.

[44] 张宏梅，陆林，蔡利平，等. 旅游目的地形象结构与游客行为意图——基于潜在消费者的本土化验证研究[J]. 旅游科学，2011，25（1）：35-45.

[45] Robin J.B，Ritchie J.R，Brent Ritchie. A framework for an industry supported destination marketing information system[J]. Tourism Management，2002，23（5）：439-454.

[46] Kotler P，Bowen J T，Makens J, et al. Marketing for Hospitality and Tourism（Seventh Edition）[M]. England：Pearson Education Limited，2017：177-513.

[47] Edward G. McWilliams John L Crompton. An expanded framework for measuring effectiveness of destination advertising [J]. Tourism Management，1997，18（3）：127-137.

[48] Leixia Cai，Jaclyn A，Card Shu T. Cole. Content delivery performance of world wide web sites of US tour operators focusing on destinations in China[J]. Tourism Management，2004，25（2）：219-227.

[49] 钟行明，喻学才. 国外旅游目的地研究综述——基于 Tourism Management 近10年文章[J]. 旅游科学，2005（3）：1-9.

[50] Robert Hollier. Marketing Europe as a Tourist Destination Trends and achievements[J]. Tourism Mangement，1997，18（4）：195-198.

[51] Gordon Waitt. Marketing Korea as an interational tourist destination [J].Tourism Management，1996，17（2）：113-121.

[52] Dr Dimitrios Buhalis. Marketing the competitive destination of the future[J].Tourism Management，2000，21（1）：97-116.

[53] Edward G.McWilliams，John L. Crompton. An expanded framework for measuring effectiveness of destination advertising[J]. Tourism Management，1997，18（3）：127-137.

[54] 赵西萍. 旅游市场营销学[M]. 北京：高等教育出版社，2002.

[55] 舒伯阳. DMS 并非简单的"营销"一词[J]. 旅游学刊，2006（6）：7-9.

[56] 王国新. 论旅游目的地营销误区与新策略[J]. 旅游学刊，2006（8）：45-49.

[57] 袁新华. 旅游目的地营销应注重发挥好三个效应[J]. 旅游学刊，2006（7）：8-9.

[58] 王晨光. 旅游目的地营销[M]. 北京：经济科学出版社，2005：6-7.

[59] 邹统钎. 对东方旅游目的地营销智慧的反思[J]. 北京第二外国语学院学报，2012，34（7）：81.

[60] Tanja Mihalic．Environmental management of a tourist destination A factor of tourism competitiveness[J]．Tourism Management，2000，21（1）：65-78．

[61] Frank M．Go，Robert Govers．Integrated quality management for tourist destinations：a European perspective on achieving competitiveness [J]．Tourism Management，2000，21（1）：79-88．

[62] Gordon Waitt．Marketing Korea as an international tourist destination[J]．Tourism Management，1996，17（2）：113-121．

[63] Anne-Marie d'Hauteserre．Lessons in managed destination competitiveness：the case of Foxwoods Casino Resort[J]．Tourism Management，2000，21（1）：23-32．

[64] Stephen W．Litvin Sharon Ng Sok Ling．The destination attribute management model：an empirical application to Bintan Indonesia[J]．Tourism Management，22：481-492．

[65] 姚齐源，宋伍生．有计划商品经济的实现模式——区域市场[J]．天府新论，1985（3）：1-4，11．

[66] 陈实．旅游管理前沿专题[M]．北京：中国经济出版社，2013．

[67] Porter M E．Competitive advantage：creating and sustaining superior-performance[M]．NewYork：Free Press，1985．

[68] 刘逸．旅游价值链研究进展评述[J]．旅游论坛，2015，8（4）：9-18..

[69] Clancy M.commodity chains，services and development：theory and preliminary evidence from the tourism industry[J].Review of International Political Economy，1998（5）：122-148．

[70] 张朝枝，邓曾，游旺．基于旅游体验视角的旅游产业价值链分析[J]．旅游学刊，2010，25（6）：19-25．

[71] 李丹枫，覃峭，张林．利用品牌延伸整合旅游产业链的模式研究[J]．人文地理，2009（1）：98-101．

[72] 何建民．奥运与旅游相互促进的功能及方式——基于常规旅游价值链与全面营销导向的研究[J]．旅游科学，2007（3）：7-10．

[73] Tapper R，Font X．Tourism supply chains：Report of a desk research project for the travel foundation[Z]．2004．

[74] Yilmaz Y，Bititci U S．Performance measurement in tourism：A value chain model[J]．International Journal of Contemporary Hospitality Management，2006，18（4）：341-349．

[75] Kaukal M H，pken W，Werthner H．An approach to enable interoperability in electronic tourism

markets[C]. Proceedings of the 8th European Conference on Information System，2002：1104-1111.

[76] 路科. 旅游业供应链新模式初探[J]. 旅游学刊，2006（3）：30-33.

[77] 张辉. 旅游经济论[M]. 北京：旅游教育出版社，2002：146.

[78] Sigala M. A supply chain management approach for investigating the role of tour operators on sustainable tourism：The case of TUI[J].Journal of Cleaner Production，2008，16（15）：1589-1599.

[79] Murphy J，Smith S. Chefs and suppliers：An exploratory look at supply chain issues in an upscale restaurant alliance[J]. International Journal of Hospitality Management，2009，28（2）：212-220.

[80] Mentzer J T，Dewitt W，Keebler J S，et al. Defining supply chain management[J]. Journal of Business Logistics，2001，22（2）：1-25.

[81] Raventos P. The internet strategy of the Costa Rican Tourism Board[J]. Journal of Business Research，2006，59（3）：375-386.

[82] Zhang X，Song H，Huang G Q. Tourism supply chain management：A new research agenda[J]. Tourism Management. 2009，30（3）：345-358.

[83] 王保伦，王蕊. 会展旅游产业链的本质分析[J]. 北京第二外国语学院学报,2006(5)：76-80.

[84] 张朝枝，邓曾，游旺. 基于旅游体验视角的旅游产业价值链分析[J]. 旅游学刊，2010，25（6）：19-25.

[85] 黄继元. 旅游企业在旅游产业价值链中的竞争与合作[J]. 经济问题探索,2006(9)：97-101.

[86] 罗光华. 旅游产业价值链研究综述[J]. 西华师范大学学报（哲学社会科学版），2009（3）：55-59.

[87] 杨路明，劳本信. 电子商务对传统旅游价值链的影响[J]. 中国流通经济，2008（4）：38-41.

[88] 江波，夏惠. 信息化条件下的旅游产业价值链[J]. 湖南广播电视大学学报,2008(3)：82-96.

[89] 范星妙. 电子商务环境下基于价值链的旅游企业战略联盟研究[D]. 太原：中北大学，2010.

[90] 任瀚. 基于全球价值链理论的中国入境旅游业发展研究[D]. 郑州：河南大学，2007.

[91] 刘蔚. 基于价值链（网络）理论的旅游产业竞争力分析[J]. 北方经济，2006（9）：39-40.

[92] 刘亭立. 基于微观视角的旅游产业价值链分析[J]. 社会科学家，2008（3）：84-87.

[93] 刘人怀，袁国宏. 我国旅游价值链管理探讨[J]. 生态经济，2007（12）：102-104.

[94] 谢雨萍．旅游电子商务冲击下旅行社的发展策略[J]．社会科学家，2002（1）：23-28.

[95] 巫宁，杨路明．旅游电子商务理论与实务[M]．北京：中国旅游出版社，2003.

[96] 周玲强，陈志华．旅游网站对旅游业价值链的再造[J]．商业研究，2003（19）：18-23.

[97] 刘蔚．基于价值链（网络）理论的旅游产业竞争力分析[J]．北方经济，2006（9）：39-40.

[98] 李德明，马跃．在旅游信息化背景下的旅游价值链模式研究[J]．价值工程，2006（11）：54-56.

[99] 唐业芳，郑少林．互联网环境下旅游价值链构筑[J]．经济研究导刊，2007（1）：135-137.

[100] 邬贺铨，刘健，戴荣利，等．信息化与城市建设和管理[J]．信息化建设，2010（6）：12-15.

[101] 李德仁．数字城市＋物联网＋云计算=智慧城市[J]．中国测绘，2011（20）：46-46.

[102] 牛文元．智慧城市是新型城镇化的动力标志[J]．中国科学院院刊，2014，29（1）：34-41.

[103] 叶铁伟．"智慧旅游"：旅游业的第二次革命（上）[N]．中国旅游报，2011-05-25.

[104] 黄超，李云鹏."十二五"期间"智慧城市"背景下的"智慧旅游"体系研究[C]．北京联合大学《旅游学刊》中国旅游研究年会会议论文集，2011：14.

[105] 南京市物联网产业联盟．携手IBM，"智慧南京"建设规划框架初现[J]．物联网技术，2011，1（5）：16-17.

[106] 刘军林，范云峰．智慧旅游的构成、价值与发展趋势[J]．重庆社会科学，2011（10）：121-124.

[107] 马海龙，杨建莉．智慧旅游[M]．银川：宁夏人民教育出版社，2017.

第四章　旅游目的地研究的理论基础

旅游目的地研究的理论基础选择从旅游目的地规划、开发和管理 3 个领域的研究需要出发，拟定区域旅游规划研究的理论基础、地方理论、旅游产业研究的理论基础、旅游空间结构研究的理论基础、旅游目的地营销研究的理论基础，以及旅游目的地管理研究的理论基础 6 个理论体系。

第一节　旅游目的地规划研究的理论基础

一、区域发展理论

由于旅游活动离不开游客的空间位移，旅游地之间的空间竞争、目的地与客源地之间的吸引与通连、旅游企业的选址，这些问题都与空间过程有关。区域发展理论提供的一些基本概念对于旅游目的地规划具有重要指导意义。

（一）理论思想

传统的区域发展理论包括发展阶段理论和区域增长理论，其中区域增长理论主要有均衡增长理论、不均衡增长理论和新马克思主义增长理论。自 20 世纪 70 年代以来，区域增长理论研究产生了一些新的理论方向（如区域管制、新贸易理论、新产业区理论等）。

1. 发展阶段理论

1930 年，Clark 和 Fisher 在国家层面上统计，在经济增长过程中，第一产业的相对重要性下降，而第二产业和第三产业的相对重要性上升，因此认为部门结构相对重要性的变动会带动经济增长[1,2]。1949 年，Hoover 等提出了区域发展需经历自给自足经济阶段、乡村工业崛起经济阶段、农业生产结构变迁阶段、工业化阶段、服务业输出阶段 5 个阶段的观点[3]。1960 年，Rostow 在宏观经济层面上提出了经济增长需经历传统社会阶段、"起飞"准备阶段、起飞阶段、成熟阶段、高额消费阶段 5 个阶段的观点。后来，Rostow 又在此基础上增加了第 6 个阶段，即追求生活质量阶段[4]。20 世纪 60 年代中期，随着区域发展理论研究中空间向度的导入，Friedmann 基于核心-边缘模式提出了具有空间特征的区域发展阶段理论，即区域经济发展大体需要经历 4 个阶段：地方中心比较独立，没有等级体系的均衡分布结构阶段；大核心出现极化作用加强的核心-边缘结构阶段；强有力的外围副中心出现经济腹地再分配的多核心结构阶段；城镇体系形成的等级体系结构阶段[5]。

2．均衡增长理论

该理论认为区域的长期增长来源于资本、劳动和技术进步 3 个要素，在固定规模报酬和市场机制运营不存在主要障碍的假设下，由于要素报酬率的区域差异，劳动力将由低工资区域流向高工资区域，资本则从高工资区域流向低工资区域，因而市场机制的自我调节将使区域发展的差异不会持久，最终区域之间的发展差距缩小，区域之间将趋于均衡增长或趋于收敛[6]。20 世纪 60 年代美国学者Williamson 基于一些发达国家和区域收入差异的变化所做的统计分析和据此提出的经济增长和区域均衡增长之间的"倒 U 形"相关假说，是均衡增长理论中最富有影响的观点[7]。

3．不均衡增长理论

Perroux 的增长极理论[8]、Myrdal[9] 和 Kaldor 的循环因果积累原理[10]、Hirschman 的联系理论[11]等不均衡增长理论均强调：在市场力作用下，区域发展之间的差距不会缩小反而会扩大，因为规模经济和集聚经济所产生的"极化效应""反吸效应"或"报酬递增"，将促使资本、劳动和产出在一定区域循环积累，而其所产生的"涓滴效应"或"扩散效应"以及转移支付，只能将区域差异保持在一定限度内而不足以促进区域收敛。

4．新马克思主义增长理论

20 世纪 70 年代和 80 年代早期，马克思主义的区域不平衡增长理论在西方经济地理学界非常流行。如著名经济地理学 Harvey[12]、Massey[13]、Smith[14]等，均应用马克思的政治经济学观点分析区域增长。他们认为，区域经济的长期增长过程既不是收敛的，也不是发散的，而是一个周期性的空间结构调整过程；由于资本积累的危机不时会打破资本主义的发展进程，并寻求新的空间、技术和社会方向，因而在理论上，某一时期资本主义区域经济的发展趋于收敛，而另一个时期则趋于分散。

5. 区域管制

在福特制大批量生产时期，区域管制兼顾了宏观管制和微观管制的"双重"[6]特点：在宏观方向，受凯恩斯福利国家政策和立法的影响，区域管制的重点是经济核心区与边缘区的经济关系，通过政府间的转移支付和地区经济开发立法，缩减地区之间的差距，防止经济核心区的过密发展，促进落后地区的开发；在微观方向，对垄断和公用事业的管制以及对劳资关系的干预则是管制的重点，政府和企业之间以管制和被管制的关系为主要特征，政府是典型的管制型政府或福利型政府。

6. 新贸易理论

自 20 世纪 80 年代兴起的"新贸易理论"则从不完全竞争和规模收益递增的假设出发，通过专业化和贸易形式中的路径依赖、历史相关、循环积累，以及马歇尔的外部经济和张伯伦的垄断竞争模型，揭示产业内贸易、专业化、产业地理集聚和区域核心-边缘结构的成因以及发展贸易和区域经济一体化的好处，提出了增强产业和区域竞争优势的战略贸易政策。克鲁格曼强调，马歇尔的外部经济和不完全竞争市场结构中巨大的与市场规模效应相联系的"金融上的外部经济"，是专业化和产业地理集中的主要成因，专业化区域的经济形态是由偶然性、路径依赖以及历史与偶然事件所设置的初始条件决定的，由于区域优势的循环积累和收益递增的"锁定"（locked in）效应，因此不存在空间上各要素报酬趋于相等的自动均衡，但专业化区域对于随机"冲击"的脆弱性是一个值得重视的问题。

（二）区域发展理论在旅游目的地研究中的应用

1. 区域发展理论关注的问题在旅游目的地研究中的应用

牛文元在《理论地理学》（1992）一书中，基于区域科学理论讨论了旅游地的吸引性问题，认为一个区域的旅游业断面，是由旅行距离、旅游设施的容量、自然面积的大小、社会文化的特色，以及与旅游相关的其他要素组成，其断面集合可由组向量表示：

$$P_t=（P_{1r}, \cdots, P_{ir}, \cdots, P_{iR}）\qquad\qquad(4-1)$$

式中，P_t 为区域旅游断面集合；P_{iR} 为在区域 r（$r=1, 2, \cdots, R$）的第 i 个要素。

2. 区域旅游开发是区域发展理论研究的应用领域之一

在这一方面陈传康进行了令人瞩目的研究。他不仅开创性地建设了北京大学区域综合开发的课程，并在国家自然科学基金资助下，于 1998 年出版了《区域综合开发的理论与案例》，这部著作不仅提出了区域发展战略和区域开发的发展学、政策分析、区域四维全息学等理论框架及其应用示例；还分别实证试验了省、市、县、镇不同区域空间的发展研究；这些理论和案例研究，有许多对区域旅游开发和规划具有理论意义。例如，他提出了根据风景资源结构进行对应变换开发、旅游开发投资结构四维分析、地方旅游业发展内部结构对应变换分析、地段规划设计的理论分析等[16]。此外，彭华提出了区域旅游发展的驱动机制是一个动力系统，它是一个由旅游消费者牵动和旅游产品吸引所构成，并由消费引导和发展条件所联系的互动型动力系统；其发展驱动机制是一种协调作用程序[17]。当时，一些研究生将旅游发展研究作为其学位论文的选题，积累了相当数量的学术文献。

3. 旅游业发展水平与区域经济发展水平密切相关

由于旅游业属于最终需求型产业，它的发展严重依赖其他产业的投入，因此旅游业的发展水平与目的地的经济发展水平有很强的相关性。区域经济的空间非均衡，导致旅游发展的区域差异。周云波等研究表明，中国国际旅游业的区域增长呈现明显的非均衡态势，整体呈梯形格局，东部最发达、西部最不发达；增长集中于上海和福建（主要中心）、北京、广东、浙江和江苏（次级增长中）[18]。正是考虑到旅游发展是区域发展的组成部分之一，区域发展的理论和概念体系对旅游目的地发展具有理论支撑点的作用。

（三）区域发展理论在旅游目的地规划中的应用

1. 区域增长理论的应用

在旅游目的地开发规划中，应注意对旅游发展增长极的培植，借此带动整个旅游地区的发展。在旅游发展布局中，往往将那些旅游资源价值高、区经发展水平较高的旅游风景区或中心城镇作为旅游增长极来培育，集中人力、物力、财力，给予一定的优惠政策，促进重点开发风景区、旅游景点的发展，从而促进整个旅游地的旅游发展（图4-1）。

均质区域　　　　　　旅游增长极出现　　　　　多个增长极形成

图 4-1　旅游增长极作用示意图

资料来源：廖建华，廖志豪.区域旅游规划空间布局的理论基础[J]. 云南师范大学学报（哲学社会科学版），2004（5）：130-134.

2．区域发展阶段理论的应用

以区域发展阶段理论分析旅游区（或旅游地、旅游产品）发展生命周期，巴特勒（Bulter）是主要代表之一，他将旅游地的发展演化分为6个阶段（详见第5章），如图4-2所示。

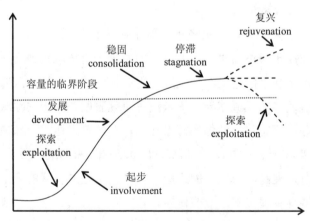

图 4-2　旅游地生命周期示意图

引自：Butler R W. The Concept of a Tourist Area Cycle of Evolution：Implications for Management of Resources[J]. Canadian Geographer，1980，24（1）：7.

二、地域分异规律

地域分异规律是指空间环境的差异，其导致旅游资源差异、土地利用方式的差异等，也是导致旅游流产生的原因之一。

（一）理论思想

地域分异规律是指自然地理综合体及其各组成成分的特征在某个确定方向上保持相对一致性或相似性，而在另一确定方向上表现出差异性，因而发生更替的规律。古希腊的埃拉托色尼根据当时对地球表面温度的纬度差异的认识，将地球划分为 5 个气候带，是最早对气候分异规律的认识。中国 2 000 多年以前的《尚书·禹贡》中名山大川的自然分界，将当时的国土划分为九州，这是中国最早对地貌分异规律的认识。19 世纪德国洪堡经过实地考察，研究了气候与植被的相互关系，提出了植被的地域分异规律。19 世纪末，俄国的道库恰耶夫以土壤发生学观点进行土壤分类，并由此创立自然地带学说，同时指出它对地表各种自然现象的普遍意义[19]。随着对陆地表面的分异现象的深入研究，人们发现许多自然地带是不连续的，大的山系、高原还出现垂直带现象。

1. 地带性分异规律

地带性分异规律是俄国著名地理学家道库恰耶夫于 19 世纪末发现并揭示出来的。1899 年道库恰耶夫用俄文发表了《关于自然地带的学说》[19]，1900 年他又用法文发表了《土壤的自然地带》[20]。道库恰耶夫在这两部著述中全面完整地提出并论述了自然地带学说，科学地阐释了自然地理分异的地带性规律。道库恰耶夫在《关于自然地带的学说》中指出，由于地球离太阳所处的一定位置和地球自转并呈球形，使地球的气候、植物和动物分布均按一定的严格顺序由北向南有规律地排列，从而使地表分化为各个地理带（如寒带、温带、赤道带、亚热带等）；但如果成土因子呈带状分布，那么其成果（土壤）在地球上的分布也当具有一定的地带性；这些地带或多或少与纬圈平行。《土壤的自然地带》进一步将北半球细分为极北带（苔原带）、北方森林带、森林草原带、草原带、干草原带、干旱带（荒漠带）和亚热带 7 个自然带。

2. 非地带性规律

道库恰耶夫的自然地带学说创立后，人们发现了许多与地带性规律相矛盾的自然现象，越来越多偏离纬线的自然现象。人们正是在对地带性学说进行批评和研究的基础上，提出了非地带性分异规律的概念。

非地带性规律是另一种基本的空间地理规律。非地带性的概念是在 20 世纪 20 年代产生的，对于非地带性的理解仍存在不同见解[21]：第一种认为，非地带性就是纬度地带性以外的地域分异规律，不仅包括狭义的非地带性，还包括垂直带性和干湿度分带性；第二种认为，非地带性就是在自然省以内的受地貌、地质构造和岩性、土壤温度、土壤水分，以及地表水、地下水等因素影响的区域性分异规律；第三种认为，非地带性是由于地球内能作用而产生的海陆分布、地势起伏、构造运动、岩浆活动等决定的自然综合体的分异规律，有的地学工作者将其称为构造地质规律。

（二）地域分异规律对旅游目的地研究的影响

地域分异规律明确显示了旅游资源分布的地域性，这不仅表现在自然景观上，而且也表现在人文景观上，如建筑形式、民族风情、社会文化等地域分异。又如在大陆内部和受副热带高压控制的区域存在沙漠，则相应会出现沙漠风情。基于旅游资源区域分异的现实观察，不少学者开始研究旅游资源的地域分异规律。1995 年，李永文系统分析了中国自然旅游资源和人文旅游资源的地域分异规律，并提出区域旅游资源特色是区域旅游开发的主导方向，我国应重点开发东部地区的旅游资源，东西部地区的旅游资源开发的空间组织形式和客源市场应有所不同[22]。

（三）地域分异规律在旅游目的地规划中的应用

1. 突出特色，寻求优势

"特色"是一个旅游目的地旅游发展的灵魂和生命线，是旅游发展成功的基础，反映在旅游产品上即是"人无我有，人有我优"，只有这样旅游目的地才有吸引力，才能激发游客的旅游动机，吸引游客前往。如云南的西双版纳地处热带，是中国大陆仅有的热带风光地，所以在旅游目的地发展中突出以热带雨林为主的热带风光，以及地处热带与之相适应的以傣族为主的民族风情，使西双版纳成为我国著名的旅游目的地。

2. 根据地形，合理分区

地方性分异是进行旅游合理功能分区的基础。旅游目的地功能分区是旅游土地利用的基础，也是旅游规划方案进行空间布局的基础。如玉龙雪山的高山上以观赏冰雪、滑雪运动为主，山体中部的云杉坪以游览观光与民族活动体验为主，山体下部的甘海子及其周边以度假、娱乐为主。在一些宗教名山中也是如此，往往利用山体形式，修建山道山门，以突出其山势等；在微观设计上利用山顶建塔建楼，以加强其耸立之势。

三、系统论

（一）理论思想

系统一词源于希腊语，是由相互联系、相互制约的若干部分结合在一起组成的具有特定功能的整体，具有整体性与统一性。系统论是研究系统的结构、特点、行为、动态、原则、规律以及系统间的联系，并对其功能进行数学描述的一门学科。系统论的理念由来已久，但作为一门科学的系统理论，学术界公认的是由美籍奥地利人、生物学家 Bertalanffy 创立的。Bertalanphy 1932 年发表《抗体系统论》，提出了系统论的思想，并于 1937 年在"开放系统理论"的基础上，提出了一般系统论原理，奠定了系统论的理论基础[23]。1968 年，Bertalanphy 的专著《一般系统理论：基础、发展和应用》确立了系统科学学术地位，该书被公认为是系统学科的代表作[24]。

Bertalanphy 认为系统的一般理论"应该是科学中的一个重要的调节装置"，以防止"在科学中是无用的、在实际结果中是有害的"肤浅的类比[25]。我国科学家钱学森和经济学家薛暮桥在 1978 年以后大力倡导系统工程，使系统论在我国得到广泛应用和发展。

（二）系统论在旅游目的地研究中的应用

旅游科学和旅游规划的研究对象均为游憩系统，之所以称游憩系统，是考虑旅游活动不仅包括过夜游，还包括游憩活动谱（recreation activity spectrum）上的所有活动类型。许多研究者认为，旅游不过是游憩活动中的一种极端形式[26-28]，尽管旅游和游憩之间仍然存在一定差异[29]。但在实际运用中，游憩系统更容易为大众所接受。

旅游规划牵涉面很广，还十分复杂，如果没有系统思想，就难以实现有效的阐述和控制。著名旅游学家、*Annals of Tourism Research* 的主编 Jafari 指出：为理解旅游业，有必要将其作为一个整体或作为一个系统来研究[30]。美国著名旅游规划学者 Gunn 于 1988 年提出旅游功能系统（The functioning tourism system）的概念，认为它由需求板块和供给板块两个部分组成，其中供给板块又由交通、信息促销、吸引物和服务等部分构成；这些要素之间存在强烈的相互依赖[31]。陈安泽等提出的旅游系统框架也由供给系统和需求系统两部分组成，其中供给系统又包括旅游地域系统、旅游服务系统、旅游教育系统、旅游商品系统 4 个子系统，认为旅游地域系统被作为主要部分，包含旅游资源、旅游区或旅游地结构、旅游生态环境、旅游路线、旅游中心城镇 5 个物质性内容[32]。杨新军等接受了 Gunn 的旅游功能系统的思想，将其视为分析市场导向下的旅游规划的一个理论工具，认为旅游规划的最终目标是通过满足旅游市场需求来实现旅游功能系统的完善与运行[33-34]。运用系统观点，对一个地区的旅游业进行多方位综合研究，保继刚在其硕士论文中以北京市为案例，进行了探索性工作[35]。陈仙波提出了旅游管理系统工程的概念[36]。关发兰、孙多勇、吴必虎、吴人韦、刘锋分别对不同特征的旅游系统提出观点[37-41]。

系统论为我们正确认识旅游系统提供了科学的理论和方法，因此旅游系统规划的理论基石就是系统科学。系统论的基本观点构成了旅游系统规划的理论依据，这些依据包括整体性观点、相关性观点、结构性观点、层次性观点、动态性观点、目的性观点、环境适应性观点等。

（三）旅游目的地规划的系统分析

从旅游系统规划自身的特点来看，其"系统"意义包含 3 个方面的含义：旅游目的地规划对象的系统性、规划类型本身的系统性和规划的系统方法。与系统理论的基本内涵相对应，旅游系统规划也有其基本特性，即整体性、协调性、可控性、层次性等[41]。旅游目的地规划的系统分析就是把旅游目的地的旅游活动从发生到结束的整个过程作为一个系统来研究，把旅游系统当作相互依存的变量来分析，按照确定的目标，寻求实现目标的手段，以便在非常复杂的相互作用中，选择一种能够消耗较少费用取得较大综合效应方案的方法，其主要内容是[41]：①阐述旅游目的地系统的发展目标；②调查旅游目的地系统的发展环境；③了解旅游目的地系统的资源；④研究旅游目的地系统的构成要素；⑤实行系统化管理。

旅游目的地规划的系统分析实质上是考虑整个旅游目的地系统的运行，从旅游系统的全局出发，着眼于旅游目的地规划对象的综合的整体优化，而不是从局部和单个要素出发，也不只关心系统各组成部分的工作状态，这也要比某些部门、企事业单位各自为政地去利用旅游业的发展良机和旅游资源方面的优势重要得多。旅游系统规划还必须从发展旅游的战略和战术出发，克服从单一目标出发，从单因子考虑问题的弊端，正确处理旅游系统的复杂的结构，从发展和立体的视角来考虑和处理问题。

旅游系统规划根据系统中各部分的相互联系、相互依赖、相互作用、相互影响的关系，认为旅游开发必然要采用多学科的综合研究方法，旅游系统规划也是一门综合性极强的应用领域，所以旅游规划工作必须联合旅游、地理、经济、市场、营销、企业管理、教育、金融、统计、交通、生态、环境保护、历史文物、社会、园林、建筑、医疗卫生、文化等各方面的专家学者和实务工作者一起参与，加强多学科和跨学科的综合研究合作。在分析和规划时要注意各组成部分之间的关联性和协调性，以及系统内外之间的联系。充分注意各元素、各子系统之间的关系，注意各子系统、各元素与整体的关系，以及整体与各元素和子系统的关系。对旅游系统的任何一个具体方面进行规划，都必须同时考虑其他方面，只有这样，才能达到旅游系统的动态平衡，达到经济效益、社会效益、生态效益三者的最优组合状态。

四、景观生态学理论

（一）理论思想

景观生态学于 20 世纪 60 年代中后期在欧洲大陆迅速发展，到 80 年代为北美所普遍接受。景观生态学将景观空间结构抽象成 3 种基本单元，斑嵌（patch，又称斑块）、廊道（corridor，又称廊道）、基质（matrix，又称基底），简称斑廊基结构。最近，一些作者还在斑廊基之外，增加了新的要素"缘"范嵌（斑）是空间的点结构或块结构，代表与周围环境不同的、相对均质的非线性区，它具有活化空间结构的性质，如由景点及其周围环境形成的旅游斑。

景观生态学的主要原理，可以归纳为结构原理、功能原理和时间原理。表 4-1 简略概括了景观生态学的主要原理和理论假设[42]。

表 4-1　景观生态学的主要原理和理论假设

主要原理	原理表述	规划中的应用
结构原理	1. 景观结构，即斑、廊、基及其比例组成的不同，将直接影响物种、能量、物质流等功能特征的变化； 2. 景观异质性可强化物种共生，但减少稀有边缘物种的种类	景观元素的结构复杂性决定其生态价值；斑间可接近性影响景观丰度；维持异质性促进多样性；基的规划设计目标是获得最大的关联性、廊的宽度即景观规划主要是适应地方物种个体生态需求而对斑和廊的设计；考虑景观美学主要在中观及宏观规划中起重要作用；为景观单元提供并接受景观单元的能量、物质及信息的环境；为规划师提供一系列方法、工具、数据及经验；分形学
功能原理	3. 景观空间元素间物种的扩散与集聚对景观结构有重要影响，同时受制于景观结构； 4. 景观空间元素间物质营养成分的再分配速率随其所受干扰的强度加大而增加； 5. 穿越斑、廊、基及其边缘有能量与生物流随景观异质性的增大而增强	
时间原理	6. 无任何干扰时，景观水平结构趋于均值化，而垂直结构异质性加强	

（二）景观生态学理论在旅游目的地研究中的应用

根据景观生态学理论，在实现可持续发展的目标下，旅游目的地景观生态设计应秉承异质性原则、边缘效应原则、尺度适宜性原则、整体优化原则、多样性原则、综合效益原则、个性与特殊性保护原则等。

整体优化原则：即把旅游景观作为系统来思考和管理，实现整体最优化利用，规划者从整体的高度上，强调生态系统的稳定性和自然规律。

多样性原则：多样性既是景观规划设计原则又是景观管理的结果。多样性的存在对确保景观的稳定性，缓冲旅游活动对环境的干扰，在提高观赏性方面具有极其重要的作用。旅游地规划的重点之一就是景观多样性的维持及游憩空间多样性的创造。

综合效益原则：即综合考虑景观的生态效益和社会经济、环境、美学等各方面效益。一般情况下，规划行动可能使景观发生改变并带来副作用。了解景观组成要素之间的能量和物质流的联系，注重生态平衡，结合自然，协调人地关系，体现自然的生态美、生态和谐、艺术与环境融合，这在旅游地人文景观的规划设计中尤为重要。如将观赏、游憩与林业、养殖等生产结合，集约管理，减少废物压力，取得经济效益。

个性与特殊性保护原则：景观具有各自特色和个性，规划设计不能以单套用、沿袭旧式、剥离景观原有的特殊性。景观的特殊性是指旅游地内有特殊意义的景观资源，如历史遗迹或对保持旅游地生态系统具有决定意义的斑块。旅游规划中应注意旅游地个性及特殊性的保护，实际上这也是对目的地吸引力的保护[43]。如吕拉昌从文化生态学的视角探讨了民族区域的开发问题[44]。

在旅游目的地规划研究中可以运用景观分类、景观诊断及敏感度分析技术，进行规划前的科学研究，为规划方案编制提供景观学支持。景观诊断包括对格局的分析、功能评价及动态的分析模拟等，一般需要在计算机帮助下实现；敏感度分析是论断的一种方法，其取决于景观本身价值及其暴露程度，得到的敏感度结果可以为景点和各类设施的组织与布局提供直接的环境依据[45]。景观安全格局的规划理论与生态阈限相对应，景观中存在一些关键性的局部、点及位置关系，构成某种潜在的空间格局，例如，视觉安全格局由对视知觉有关键影响的局部、点及位置关系所构成，并使其过程得以维持在某一水平上[46]。在观光农业设计中，景观生态学的理论和技术也发挥了重要的理论作用。景观生态学的研究在森林生态旅游和森林公园、风景区的规划建设中，同样也有指导意义。例如，王仰麟等利用景观生态学理论的指导，进行数个观光农业的规划与设计，并取得了较好的效果[47]。刘家明在其博士论文中研究了旅游度假区的景观生态设计问题等[48]。

第二节　旅游目的地空间结构研究的理论基础

　　旅游目的地空间结构的研究，长期以来受到地理学家的关注。早期的区位理论已经注意到游憩活动与地理空间的结构关系[49-52]。20世纪60年代，Christaller提到了休假者向城市外部旅行时形成的扩展范围问题[49]。90年代，我国学者开始关注旅游目的地空间结构研究，如楚义芳在其博士论文基础上，对旅游活动作了较深入的空间经济分析。已有旅游空间结构的研究成果所涉及的理论基础是多种多样的，运用较多的有核心-边缘理论、点-轴理论、旅游中心地理论、旅游流空间结构理论、环城游憩带理论、游憩活动地域组合理论、环境兴趣中心理论等[53]。

一、核心-边缘理论

（一）基本理论

　　核心-边缘理论，又称中心-外围理论，是20世纪60年代和70年代发展经济学研究发达国家与不发达国家之间的不平等经济关系时，所形成的相关理论观点的总称。不少学者都使用了"中心"和"外围"这一对概念来分析世界上发达国家与不发达国家的经济贸易格局，并提出了解决它们之间不平等关系的政策设想。如美国经济学家刘易斯的中心-外围理论就是其中之一。核心、边缘的概念和分析方法后来被引入区域经济的研究之中，融入了明确的空间关系概念，形成了解释区域之间经济发展关系和空间模式的核心-边缘理论。其中，美国学者 Friedman 在1966年出版的《区域发展政策》一书中提出的核心-边缘理论较具代表性[54]。

　　Friedman 认为，由于多种原因在若干区域之间会有个别区域率先发展起来而成为"核心"，其他区域则因发展缓慢而成为"边缘"。核心与边缘之间存在不平等的发展关系。总体上，核心居于统治地位，而边缘则在发展上依赖核心。核心对边缘之所以能够产生统治作用，原因在于，核心与边缘之间的贸易不平等，经济权利因素集中在核心，同时，技术进步、高效的生产活动，以及生产的创新等也都集中在核心。核心依靠这些方面的优势而从边缘获取剩余价值。对于边缘而言，核心对它们的发展产生压力和压抑。因此，边缘的自发性发展过程往往困难重重。更重要的是，核心与边缘的关系还会因为推行有利于核心的经济和贸易政策，边缘的资金、人口和劳动力向核心流动而得以强化。可见，核心与边缘之间构成了不平等的发展格局。

Friedman 对核心与边缘关系的进一步研究指出，核心的发展与创新有很大的关系。核心存在对创新的潜在需求，使创新在核心不断地发生。创新增强了核心的发展能力和活力，并向边缘的扩散中加强了核心的统治地位。Friedman 还认为主导效应、信息效应、心理效应、现代化效应、连接效应和生产效应 6 个自我强化、反馈的效应支持了核心的成长。主导效应就是边缘的自然、人文和资本资源向核心的净转移。信息效应是核心内部潜在相互作用的增加。心理效应是创新的成功对更多创新的刺激作用。现代化效应是核心为适应创新而发生的社会价值观念和行为方式的转变。连接效应是一个创新引起新的创新的趋势。生产效应是为创新而提供有吸引力的结构支持，包括经济规模的增长和专业化。信息效应和心理效应常常与主导效应相随，而现代化效应则与连接效应和生产效应密切相关。在这些效应的作用下，核心不断地成长。相比之下，边缘的发展将处于不利地位。

（二）核心区域与边缘区域的划分

什么是核心区域？什么是边缘区域？所有的空间极化理论对此都未有确切的定义。Friedman 为了弄清区域发展不平衡和差异的程度，以便有针对性地制定区域发展政策，曾认为任何一个国家都是由核心区域和边缘区域组成。核心区域是由一个城市或城市群及其周围地区构成，边的界限由心与外的关系来确定。Friedman 划分的区域类型有以下几种。

核心区域：Friedman 所指的核心区域一般是指城市或城市集聚区，该区域工业发达，技术水平较高，资本集中，人口密集，经济增长速度快。核心区域是经济发达地区，包括国内都会区、区域的中心城市、亚区的中心和地方服务中心。

边缘区域：边缘区域是国内经济较为落后的区域，分为过渡区域和资源前沿区域两类。过渡区域又分为上过渡区域和下过渡区域两类。上过渡区域是联结两个或多个核心区域的开发走廊，一般处在核心区域外围，与核心区域之间已建立一定程度的经济联系，受核心区域的影响，经济发展呈上升趋势，就业机会增加，能吸引移民，具有资源集约利用和经济持续增长等特征。该区域有新城市、附属的或次级中心形成的可能。下过渡区域的社会经济特征处于倍滞或衰落的下发展状态。这类区域可能曾有中小城市发展的水平，其衰落向下的原因可能由于初级资源的消耗，产业部门的老化，以及缺乏某些成长机制的传递，放弃原有的工业部门，与核心区域的联系不紧密。

（三）核心-边缘理论在旅游目的地研究中的应用

有学者从空间结构和空间动力学角度观察了目的地旅游演变过程，并将旅游者的行为和类型同旅游者的地理分布模型结合起来考虑[53]。Lundgren 和 Hills 建立了核心-边缘理论的模型（core-Periphery model）[50,55]，他们强调了边缘地区对核心地区的依赖。这种依存关系不仅对于旅游者来说是这样，对于其他一些事物，如资金、企业能力、熟练劳动力、技术甚至利润等，都存在边缘对核心的依赖。Weaver 利用核心-边缘模型对加勒比海地区的特立尼达和多巴哥、安提瓜和巴布达群岛进行了案例研究[55]。为了促进边缘地区旅游业的发展，1997 年 9 月在丹麦的边缘地区博恩霍尔姆岛举行了一次"欧洲边缘地区旅游研讨会"，与会者提交的论文表现了对可持续性和乡村地区旅游发展的关注[56]。

二、点-轴理论

（一）基本理论

在区域规划中，采用据点与轴线相结合的模式，最初是由波兰的萨伦巴和马利士提出来的。波兰在 20 世纪 70 年代初期开展的国家级规划中，曾把点-轴开发模式作为区域发展的主要模式之一。1985 年萨伦巴教授在中国珠海市讲授沿海地区的空间发展模式时，曾对"节点与走廊发展模式"进行讲解和图示，给人留下了深刻的印象。我国经济地理工作者陆大道研究员等在深入研究宏观区域发展战略基础上，吸取了据点开发和轴线开发理论的有益思想，对生产力地域组织的空间过程作了阐述，提出了点-轴渐进扩散理论模式，把点-轴开发模式提到了新的高度，同时构设了中国沿海与长江流域相交的"T"形空间发展战略[57-59]。后来，点-轴开发成了《全国国土规划纲要（2016—2030 年）》空间发展战略的主体思想。

1．点-轴渐进扩散理论

点-轴渐进扩散理论的核心是社会经济客体大都在点上集聚，通过线状基础设施而连成各有机的空间结构体系。该理论的主要依据：一是生产力地域组织的演变过程与生产力发展水平相关。在生产力水平低下，社会经济发展极端缓慢的农业社会阶段，生产力是均匀分布的。到了工业化初期，随着手工业的发展和矿产资源的开发，以及农业商品经济的发展，首先在资源丰富、区位条件优越的地方，出现工矿居民点和城镇，并在它们之间建设了交通线，以满足其经济和社会联系的需要。由于集聚效益的作用，资源和各种公用服务设施将维持在地区的中心城镇或工矿点集中，地方中心城镇有更多的工业企业和各种类型的经济企业和社会团体，连接城镇之间的交通沿线变成了交通线、能源供应线、通信线、供气、供水等线状基础设施。之后，随着生产力的进一步发展，那些发展条件好、实力雄厚、效益高、人口和经济集中的城市会形成更大的集聚点，它们之间的线状基础设施也会变得更加完善，新的集聚点变成次级经济中心，并延伸出次级发展轴线，构成中心和轴线系统。这种模式不断演变下去，整个区域将形成由不同等级的城镇和不同等级发展轴线组成的"点-轴系统"为标志的空间结构。陆大道院士指出，上述生产力地域组织的点-轴渐进扩散演变过程，是在大量的地区发展经验基础上总结的，是普遍规律。二是事物相互吸引和扩散方式的普遍性。这是点-轴渐进扩散理论的另一理论依据。生产力各要素，如劳动者、生产企业、能源生产设施、科研机构、教育机构信息传输设施、基础设施等，与自然界许多客观事物相类似，在空间中有相互吸引力而集聚。几乎所有产业，特别是工业和第三产业的众多部门，都是产生于和集聚于点上，并由线状基础设施联系在一起的。农业生产虽然是面状分布的，但农业生产的组织、管理机构，农业生产资料的供应，农产品的销售、加工等也都集中于点上的。产业和人口集聚于点上，这是相互吸引的结果。当然，这种集聚的根本动因是经济利益和社会利益。另外，集聚于点上的产业和人口又要向周围区域辐射其影响力，包括产品、技术、管理方法、政策、法规等向周围辐射，以取得资本、劳动力、原料等经济运行的新动力，这就是扩散。而扩散在一般情况下是渐进式的，扩散必须沿一定的通道进行，不是大跨度跳跃式的。因此，城镇对外扩散也是沿着一定的轴线，沿着成束的线状基础设施渐进推移，而构成点-轴状空间结构。

点-轴渐进式扩散的结果，将形成点-轴集聚的空间结构。集聚区是扩大了的"点"或"点"的集合，是最高形式的空间集聚形式，在发展条件好的地方，往往是高级轴线交会地附近发展起来的人口、城镇和服务设施密集的区域。

2. 点-轴开发模式

点-轴开发模式是点-轴渐进扩散理论在区域规划和区域发展实践中的具体运用，也是经济空间开发的一种重要方式。

陆大道提出空间组织过程中的点-轴结构模式。他认为"点"是各级中心地，对各级区域发展具有带动作用；"轴"是在一定方向上联结若干不同级别的中心地而形成的相对密集的人口和产业带。由于轴线及其附近地区已经具有较强的经济实力且有较大发展潜力，又可称为"开发轴线"或"发展轴线"。点-轴结构的形成经历一个时间过程，从初期的较孤立的数个中心地，逐步发展成为具有一定空间网络结构的发展轴线。轴带的实质是依托各级城镇形成产业开发带。区域内各个城镇是成等级系统的，同理，联结城镇的发展轴也是可分若干等级的。不同等级的轴线对周围的区域具有不同强度的吸引力和凝聚力。

在区域规划中运用点-轴开发模式，分析和确定"点"及"轴"的位置与等级是一件事关全局的工作。通常工作步骤是：首先，在区域范围内确定若干具有有利发展条件和开发潜力的线状基础设施经过的地带，作为发展轴，予以重点开发。其次，在各条发展轴线上，确定若干个点，作为重点发展的城镇，并要明确各个重点发展城镇的地位、性质、发展方向和主要功能，以及它们的服务、吸引区域。再次，确定点和轴线的等级体系，形成不同等级的点轴系统。在一定的地域范围内，重点发展的轴线、城镇应与其等级、开发先后次序相适应。一般应着重优先开发重点发展轴线及沿线地带内若干高等级、区位好的点（城市、镇）及其周围地区。随着发展轴及重点发展城市实力的增强，开发重心将逐步转移到级别较低的发展轴和中心城镇，并使发展轴逐步向不发达地区延伸，促进次级轴线和线上的城镇发展，最终形成由不同等级的发展轴及其发展中心组成的具有一定层次结构的点-轴系统，从而带动整个区域的发展。

（二）点-轴理论在旅游目的地研究中的应用

点-轴理论，可以指导旅游目的地空间结构构建，特别是旅游资源和旅游线路比较显著呈带状分布的区域结构的模拟。例如，河南省旅游发展沿陇海铁路呈带状分布，可用此点-轴结构理论模拟其空间结构。"点-轴系统"理论作为区域开发的基础性理论，对区域旅游开发具有非常重要的理论价值和现实指导意义。点-轴开发可以充分发挥城市对区域旅游的辐带作用、提高区域旅游的可达性、实现区域旅游的最佳发展。石培基等在分析西北地区旅游资源的空间分布特点、旅游开发空间布局现状的基础上，提出以"点-轴系统"理论为指导，构建西北地区分布有序的旅游点-轴开发结构，力求优化旅游空间结构，实现旅游业健康、可持续发展的目的[60]。

三、中心地理论

(一) 基本理论

进入 21 世纪，城市化进程进一步加速。城市在整个社会经济中逐渐占据了主导地位，成为工业、商业、贸易和服务业的聚集点。因此，许多经济学家、社会学家和地理学家将城市作为研究的焦点。在城市的社会和经济行为研究基础上，对城市的形态、空间分布和规模等级也开展了研究。中心地理论就是在这种社会、经济背景下产生的。中心地理论也称为中心地方论，是由德国地理学家 Christaller 在其重要著作《德国南部的中心地原理》中提出的[61]。虽然在 Christaller 发表其著作之前已有许多学者对中心地的等级和职能进行了零星的研究，但缺乏完整的理论系。Christaller 是第一位对零散的中心地研究成果加以系统化和理论化的学者。

Christaller 的中心地理论的产生是在大量的实地调查基础上提出的。Christaller 跑遍了德国南部所有城市及中心聚落，获得了大量基础数据和资料，运用演绎法来研究中心地的空间秩序，提出了聚落分布呈三角形，市场区域呈六边形的空间组织结构，并进一步分析了中心地规模等级、职能类型与人口的关系，并以市场原则、交通原则和行政原则三原则为基础形成中心地空间系统模型。

在三原则中，市场原则是基础，而交通原则和行政原则可看作对在市场原则基础上形成的中心地系统的修正。Christaller 认为，市场原则适用于开放的、便于通行的地方；行政原则比较适用于自给性强、客观上与外界隔离的山间地域；交通原则适用于新开发区、交通过境地带或线状分布的聚落[62]。也适用于新开发区、交通过境地带或聚落呈线状分布区域。在文化水平、工业人口密度较高的区域，交通原则比市场原则的作用更大。行政原则适用于具有强大统治机构的绝对主义时代，或者像社会主义国家以行政组织为基础的社会生活。另外，自给性强、与城市分离的山间区域内形成的以某一中心地为核心的自给区域，其行政原则的作用相对较强。高级中心地对远距离的交通要求高，因此，高级中心地按交通原则布局，中级中心地布局的行政原则作用较大，低级中心地的布局用市场原则解释比较合理。

Christaller 的中心地理论中出现有中心地、中心性、货物供给范围和中心地等级等基本概念。中心地是周围区域的中心，是能够向周围区域的消费者提供各种商品和服务的地点。中心地可以是一个城市、一个镇或大的居民聚集点，也可以是一个商业或服务业的中心。中心性是指中心地对其周围地区的相对重要程度，也可理解为中心地发挥中心职能的程度。货物供给范围是理解 Christaller 的中心地理论的关键。当消费者到中心地购物时，货物供给范围是指消费者从居住地到中心地的移动距离；如果由商店送货的话，货物供给范围是指发送货物的移动距离。不管哪一种情况，对于双方都有一个经济许可的空间界限，超出这一界限必将带来经济的不合理。Christaller 将货物供给范围的最大极限称为货物供给范围的上限或外侧界限，供给货物的商店能够获得正常利润；所需要的最低限度的消费者的范围称为货物的供给下限或内侧界限，货物的供给下限的概念类似于门槛入口。如果货物的供给范围的上限和下限都大的话，说明中心地的中心职能高，一般形成的是"高级中心地"；如果两个界限都小，说明中心地的中心职能低，形成的是"低级中心地"。

（二）中心地理论在旅游目的地研究中的应用

Christaller 提出的中心地理论是进行旅游中心地分析的原始理论基础。国内一些学者，在二十世纪八九十年代已经注意到旅游中心地理论的应用和讨论。例如，陈吉环在《旅游学刊》发表《中心地方论在旅游资源开发中的应用——大西南旅游资源开发设想》一文，运用中心地理论阐述了其在旅游资源开发中的应用[63]；林刚对旅游地的中心结构进行了探讨[64]；刘伟强研究了北京市旅馆业的空间结构问题，发现社会旅馆的分布与零售服务网点的 $k=3$ 的空间格局有相当大的一致性，涉外饭店的集聚加强了零售服务中心地的地位[65]；谢彦君等在其对锦州市国内客源市场的分布模式分析中，应用了中心地六边形模式，刻画了锦州市的市场分布情形[66]。

还有一些研究者运用旅游中心地理论分析区域旅游发展问题，如骆静珊等对昆明区域旅游中心的研究，指出昆明以其独特的区位优势，可建设成为区域旅游文化中心、会议和商贸旅游中心、旅游宣传和促销中心、游客聚散中心和人员培训及信息提供中心[67]。李晓东等以 Christaller 的中心地理论为基础，在分析计算了通达性指数与网尼克指数的基础上，结合新疆各地区的旅游景点和酒店数量，确定了新疆旅游中心城市（中心地），并进行聚类分析，划分新疆旅游中心区域，构建了新疆旅游中心地等级体系[68]。

第三节　旅游目的地概念阐释的理论基础

一、地方理论

（一）理论思想

Duan 于 1976 年提出了地方感（sense of place）的概念，揭开了地方感研究的序幕[70]。目前，有关地方理论的描述，主要有四种学科视角，形成四种理论流派，分别为地理学派、环境心理学派、社会学派和社会哲学学派。

1. 地理学派的地方理论

段义孚（Duan）和雷尔夫等学者从地理现象学的角度对人与环境的关系和地方的本质进行了深入的研究[69-72]，认为"场所"的概念不仅是一个几何空间，还包含人与地的关系。

段义孚的"地方"思想集中体现在《恋地情结：环境感知、态度和价值研究》《经验透视中的空间与地方》和《割裂的世界与自我》等论著中。段义孚把恋地情结引入地理学，并最先提出地方感的概念，他认为地方感包含两个含义，即"地方自身固有的属性（地方性）和人们对这个地方的依附感（地方依附）"[70]。他提出"地方是人在世界中活动的反映，在提供所有人类生活背景的同时，它给个人或群体一种安全感或身份认同感，通过人的活动，原本没有任何特殊性的地方变得富有内涵"，"地方可以被视为具有精神或性格，但只有人有地方感。当人们将情感或审美认同应用于场所或地点时，他们会表现出一种地方感"。段义孚等的研究对剖析城市内居民与其邻里区域所产生的亲切感、疏离感和冷漠感作出了很大的贡献，也扩大了城市地理学的领域。

雷尔夫对于地方属性的认识，尽管属于最早期的研究，但至今仍经常被引用。在他的代表论著《地方与地方缺失》（*Place and Placelessness*）中指出："地方的基本含义不是区位，因此它的本质不是来自区位、地方所提供的功能和占据这个地方的社区，也不是表面或世俗的体验。地方的本质在于不自觉的意图。地方是人类生存的深远中心。"雷尔夫的贡献主要有两点：①对地方认同（place identity）的研究是后来地方感研究的重要基础；②提出了地方感整体都是主观的，即便是对实体环境的感知——相对客观的一个，它的美丑、有用性属性依旧是主观的。由于地方的内涵是由人们赋予它的态度、象征意义等，更加具有主观性。

2．环境心理学派的地方理论

Lynch 是研究人与环境关系的先驱之一，他的著作从环境设计的角度为地方研究奠定了基础[73]。代表学者 Williams 指出情感联结、意欲联结和认知联结这三个维度构成了地方依恋，并提出地方依恋的概念及其理论框架[74]。其中情感联结是指人对地方的感受；认知联结代表地方认同；意欲联结包含社会联系和地方依赖，地方依赖是一种功能性依赖，社会联系是指为地方作出贡献的行为倾向。Breakwell 在 Williams 的基础上，对地方认同进行了进一步的研究，他认为地方认同是一种对社会的适应（accommodation）、融合（assimilation）和评价（evaluation）的过程，布雷克威尔构建了认同过程模型（identity process model），提出了 4 个认同原则：独特性（distinctiveness）、连续性（continuity）、自我尊重（self-esteem）和自我效能（self-efficacy）。其中，独特性维度代表人与家乡的特定关系，起到了地方识别的作用；连续性维度包括地方适宜的连续性和地方指示物的连续性；自我尊重原则是指人们对自我价值和社会价值的感知；自我效能是指人们对自己适应环境能力的信任，这种环境是易管理的。[75]。

3．社会学派的地方理论

社会学家 Gussentafsen 主要是从社会学角度运用数据分析的手段研究影响地方感的各种因素。他的模型可以更好地理解地方内涵的产生，如图 4-3 所示[76]。

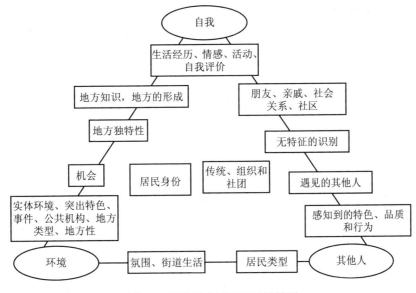

图 4-3　塑造地方意义的三级模型

由图 4-3 可以看出，Gussentafsen 认为地方意义主要是由自我、环境和其他人 3 个主体构成。自我包括个人的生活经历、情感、活动、自我评价；环境包括地方的实体环境、突出特色、事件等；其他人则是由他们感知到的特色、品质和行为组成。一些的因素，如社会关系和氛围属于这三个极点之间的关系。以自我和环境之间的关系为例，古森塔夫森观察到，在一些案例中，一个地方通过提供特别的活动或展示来表现当地的文化带给它的居民地方感。

Sixsmith 在研究"家"的内涵时，区分个人、社会和物理环境，她总结"家是一个多角度的概念，并不是一个简单的因素使得一个地方成为家，相反，任何一个因素的缺失都会导致家不再是家"[77]。Canter 在 1997 年也提出了相似的理论——"地方的因素理论"，认为地方包括活动、物理特征、个人、社会和文化经历以及地点的规模[78]。而 Jorgensen 等则很好地将实证方法引入这个领域，对地方感的研究具有重要影响，认为"像其他情感一样，地方感是由认知过程、感情过程和行为过程组成的"。并通过 200 多份农村家庭的问卷调查得出结论："对地方感的态度有：对人地关系的认识（认知方面）；对这个地方的感觉（情感方面）；与其他地方相对比，属于这个地方的专有行为（行为）"[79]。

4. 社会哲学学派观点

Harvey 在 Marx 和 Michael 的基础上，对空间与社会的构建进行了概念性的解答[80]。哈维认为现代主义文化对时空有一种不确定并时刻变化的感知。哈维把地方看作在空间和时间流中的有条件的"永久"形式。全球化导致的经济一体化、地域趋同和资本积累加速带来了一种"时空的压缩"。一方面，全球化的趋同倾向逐渐抹去地区差异，最终使原本各异的地区变成了一个单一的"地球村"；另一方面，资本积累和周转不断加速，促进了经济和技术的发展，并大大提高了地区趋同的速度，于是产生了时空压缩的体验。原本对时间的多样性感知被看作一种线性的、持续向前发展的、同质的时间观；同样，空间也是同质的、千篇一律的抽象空间，没有地方的独特性。而现在的观点则认为时间是通过对每块空间的征服来计量的，这一过程被哈维称为"时间对空间的侵蚀"。现代主义，特别是后现代主义文学和文化的特色正是对这个过程的一种反动，哈维称为"时间的空间化"。这个空间化的过程所隐含的一层含义就是对所谓的普遍真理和时空趋同的拨乱反正，是对一个故意忽视差异的同质世界的矫正。哈维认为，地方是集体记忆的纽带，是通过构建历史人物的记忆来确定的地点。从记忆到希望，从过去到未来，保护和创造一种地方感是一个积极的瞬间。

（二）地方理论阐释旅游目的地概念的原理

1. 地方感是旅游目的地吸引力的源泉

地方感包含自然和人文要素，这些要素使不同的地方相区别，每个地方都是不同的。"地方"是一个交流和感应系统，由于历史的变迁、新旧的交替，地方感会因此不产生变化。从本质上说，地方感构成了人们感知一个地方的最基本要素，是一种对全面现象的体验。某个场所产生地方感的环境因素包括自然环境、建筑、庆典、仪式、景观、习俗、当地人的价值观等都对这种体验产生影响。"地方"行为和意图的中心，在这里人们体验着各种事件，并且只有在当地背景下才有意义，这是为什么很多旅游目的地不可复制的根本原因。当一个旅游目的地具备了独特的地方感，如果能与旅游者的内部感知因素发生互动，也就是说当旅游者的旅游动机、文化水平、生活方式、情绪、过去的经历和期望，与他们所到访的旅游目的地的地方特色形成共鸣，那么旅游者就能对旅游目的地产生 3 个层次的情感：依恋（attachment）、满意（satisfaction）、认同（identification）。

2．地方感是旅游目的地规划与开发的灵魂

在以经济绩效为主要目标的旅游开发思路下，旅游规划往往注重旅游资源的经济价值而忽视其历史价值、科学价值和艺术价值，未能认识资源本身所具有的地方情感、认知和精神上的意义和价值。地方理论的应用有利于在旅游规划中反映人的需求、态度与价值的多样性，实现资源价值的综合利用，提高旅游开发的社会文化意义。地方理论在旅游目的地规划与开发领域有两个落脚点，即如何促使旅游者深刻感知当地特色与如何维护强化当地社区居民的地方感。

从旅游者的角度来看，旅游目的地地方特色的核心内涵是其地方性，旅游规划设计的根本任务就是营造旅游目的地的地方性，增强旅游目的地的吸引力。地方理论可为旅游目的地的地方性营造、地方特色的挖掘和保护提供指导，有助于解决旅游开发中的商业舞台化和庸俗化问题。

从旅游目的地社区居民的角度来看，首先，旅游开发的利益相关者对旅游规划方案的支持程度直接影响规划方案的可实施性。地方性的研究有助于规划者了解居民对旅游开发的态度，同时认识地方性赋予当地居民情感上、知识上和精神上的特殊意义与价值，从而加强资源开发利用和政策措施制定中对利益相关者的态度、情感和价值观的重视，进而使旅游规划方案得到更多的认同与支持，提高旅游规划方案的可实施性。其次，社区居民旅游目的地往往形成了一种情感和精神上的联结关系，即地方依恋，从这一角度深入研究有利于规划设计者了解特定地方对居民的特殊意义与价值，从而对其进行特别的规划设计，以维系居民与旅游目的地的情感联结关系。

3．地方感是旅游目的地形象设计与营销的根本

旅游形象是旅游目的地竞争和营销的重要手段和途径。一个旅游目的地能否在旅游者心中树立良好的旅游形象，关键在于旅游者的旅游体验质量，而旅游体验从根本上说是一种地方体验。旅游体验质量不仅与旅游活动有关，还与旅游者游览时的期望、意图和情绪有关。对旅游地的感知和体验形成旅游地意象，旅游

者的旅游体验和旅游地意象的测量可为旅游地形象策划提供依据。

旅游者对地方特色强烈并与其偏好相吻合的目的地往往容易形成地方依恋。例如，丽江古城的旅游者中有很多就是重游游客，对他们而言，吸引他们的已经不是丽江的物质形式，一种对这个地方的特别的感觉成为其重游的主要驱动力。相关研究表明，旅游的地方依恋的形成有助于提高旅游者的重游率和忠诚度，地方依恋水平高的旅游者更愿意在目的地花费更多的时间和金钱。因此，根据旅游者的地方依恋进行市场细分，选择适合的细分市场进行旅游目的地形象营销。

二、非惯常环境理论

（一）非惯常环境的基本思想

我国旅游学者张凌云教授分别于 2008 年和 2009 年在《旅游学刊》发表了《旅游学研究的新框架：对非惯常环境下消费者行为和现象的研究》和《非惯常环境：旅游核心概念的再研究——建构旅游学研究框架的一种尝试》两篇论文，建立了"非惯常环境"概念，并形成了一个理论雏形，这不仅是一个能够深入探究旅游活动本质并合理解释多种旅游现象的概念，更为建构旅游研究学术大厦提供了一种新视角[81,82]。

所谓"非惯常环境"，即与"惯常环境"相对应，它描述了人们在旅游活动中所处的状态特征，也与本书所述的"空间问题"内在契合。它的确是旅游中一个不可缺少的关键词，甚至是最本质的特征之一。

在常见的旅游定义中常常会提及非惯常环境。如联合国旅游组织认为，一个人旅行到一个其惯常居住环境以外的地方并逗留不超过一定限度的时间的活动，这种旅行的主要目的是在到访地从事某种不获得报酬的活动。英国旅游学会（ITB）认为，人们前往他们惯常居住和工作之外的地方的暂时而短期的活动，包括各种目的不同的活动，以及一日游或参观游览活动。美国学者 Mathieson 认为，旅游包括人们离开惯常的工作和居住环境去往其他目的地的移动、人们在目的地所进行的所有活动，以及能满足他们这些需求的设施[83]。英国学者 Cooper 认为，人们为了休闲、商务和其他目的，离开自己惯常居住的环境，连续不超过 1 年的旅行和逗留活动[84]。

上述几个定义中均含有关键词"离开惯常环境"，由此，对比其他一些常见定义中，一些相近的表述如"离开家""离开居住地""离开居住和工作的地方"等，显然不如"离开惯常环境"表达的信息丰富。

"惯常环境"既包括家和常去的父母亲友的居所，也包括工作的地方、常去的社交场所、常去的休闲娱乐场所等。而"非惯常环境"则是除此之外的地方。显然，人的惯常环境与非惯常环境的区分，受到很多因素影响，必定是因人而异的，会表现出多样的类型特征。同时，由此思路来看，许多定义中提及的距离指标就更加不具有绝对意义了。

张凌云指出，非惯常环境是指人们日常生活、学习和工作以外的环境（包括自然环境和人文环境），由此他给出的旅游的定义是：旅游就是人们对非惯常环境的体验和生活方式；他甚至提出这是旅游的本质，是旅游学研究的核心，也是旅游学科能够独立于其他相关学科而存在的基础[81]。

（二）非惯常环境理论的核心内容

1. 环境体验说

人生就是一个不断地体验的过程，一些学说认为体验具有人生层面的深刻意义，甚至提出体验就是人生。

在旅游活动中，非惯常环境是一个载体，体验是其本质，旅游是在非惯常环境中的体验，这种体验是旅游的根本目的。人们在非惯常环境中能够获得一种特殊的体验，这种体验是惯常环境所不能提供的。人们普遍具有在非惯常环境中体验的需要，只是受各种因素制约而不能满足。这种特殊的体验就是旅游吸引力，就是人们旅游活动的根本动机之所在。非惯常环境提供了游客体验的场所，同时旅游者在非惯常环境下的心理和行为特征也是非常态的。由此可以将旅游研究的框架建立在这些"非常态现象"的研究之上。

2. 人之环境的构成

每个人的活动，或者说人生的舞台是一个总环境，它由惯常环境和非惯常环境构成，可以写为：

$$E=\text{UsE}+\text{UnE} \tag{4-2}$$

式中，E 为人的活动环境（空间）；UsE 是惯常环境；UnE 是非惯常环境。

惯常环境又分为 3 部分，可以表示为：

$$UsE=EW+EL+EP \tag{4-3}$$

式中，EW、EL、EP 分别为人的日常工作（或学习）环境、日常居住环境、日常人际交往环境。

人的惯常环境和非惯常环境的特征都是因人而异的。有些人因工作等原因，其惯常环境甚至具有流动性或者跨国的特征。惯常环境和非惯常环境除了具有物质和地理的性质，还具有心理层面的性质，甚至还应包括虚拟环境。不同的环境为人们提供了不同的生存空间和心理空间，也具有不同的体验意义。

不同环境所提供的不同体验，使环境产生推力和拉力，能进一步认识利珀模型。不同的人对环境体验的不同，也提供了普洛格模型的一种解释。

3．非惯常环境下人的行为

非惯常环境下人获得特殊的体验，同时人的心理状态发生改变，产生"非常态行为"。人很大程度上不再是"理性人"，许多行为均不同于其在惯常环境中之所为。我们了解到旅游中的人确实有许多不正常、不经济、不安全甚至不道德的行为发生。旅游活动中的相关各方，也基于游客的特殊行为模式，相应地构建起各种特殊的社会关系和物质框架。

在非惯常环境下的旅游者行为和现象，以及由此形成的各种社会关系，应当成为旅游学研究的基础。

（三）非惯常环境理论对重要旅游现象的解释

1．几个概念的本质区分

非惯常环境理论可用于说明几对重要概念的关系。

一是旅游和旅行。以往的认识一般强调旅游与旅行的目的和内容不同。也就是说，旅游是一种有特殊目的的旅行，比"旅行"多了"游"的目的和内容，就其表现形式而言，两者并无显著区别，任何旅游者首先都是一个旅行者。而非惯常环境提供了另一个思考角度：旅游者活动于非惯常环境，而在惯常环境中的空间移动只能算旅行。例如，到异地工作、通勤，野外工作者在野外的活动等均属于旅行，而不属于旅游。

二是旅游与休闲。旅游是一种休闲，但休闲是否也是旅游就要看其是否在一个非惯常环境中。一些休闲活动就在家、工作单位等惯常环境中进行，这不能算是旅游。还有宜居与宜游，由于居住在惯常环境，旅游在非惯常环境，因而不能简单地将两者合二为一。

2. 特殊行为的解释

游客在旅游过程中往往表现出不同平常的行为，其行为不能再用"理性人"去理解。因此，游客的一些不经济、不安全、不正常、不道德的行为倾向便可以解释，同样地，由于非惯常环境的特征，游客与接待服务业者，不同的接待业务领域之间，各种社会关系结构和行为模式都要发生相应变化。

三、环境兴趣中心理论

1998 年，吴承照提出了环境兴趣中心理论，认为兴趣中心是旅游区中最具吸引力的部分，是游憩地的精华和吸引客流的"磁极"，它以信息为载体[85]。凡是具有很高历史信息、文化信息、审美信息、自然信息的物体或活动都可以构成兴趣中心。因此缺乏兴趣中心的地域往往难以形成持续发展的目的地。不少地区自然环境质量高但因缺乏兴趣中心而构不成旅游热点，如江心岛、河口岛、一般山地、普通湖泊等，它们要发展旅游业，必须人为构筑兴趣中心，包括建设人造景观、创作表演活动等。

兴趣中心又称为吸引物，是游憩地的精华，是吸引客流的"极"，具有等级性、时代性、文化性，古人与现代人兴趣不同、不同文化程度的人兴趣不同，兴趣有雅俗之分。

兴趣是主客观相互作用的产物，以信息为媒介，历史信息、文化信息、审美信息、自然信息的实物或活动都能引起兴趣，具有一定的空间容量、可以让游客亲身体验的信息地域就成为游憩地。

兴趣的载体可以是点状、线状、面状或流动状态。

兴趣中心以自然环境或人文环境为背景，具有独特而又丰富兴趣中心的地域，旅游业才能持续发展，我国风景名胜区、历史文化名城即属此类。现在很多山岳风景名胜区大兴土木建索道，用兴趣理论来解释，有其客观必然性。无限风光在险峰，山岳景观很多兴趣中心在山顶广阔的视野范围内，登高望远，风景独好，游客希望尽快到达山顶，不愿爬兴趣极少的山道，这为索道建设提供了动力。一方面，地方积极建索道；另一方面，风景专家极力呼吁反对建索道，谁是谁非？用游憩学理论来分析，既要满足游憩需求，又要保护风景，两者都要兼顾，问题的关键在于如何在保护前提下加以开发，这为规划设计提出了难题。

第四节　旅游目的地产业研究的理论基础

一、投入-产出理论

（一）基本理论

投入-产出理论，又称"部门平衡"理论，或称"产业联系"理论，最早由美籍俄罗斯经济学家 Leontief 提出，他主要通过编制投入产出表及建立相应的数学模型，阐释社会经济各部门之间的相互关系[86]。

Leontief 于 1931 年开始研究投入-产出。他利用美国国情普查资料，编制了美国 1919 年和 1929 年的投入-产出表，把国民经济划分为 42 个部门，分析美国的经济结构和经济均衡问题。1936 年 Leontief 在《经济与统计评论》发表了"美国经济制度中投入产出的数量关系"，标志着投入-产出理论的诞生。1941 年 Leontief 出版了《美国经济结构（1919—1929）》一书，系统总结了其研究成果，阐述了投入-产出的基本原理及其发展[87]。

投入-产出理论的思想渊源，可追溯到法国重农学派 Quesnay 的《经济表》。在资产阶级古典经济学中，Quesnay 的《经济表》是第一次描述了社会总产品生产和流通的图解，或多或少对 Leontief 的早期研究思想产生启发和影响[88]。马克思在《资本论》中把社会生产划分为生产资料生产和消费资料生产的两大部类生产，认为把商品价值是 C+V+M，即商品价值是不变资本、可变资本和剩余价值之和，考察了社会总资本的再生产及其流通过程，阐明了两大部类之间和它们内部各部分之间价值补偿和实物补偿的内在联系，对简单再生产和扩大再生产的实现条件进行了公式化的表述。这些思想对 Leontief 的早期投入产出的研究思想或多或少产生过启发和影响。但是，使 Leontief 提出投入产出分析的直接启发，则是里昂·瓦尔拉斯（Leon Walras）的"全面均衡论"。19 世纪后半叶，瑞士洛桑大学教授瓦尔拉斯在《纯粹经济学纲要》中提出了"全面均衡论"。

投入-产出理论产生于 20 世纪 30 年代。1929 年资本主义世界经济危机的爆发，使关于资本主义市场经济能够自行调节、保持均衡发展的传统资产阶级经济学理论宣告破产。这一冲击在西方经济学中产生了两种结果：一方面是凯恩斯主义的出现，主张国家干预经济，刺激投资和消费，扩大有效需求，以便减少失业和预防经济危机的发生，后来发展为资产阶级经济学的主流派；另一方面是在原来数理经济学的基础上，一些经济学家力图运用数学方法和统计资料，对资本主义经济数量关系进行分析、研究和预测，以便预测和防止经济危机的发生，形成了投入-产出分析和经济计量学。

1931 年，Leontief 开始分析美国的经济结构和经济均衡问题，将瓦尔拉斯的全面均衡体系改造为切实可行的体系而进行简化，把联立方程数目减少到可计量的程度，由此产生了投入-产出理论。首先，用生产要素之间相互不可替代和具有固定系数的生产函数，取代了生产要素之间可替代的生产函数，从而使国民经济变为可用线性联立方程体系表示的简化形式。其次，采用了简化的假定，即用某一年度的观察值来确定联立方程式中的参数。通过这样的假定，Leontief 排除了价格对各个经济主体优化行为的影响，使瓦尔拉斯极其烦琐的联立方程体系得以简化，使全面均衡体系成功地实现了计量化，从而使投入-产出理论作为极其特殊的全面均衡理论而诞生了。

投入-产出理论最早的实际应用是在 20 世纪 40 年代。1941 年美国劳工部统计局开展关于第二次世界大战结束后全国就业情况的研究，并在 Leontief 的指导下，于 1942—1944 年编制了美国 1939 年的投入-产出表，进而运用该表资料预测"二战"后美国钢铁工业生产和就业情况。这次预测成功，使投入-产出理论备受美国政府和经济学界的重视。随后，美国政府又先后编制了 1947 年、1958 年、1961 年、1963 年、1966 年、1972 年等年份的投入-产出表。从 50 年代开始，投入-产出表先后传入西欧、日本、苏联和东欧，以及亚非拉许多发展中国家。

最初的投入-产出模型较为简单，主要包括棋盘式的投入-产出表和线性方程式体系两个部分。投入-产出模型包括一个中间产品的流量矩阵，右边连接一个最终需求向量，垂直方向连接一个原始投入或增加价值的向量。如果已经给出最终需求向量，则可利用 Leontief 逆矩阵，将最终需求转换成产出总量；其劳动投入也可利用此矩阵，求出单位产品总成本即价格。

20 世纪 40 年代末 50 年代初，Hakins、Georgescu Roegen、Holley 和 Leontief 先后提出了动态投入-产出模型[89-91]。1948 年，Hakins 提出了以微分方程组形式表述的投入产出动态模型。1953 年，Leontief 在哈京斯等的研究基础上，系统研究和提出了动态投入产出模型，把动态模型分为封闭式和开放式两种形式。动态模型的构成，是在静态模型的基础上增加一列产量变化向量乘于资本系数矩阵，将投资和积累作为下期对本期生产增量的函数，从而作为模型的内生变量由模型本身的求解而导出，因此，动态模型实际上分析了在某一时段上经济系统各部门间投入-产出的数量依存关系。

Dorfman 等结合线性规划对投入-产出结构进行动态分析，并提出了所谓快车道定理[92]。1970 年 Leontief 发表了著名的"动态逆矩阵"一文，为解决动态投入产出模型中生产和投资的直接消耗系数求逆问题，作出了有力的推进[93]。自 20 世纪 70 年代以来，众多学者从各自的研究领域，运用各种分析方法和手段（如计量经济学、控制论和运筹学等）提出了各种动态投入-产出模型。

（二）投入-产出理论在旅游目的地研究中的应用

旅游对地区经济的影响作用是评价区域旅游业可持续发展的重要指标，包括旅游业对地区经济的产出、收入和就业的贡献，以及旅游业与其他产业间的关联等。其常用的研究方法是投入-产出模型，是对旅游经济较全面的分析工具。在评价游客消费构成后，能够有效分析旅游经济的连带作用。

Hamston 分别将家庭和当地政府作为内生变量和外生变量纳入 24 个部门的交易矩阵计算研究美国怀俄明州西南部地区的旅游乘数，以区分间接效应和诱导效应。Archer 在 *The Impact of Domestic Tourism* 中提出了研究旅游收入乘数的区域旅游投入-产出模型[94]。后来被广泛应用于旅游经济研究中，并扩展出其他旅游乘数（如旅游就业乘数、居民收入乘数、政府收入乘数等）。Gamble 将家庭作为内生部门，使用由 29 个部门构成的投入产出矩阵，预测旅游活动引入当地经济后所产生的效应，同时还更改某些内部系数来预测一个水上度假村的产权变更对当地经济的影响。

二、产业结构理论

(一) 理论思想

产业结构理论的思想源泉可以追溯到 17 世纪。威廉·配第在 17 世纪第一次发现了世界各国国民收入水平的差异和经济发展的不同阶段的关键是由于产业结构的不同。他于 1672 年出版的《政治算术》通过考察得出结论：工业比农业收入多，商业又比工业的收入多，即工业比农业附加值高、商业比工业附加值高[95]。在配第之后，亚当·斯密在《国富论》中论述了产业部门（branch of industry）、产业发展及资本投入应遵循农工批零商业的顺序[96]。

在 20 世纪 30 年代大危机时期，工业部门衰退，从统计上体现出服务部门在经济中的明显优势。于是，人们回忆起 17 世纪中期配第的朴素思想。日本经济学家赤松要在 1932 年提出了产业发展的"雁形形态论"。该理论主张本国产业发展要与国际市场紧密地结合，使产业结构国际化；后发展的国家可以通过四个阶段来加快本国工业化进程。他认为日本的产业通常经历了"进口→当地生产→开拓出口→出口增长" 4 个阶段，并周期性循环。随着某一产业进口的不断增加，国内生产和出口的形成，其图形就如 3 只大雁展翅翱翔。人们常以此表述后进国家工业化、重工业化和高加工度发展过程，并称为"雁行产业发展形态"。

20 世纪 40 年代是现代产业结构理论的形成时期，对产业结构理论形成做出突出贡献的主要有费夏、赤松要、C.克拉克和 S.库兹涅茨等学者。其中，新西兰经济学家费夏以统计数字为依据，再次提起配第的论断，并首次提出了关于三次产业的划分方法，产业结构理论开始初具雏形。

在吸收并继承了配第、费夏等观点的基础上，C.克拉克建立了完整、系统的理论框架。在 1940 年出版的《经济发展条件》一书中，他通过对 40 多个国家和地区不同时期三次产业劳动投入和总产出资料的整理和比较，总结了劳动力在三次产业中的结构变化与人均国民收入的提高间存在的规律性：劳动人口从农业向制造业，进而从制造业向商业及服务业的移动，即所谓克拉克法则。其理论前提是，以若干经济单位在时间推移中的变化为依据。这种变化意味着经济发展，而经济发展在此是指不断提高的国民收入。

1941年库兹涅茨在其著作《国民收入及其构成》中阐述了国民收入与产业结构间的重要联系，即库兹涅茨产业结构论：产业结构和劳动力的部门结构将趋于下降；政府消费在国内生产总值中的比重趋于上升，个人消费比重趋于下降。他把克拉克单纯的"时间序列"转变为直接的"经济增长"概念，即"在不存在人均产品的明显减少即人均产品一定或可能增加的情况下产生的人口的持续增加"。"所谓持续增加，指不会因短期的变动而消失的大幅度提高"。然后，将产业结构重新划分为农业部门、工业部门和服务部门，并使用产业的相对国民收入进一步分析产业结构，使克拉克法则的地位在现代经济社会更趋稳固。

产业结构理论在20世纪50—60年代得到了较快的发展。此时期对产业结构理论研究作出突出贡献的代表人物有列昂惕夫、库兹涅茨、A.刘易斯、赫希曼、罗斯托、钱纳里、霍夫曼、希金斯及一批日本学者等。

列昂惕夫对产业结构进行了更加深入的研究。他分别于1953年和1966年出版了《美国经济结构研究》和《投入产出经济学》，建立了投入-产出分析体系，他利用这一分析经济体系的结构与各部门在生产中的关系，分析国内各地区间的经济关系以及各种经济政策所产生的影响。在《现代经济增长》和《各国经济增长》中，列昂惕夫深入研究了经济增长与产业结构关系问题，通过编制投入-产出表和建立线性方程组，来研究经济系统各部分之间的技术经济联系，以分析社会经济部门结构及其技术经济联系，预测、决策和规划社会经济发展。

刘易斯、赫希曼、罗斯托、钱纳里和希金斯的产业结构理论则是发展经济学研究的延伸。他们的研究思路有以下两种：

一是二元结构分析思路。刘易斯于1954年发表的《劳动无限供给条件下的经济发展》一文提出了用于解释发展中国家经济问题的理论模型——二元经济结构模型。希金斯分析了二元结构中，先进部门和原有部门的生产函数的差异。原有部门的生产函数属于可替代型的，而先进部门存在固定投入系数型的生产函数，此部门采取的是资本密集型的技术。

二是不平衡发展战略分析思路。赫希曼在1958年出版的《经济发展战略》提出了一个不平衡增长模型，突出了早期发展经济学家限于直接生产部门和基础设施部门发展次序的狭义讨论。其中关联效应理论和最有效次序理论，已成为发展经济学中的重要分析工具。罗斯托提出了著名的主导产业扩散效应理论和经济成长阶段理论，其主要著作有《经济成长的过程》和《经济成长的阶段》等。钱纳里认为经济发展中资本与劳动的替代弹性是不变的，指出在经济发展中产业结构会发生变化，对外贸易中初级产品出口将会减少，逐步实现进口替代和出口替代，后又提出著名的"发展型式"理论。

由于发展中国家资源的稀缺性，全面投资和发展一切部门几乎不可能，只能把有限的资源有选择地投入某些行业，以使有限资源最大限度地发挥促进经济增长的效果，此即不平衡增长。赫希曼认为，在发展中国家，有限的资本在社会资本和直接生产之间的分配具有替代性，因而有两种不平衡增长的途径：一是"短缺的发展"；二是"过剩的发展"。这就是不平衡增长理论。"短缺的发展"，即先对直接生产资本投资，引起社会资本短缺，而社会资本短缺引起直接生产成本的提高，这便迫使投资向社会资本转移以取得二者的平衡，然后再通过对直接生产成本的投资引发新一轮不平衡增长过程。"过剩的发展"，即对社会资本投资，使二者达到平衡后再重复此过程。

罗斯托根据技术标准把经济成长分为传统社会、前提、起飞、成熟、高额群众消费、追求生活质量六个阶段，而每个阶段的演进是以主导产业部门的更替为特征的。他认为每个阶段都存在相应的起主导作用的产业部门，这些主导产业部门通过回顾、前瞻、旁侧三重效应带动其他部门发展。回顾效应是指主导部门增长对为自己提供生产资料的部门的影响；前瞻效应是指主导部门对新工业、新技术、新原料、新能源出现的诱导作用；旁侧效应指主导部门成长对它周围地区在社会经济发展方面所起的作用[97]，即主导产业部门通过投入产出关系能够带动经济增长。罗斯托还认为，主导部门序列不可任意改变，任何国家都要经历由低级向高级的发展过程。随着科学技术的进步和社会生产力的发展，特别是社会分工的日益深化，带动整个产业发展的已不是单个主导产业，而是几个产业共同起作用，罗斯托将此称为"主导部门综合体"。

与六个经济成长阶段相对应，罗斯托在《战后二十五年的经济史和国际经济组织的任务》一文中，列出了5种主导部门综合体系：①前提期主导部门体系，如食品、饮料、烟草、水泥、砖瓦等；②消费品制造业综合体系，如非耐用消费品的生产；③重型工业和制造业综合体系，如钢铁、煤炭、电力、通用机械、肥料等；④汽车工业综合体系；⑤生活质量部门综合体系，如服务业、城市和城郊建筑等。

（二）产业结构理论在旅游产业经济研究中的应用

1. 英文文献中的应用

在国外对产业结构理论应用在旅游目的地的研究中，对旅游产业结构构成的探讨，是一个相对持久的话题。朱卓任等在美国工业标准分类的基础上，将与旅行及旅游相关的工业成分划分成了三类：第一类为直接供应者，包括与旅行有典型关系的企业（如航空公司、旅馆、陆地运输、旅行社、餐馆和零售商店等）；第二类为辅助服务机构，包括旅游组织者旅行和商业贸易、饭店管理公司和旅行研究机构等；第三类为开发性组织，包括政府机构、规划机构、财政机构、不动产开发者以及教育和职业培训机构等[98]。Poon 将旅游产业结构视为价值生产与创造的过程，在该过程中参与者主要包括生产者、经销者、加速者和消费者四大类。其中，生产者包括航空业者、度假经营者、旅馆业者和当地服务供给者；经销者包括旅游运营商和旅游中介；加速者包括金融服务供应商[99]。Frechtling 在分析旅游卫星账户体系时，根据产品来源的不同把旅游产业分成了九类：酒店或其他商业住宿设施、第二处居所或度假旅馆、餐饮、航空运输业、铁路运输业、游船业、汽车租赁业、旅行社、娱乐业[100]。Leiper 强调应该用"tourism industries"而不是"tourism industry"表征旅游产业，即旅游产业是多个产业的集合而不是单一的产业，该集合包括食、住、行、游、购、娱多种部门[101]。

对于旅游产业结构的变迁，Harrison 从产业自然演进的视角分析了非洲斯威士兰地区旅游产业部门的变迁，发现在不同的生命周期阶段，旅游住宿部门的数量和所处的空间位置有较大变化，旅游管理机构、餐饮业的发展也会随之成长和波动[102]；Pavlovich 分析了新西兰萤火虫洞所在地区随着景点的开发酒店交通、商店及其相关配套产业的产生与发展[103]；Kaynak 等通过德尔菲法对博茨瓦纳2003—2020 年旅游产业结构的演变趋势进行了调查分析[104]；Airey 等分析了苏联解体后乌兹别克斯坦旅游行业的波动与调整[105]。

针对旅游产业链扩张来看，Tapper 等从旅游产品与服务的角度出发，将旅游产业链定义为能够提供所有旅游产品与服务的链条[106]；Yilmaz 等对旅游产业链的发展过程进行分析，并认为获得订单、分配前准备、分配进行、分配支持是旅游产业链发展的四个阶段[107]。Kaukal 等将旅游产业链定义为一条包含旅游开发商、旅游供给商、旅行社和旅游者四个方面的单向传递链条[108]。

此外，在发达的市场经济背景下，互联网和信息技术在旅游目的地产业结构变化中起到的革命性作用也同样受到欧美国家旅游研究者的高度重视，Buhalis 结合旅游产品购买与消费相分离、无形性等特点，阐述了信息技术对旅游产业竞争力和竞争优势，以及对旅游需求和旅游产品分销的深远影响[109]；Nielsen 等提出通过互联网和信息技术，推动组织创新、产品创新和服务创新来满足游客个性化要求，可以有效带动旅游目的地经济效益的提升，助力旅游目的地产业结构升级，促进旅游目的地的发展[110]。

2. 中文文献中的应用

在中国政府主导型旅游发展的产业政策背景下，国内学者在产业结构理论应用于旅游目的地研究领域的研究取得了丰硕的成果。随着国内旅游产业发展日趋成熟，诸多研究关注到旅游产业业态融合趋势，马舒霞认为当今旅游产业开发在经历以资源、市场、产品和以形象为导向四个发展阶段后，其发展模式更加趋于多元化[111]。就目前旅游产业融合的实践来看，主要分为两类：一类是旅游产业与第一产业和第二产业的融合，在融合发展的过程中出现的新型产业兼具旅游产业和第一、第二产业的特性和功能；另一类是旅游产业在第三产业的内部与其他服务业相互融合，出现兼具多个行业特征的旅游新业态，如"旅游+文化""旅游+体育""旅游+影视""旅游+会展""旅游+医药"等。朱海艳和陈芳婷将旅游产业与其他产业之间的融合模式主要分为三类：一是主动融合，以旅游产业与农业融合为例；二是互动融合，以旅游产业与文化产业融合为例；三是被动融合，以旅游产业与信息产业融合为例[112,113]。赵黎明认为，旅游产业融合从微观角度出发改变了旅游产业链的构成，为旅游产业带来了创新发展，从宏观角度出发改变了融合产业的产业结构，提升了旅游目的地的竞争力[114]。

在旅游环境的不断变化和旅游模式快速转变中，旅游目的地产业调整转型势在必行，这是我国旅游产业发展阶段和游客需求变化共同作用的结果。旅游产业结构优化是一个动态的过程，在旅游产业发展过程中，不断优化生产要素在各个部门之间的配置关系，释放旅游产业各个主体对社会经济发展的动态驱动力。马波提出举办大型节事活动有益于推动旅游目的地旅游产业的转型升级[115]；麻学锋运用价值链和系统论理论对旅游产业结构升级的动力机制与动态演化进行了分析，建议通过系统自适应的调整，优化旅游产业结构[116]。在旅游目的地旅游产业结构转型升级及实践应用方面，李辉等量化分析了广东省国际旅游产业结构现状和变化特征[117]；张晓明和郑平运用偏离-份额法分别对西安和四川的旅游产业结构进行了分析研究[118,119]；李刚对辽宁省旅游产业的现状、问题，以及结构调整、优化升级等进行针对性研究[120]。科技的进步和交通的便利化使游客的旅游活动范围不断扩大，同时也给我国旅游产业发展提出新的挑战，新的发展时期，我国正从旅游大国向旅游强国转变，科技创新在旅游产业转型升级的方面日益重要，唐晓云尝试通过信息技术的全面介入，优化旅游产业要素配置，进而改变旅游产业结构[121]；江金波以产品的科技信息化推动结构优化为主体，推动广东旅游产业结构的转型升级[122]。

旅游产业链结构较为丰富，充分融合了经济要素、政治要素、文化要素、社会要素和生态要素，属于综合性多功能产业。在旅游产业链中，供应链和需求链都是以满足游客的旅行体验为中心，供应链是旅游产业链的各环节、各端口可以提供的旅游活动、旅游服务和旅游商品组合，需求链是游客为了满足自身的旅游需求和旅游体验所产生的需求组合，而技术链能够有效串联供应链以满足需求链，从而进一步优化旅游产业结构，是新时代经济和文化高质量发展的重要抓手，也是有效化解我国当前社会主要矛盾的重要途径。梁坤将旅游产业链的延伸定义为与农业、工业、娱乐业、文化产业等多行业融合的过程[123]；张海洲认为旅游产业链的结构扩张具有一定的特殊性，不同于传统产业，旅游产业链在母产业依附性、链型体验性和多元创新性等方面具备广阔的发展空间[124]；从产业链的角度出发，张莞将旅游产业划分为旅游开发部门、涉及旅游企业、旅游产品三大要素，旅游产业链将这三大要素进行组合链接，从而实现上游旅游资源开发能够有效串联中游旅游产业供给和下游旅游产品消费[125]。这一过程既包含旅游部门和企业的商品链供给，又包含消费价值链的需求。粟琳婷提出的乡村旅游产业链借助互联网技术在旅游资源、企业与游客之间建立起全面覆盖的互联网架构关系，打破原有观光式乡村旅游产业发展的"瓶颈"[126]；李响在红色文化和旅游产业融合高质量发展中提出新时代拓展红色文化旅游产业链，将红色元素与旅游产业的高质量发展相结合，促进旅游产业优化升级[127]。

三、产业布局理论

（一）理论思想

1. 产业布局理论的形成

距今六七千年前，人类社会已经有了原始的农业，那时，人们对农业生产区域和驱养动物环境的选择，就可以视为最原始的、最简单的产业布局活动。但是，在 18 世纪以前，农业和手工业在社会生产中占主导地位，此时，由于社会的产业结构比较简单，人们对生产布局及其在空间上的合理组织等问题的认识也处于零星、分散的状态，难以形成系统的产业布局理论。

19 世纪初开始陆续发生的三次产业革命，促进了资本主义生产力的迅速发展，使地区间的经济联系空前扩大，商品销售与原料地范围越来越大，同时，经济危机频繁爆发，如何合理布局产业已成为迫切需要回答的问题。为了避免盲目性和尽量减少失误，产业布局的实践要求有科学的理论作指导。

19 世纪初至 20 世纪中叶是古典区位理论的形成时期。最早从事这方面研究的是德国学者冯·杜能（Johann Heinrich Von Thunen）、韦伯（Alfred A.Weber）等。他们运用地租学说、比较成本学说等多个经济学研究成果创立了古典区位理论（location theory）。

（1）杜能的农业区位理论

杜能是 19 世纪初德国经济学家、经济活动空间模式的创始人。他在从事农业管理的基础上，对农业区位进行了研究。18 世纪末至 19 世纪初，英国、法国等国家已成功地走上了发展资本主义的道路，而德国仍是一个封建割据的农奴制国家，38 个邦国之间相互壁垒森严。如何发展农业，农业应怎样布局才能获取最大的利润？这是需要德国经济学家回答的问题。1826 年杜能撰写了名著《孤立国同农业和国民经济的关系》（简称《孤立国》）。他认为，在农业布局上，并不是哪个地方适合种什么就种什么，一块土地专门种植什么作物可以获得最大的利润，主要不是由自然条件决定的，农业的经营方式也不是任何地方越集中越好。他指出，在这方面起决定作用的是级差地租，首先是特定农场（或地块）距离城市（农产品消费市场）的远近。为此，他提出了著名的孤立国农业圈层理论。

首先，杜能在一系列假设条件的前提下，提出了一个利润与农业生产成本、农产品的市场价格、运费关系的公式：

$$P=V-(E+T) \tag{4-4}$$

杜能认为，在什么地方种植何种作物最有利完全取决于利润（P），而利润（P）是由农产品的市场价格（V）、农业生产成本（E）、运费（T）三个因素决定的。

利用这一公式，杜能计算了各种农作物合理的种植界限，设计了孤立国六层农作圈：第一圈层为自由农业圈，这一圈层距中心城市最近，是土地利用集约化最高，也是收益最高的地带，主要生产鲜菜、牛奶；第二圈层为林业圈，主要生产木材，解决当时城市居民所需的燃料；第三圈层为轮作农业圈，主要生产谷物，这一圈层的收益次于前两个地带；第四圈层为谷草农作圈，主要生产谷物、畜产品，以谷物为重点，该圈层是各圈层面积最大的，属粗放农牧业；第五圈层为三圃农作圈，即 1/3 土地种燕麦，1/3 土地种稞麦，1/3 土地休闲，主要生产谷物、畜牧产品，以畜牧为重点；第六层是畜牧圈，大量土地用来放牧和种植牧草，属极端粗放畜牧业。杜能认为，由城市向外延伸的距离只能达到 250 英里（1 英里≈1.61 km），再往外是荒野。

尽管杜能的理论还存在一些缺陷，如忽视了业生产的自然条件，没有研究其他产业的布局，但其贡献是不朽的。在其之后的一些经济学家给他以很高的评价，因为他的农业区位论给后来的许多工业区位论的研究者以深刻的启发。杜能本人也因此被誉为产业布局学的鼻祖。

（2）韦伯的工业区位论

德国经济学家和社会学家阿尔弗雷德·韦伯是古典区位理论的杰出代表和奠基人，是工业布局理论的创始人。1909 年，韦伯在集前人研究成果的基础上撰写了《工业区位论——区位的纯理论》一书，1914 年又出版了《工业区位论——区位的一般理论及资本主义理论》一书，创立了系统的工业区位理论。

韦伯的工业区位论以完全竞争市场为假定，分析了工业区位分布的格局及其原因。工业区位论的基本框架是：采用孤立化的方法，先研究运费对工业布局的影响，然后逐步放松假设条件，研究劳动费与聚集因素对工业布局的影响。韦伯对运费和对工业布局影响的研究是在前人研究的基础上展开的。

首先，他接受了龙哈特提出的"区位三角形"概念，认为运费是对工业布局起决定作用的因素。他将龙哈特的区位三角形一般化为多边形，因为一个工厂往往不只有一个原料地和一个燃料地。他假定有 N 个原、燃料地，则工厂的最优区位必须满足的条件为：

$$\mathrm{Min}F = f\cdot\mathrm{Min}\left(\sum_{i=1}^{n}m_i r_i + r_k\right) \tag{4-5}$$

式中，F 为单位产品总运费；f 为运费率；m（$i=1$，…，n）为单位产品消耗的 i 原料、燃料质量；r 为 i 原料、燃料的运距；r_k 为产品运距。

其次，韦伯认为，劳动费和运费一样也是影响工业布局的重要因素。对于劳动费在生产成本中占很大比重或与运费相比较劳动费在成本中所占比重大一些的工业而言，运费最低点不一定是生产成本最低点，当存在一个劳动费最低点时，它同样会对工业区位施加影响。为了研究这种影响，韦伯提出了劳动费指数概念。最后，韦伯提出聚集所产生的规模经济效益也会对工业最优区位产生影响。规模经济效益的产生，首先是由于工厂规模的扩大所带来的利益的增长，其次是由于企业外部经济利益的增长。韦伯作为区位理论的奠基人，在产业布局学的发展历史上，第一个将工业区位理论系统化，提出了一系列概念、指标与准则，其后区位理论发展无不受其影响。

杜能与韦伯区位理论的产生是产业布局理论形成的标志。他们的思想与理论对 20 世纪 30 年代以来产业布局学的发展产生了极其深远的影响。

2．产业布局理论的发展

自产业布局理论形成后，随着自由资本主义向垄断资本主义时代的过渡，商品的实现成为企业经营者最头疼的问题，产业布局问题日益增多。实践不断对产业布局理论提出新的问题，使产业布局理论获得迅速发展。由于研究问题的角度不同，第三次产业革命与世界经济格局变化的影响，产业布局理论在进一步发展中形成了许多理论流派。主要有成本学派理论、市场学派理论、成本—市场学派理论、后起国家的产业布局理论和其他相关理论。

（1）成本学派理论

成本学派理论是最早的产业布局学派，它的理论核心是以生产成本最低点为准则来确定产业的最优区位。成本学派最早的代表人物是龙哈特，主要代表人物是韦伯，其后还有胡佛（E.Hoover）、赖利（W.Relly）等。

美国学者胡佛于 1931 年和 1948 年分别撰写了《区位理论与皮革制鞋业》和《经济活动的区位》两本书，重点对运输成本问题进行了考察。他提出运输成本由两部分构成：一是线路运营费用；二是站场费用。前者是距离的函数，后者则不一定。在此基础上他对韦伯的理论做了修改：①若企业用一种原料生产一种产品，在一个市场出售，且在原料与市场之间有直达运输，则企业布局在交通线路的起点或终点最佳，因在交通线路的中间设厂将增加站场费用。这就是胡佛的终点区位优于中间区位的理论。他认为这是大城市工业集中的重要原因之一。②如果原料地和市场之间无直达运输线，原料又是地方失重原料，则港口或其他运转点是最小运输成本区位。这就是运转点区位论。

赖利认为，胡佛的运转点区位论是他对工业区位论的一个重要贡献，对港口如何布局提供了理论依据。赖利对产品交换的价格政策对运输的影响进行了深入研究，区分出厂交货定价、按基点定价、统一交货定价 3 种价格政策对工业区位的不同影响。艾萨德等在韦伯工业区位论的基础上，排除了一些不切实际的假设，对运输指向的工业作了更详尽的分析。认为运费不仅取决于货物的质量和运距，还与货物本身的体积、易碎性、危险性等属性有关，并由此提出了不同于韦伯的区位多边形理论。

（2）市场学派理论

市场学派理论产生于垄断资本主义时代，其主要观点是：产业布局需要充分考虑市场因素，将企业布局在利润最大的区位；在竞争中，还需充分考虑到市场划分与市场网络合理结构安排。

研究市场划分的理论主要有 Shaffle 的空间相互作用理论[128]，Fetter 的贸易区边界区位理论[129]，Palander 的市场竞争区位理论[130]，Rawstron 的盈利边界理论[131]，Gee 的自由进入理论等[132]。其中空间相互作用理论和贸易区边界区位理论受到许多学者的关注。空间相互作用理论的基本原理是：任何两地之间都存在一定的相互作用关系，两地的市场间市场分界点为两地市场作用均衡点。贸易区边界区位理论的创立者费特尔认为，任何工业企业或者贸易中心，其竞争力都取决于销售量和消费者的数量与市场区域的大小。但最根本的是，运输费用和生产决定了企业竞争力的强弱。

研究市场网络合理结构安排的理论主要有德国地理学家克里斯塔勒（W.Chrstaller）

的中心地理论和德国经济学家廖什（A.Losch）的区位经济学。克里斯塔勒通过对德国南部城市和乡村集镇及其四周的农村服务区之间空间结构特征的研究，于1933年出版了《德国南部的中心地》一书，系统地阐明了中心地的数量、规模和分布模式，建立起中心地理论。该理论在城镇居民点体系和交通网的规划中得到成功的应用，受到国际上不少学者的高度评价。在此之后，致力于这方面研究比较有成就的有廖什、加里森（W.Carrison）、贝利（B.Berry）、哈格特（P.Haggett）等。

廖什对农业区位理论、工业区位理论与中心地理论的研究均有建树，于1940年出版了《区位经济学》。廖什主要是利用克里斯塔勒的中心地理论的框架，把商业服务业的市场区位理论发展为产业的市场区位理论，进而探讨了市场区位体系和经济景观，开创了产业布局理论研究的新领域区域产业布局，成为区位论市场学派的奠基人。

（3）成本—市场学派理论

成本—市场学派的理论核心是关注成本与市场的相互关系，它是在成本学派与市场学派的基础上形成的，主张通过综合分析区位因素确定合理的生产区位。主要代表人物有艾萨德（W.Isard）、俄林（B.Ohlin）、弗农（R.Vernoon）等。

艾萨德是区域科学的创始人，区位理论是他早期学术生涯的一个重要领域，于1954年出版了《区位和空间经济》。艾萨德运用经济理论和数学方法在韦伯、克里斯塔勒和廖什等的研究基础上试图建立一般区位论。他从韦伯的成本理论出发，考虑到以前的区位理论不完全适用的情况，系统地提出了选择工业厂址的七大指向，即原料指向、市场指向、动力燃料指向、劳工供给指向、技术指向、资金供给指向和环境指向，并提出了著名的替代原则。通过对市场的分析，他还提出了竞争布局模式。

俄林于1933年出版了《区域间贸易和国际贸易》，对产业布局理论作出了杰出贡献。他对杜能、韦伯的理论进行了深入的研究，建立了一般区位论，并因此获得1977年诺贝尔经济学奖。他对原料分布、市场区位、运输能力与条件、价格、劳动力和资本的分布、规模经济、利息差别、商品和要素流动等许多因素进行了广泛的分析。俄林认为，运输方便的区域经济能够吸引大量的资本和劳动力，并成为重要市场，因而专门生产面向市场、规模经济优势明显和难以运输的产品，而运输不方便的地区则应专门生产易于运输、小规模生产可以获利的产品。俄林的一般区位理论包括要素禀赋学说、相互依存理论、区域专业化理论等。他在特殊区位论基础上引入区域价格差异理论所创立的一般区位论，开辟了西方区位理论新领域。

Vernon 在俄林理论的基础上提出了产品生命周期理论，对处于不同生命周期的产业布局进行了探讨[132]：①处于创新期的产业属于技术密集型产业，一般布局于科研信息与市场信息集中、人才较多、配套设施齐全、销售渠道畅通的发达城市。②处于成熟期的产业会从个别点向面上转移，出现波浪扩张效应。这是因为生产增加后技术开始转让，生产定型化使技术普及化，而大城市的土地、水电、劳动力的价格一般比较高。③衰退期的产业完全沦为劳动密集型产业，于是，从发达地区向落后地区转移。这一理论实际上已经提出了产业梯度转移理论的核心内容。

除上述 3 个学派以外，产业布局理论发展到 20 世纪中期还产生了行为学派、社会学派、历史学派和计量学派。行为学派的主要思想是把人的主观态度以及由此决定的人的行为当作影响产业布局的主要因素；社会学派的理论核心是强调政府干预区域经济的发展；历史学派的理论核心是强调空间区位发展的阶段性；计量学派的理论核心是强调定量研究的可能性和精确性。

（二）产业布局在旅游目的地研究中的应用

产业布局主要研究各种生产要素在一定空间区域内的配置，以及这种配置对国民经济发展的影响。构成产业布局的基本因素主要有自然因素、社会因素、集聚因素、人力资源因素、市场因素、运输因素等，其中生产要素的集聚效应是产业布局所要研究的主要基础和重点内容。产业布局理论主要包括区位理论、比较优势理论、核心-边缘理论、集聚理论以及城市空间理论等。基于集聚效益的区位理论是产业布局的基本核心。集聚效益是指由于生产要素、产品在特定区域空间内的集中和配套所产生的成本节约，以及由此产生的外部效应。为了实现集聚效益，需要政府制定规划和干预产业空间分布。

1．英文文献中的应用

国外对旅游产业布局的研究始于 20 世纪 60 年代，在研究旅游产业布局的过程中不仅对相关理论方面做了阐述，还将其应用到实践中。国外学者对旅游产业布局的研究成果可分为以下几个方面：

第一，区域旅游目的地规划和景区规划研究。例如，Fagence 从区域旅游规划的角度对影响旅游空间格局的因素进行研究，提出在区域旅游规划中首先要识别出区域内发展潜力的因素[134]；Peace 认为区域旅游开发要在研究影响区域旅游供给的五大空间要素的基础上，识别最具有开发潜力的旅游地以及完善旅游地的旅游开发结构等[135]；Dredge 构建了旅游目的地空间规划布局模式，并对旅游目的地系统分为单节点类型、多节点类型以及链状节点类型 3 种[136]。

第二，旅游者行为与地理空间分布的关系研究。例如，Miossee 和 Gormsen 从不同角度对旅游目的地的演变过程进行研究，并认为旅游者的行为与旅游者的地理空间分布有一定的联系[137,138]；Hilsand 和 Bitton 提出了"核心-边缘理论模型"，强调在旅游活动中旅游核心区对旅游边缘区的辐射带动作用[139,140]。

第三，旅游业空间布局模式的研究。例如，Pearce 探索出几种旅游空间布局模式，指出一些地区很少认识到其旅游地在空间上要与其他地区的旅游地一体化发展[141]；Pearce 深入研究了城市旅游空间一体化研究模式[142]；Andreas 探讨了区域旅游业布局的演变模式，认为旅游线路的变化会导致旅游市场和空间结构的变化[143]。

此外，国外学者还将产业布局的相关理论以及方法应用于具体案例中进行分析，例如，Smith 对加拿大 13 个城市的饭店的空间布局进行研究，为城市饭店的正确选址提供参考[144]；Judd 证实了城市旅游景点及旅游设施呈现出线状及簇状状态的空间分布特征[145]；Weaver 以加勒比海地区的特立尼达和多巴哥、安提瓜和巴布达地区为案例，探讨了核心区与边缘区之间的旅游关系[146]；Preston-Whyte 研究了南非海滨城市德班的旅游空间布局[147]；Li 运用 GIS 和网络分析方法以及对某乡村的位置、可访问性及对周边乡村地区的影响程度等评价指标，确定了韩国 43 个乡村的中心地区以及次级旅游中心地区，以便进行旅游综合管理[148]。

2. 中文文献中的应用

国内对旅游产业布局的研究最早是从地理学科和旅游资源学科延伸过来的，理论研究较少，缺乏一定的理论基础，尚未形成比较成熟的理论体系。20 世纪 90 年代，旅游产业空间布局是旅游产业结构的一个方面，代表性的观点较多，例如，罗明义在《现代旅游经济》中提出了旅游经济结构、旅游区域结构、旅游产业空间布局三个阶段[149]。管立刚等在《中国旅游地理》中涉及了旅游地的内部空间布局，界定和描述了旅游地内部空间布局的原则以及基本形式等[150]。90 年代末以来，旅游产业布局开始被学者作为独立的问题来考虑，旅游产业布局逐步从旅游产业结构中分离。例如，杨国良提出了影响旅游产业空间布局的主要因素以及在不同尺度上我国的旅游产业转移的趋势[151]。谢春山等阐述了旅游产业空间布局的动力机制并得出了我国未来旅游产业的空间布局发展趋势[152]。2008 年，樊信友在其论文中以九寨沟为例，运用区域及经济学相关理论观点，提出影响旅游产业布局的因素有区位条件、扩散及聚集机制以及关键的政府导向作用等[153]。

国内对旅游产业布局的实证研究较多，主要研究内容可分为以下几个方面：

第一，旅游产业布局模式的研究。例如，王忠诚借鉴相关区域经济发展理论，提出了长江三角洲地区的旅游产业的空间布局模式[154]；张立明在旅游产业布局的原则指导下提出了长江三峡库区的旅游产业布局的模式[155]；李瑞以河南省伏牛山旅游区为例，对其旅游产业空间集聚布局模式进行分析[156]。

第二，旅游产业布局的演变研究。例如，许春晓探讨了旅游产业布局演变的规律并分析了湖南省旅游业空间布局的演进历程[157]；汪德根以苏州市为例，分析了城市旅游空间结构演进过程以及优化过程[158]；李雪运用空间分析方法对青岛的旅游企业的空间布局演化特征进行分析[159]。

第三，旅游产业布局优化的研究。舒卫英在分析宁波市域旅游产业布局现状的基础上，提出了旅游产业布局优化的重点[160]；党睛睛根据大连市旅游资源的类型特征分布以及旅游业发展的现状，对大连市旅游业空间发展格局进行调整优化[161]；丁艳平基于传统产业布局理论，分析评价了山东半岛蓝色经济区旅游布局现状，在此基础上提出了其旅游产业布局优化的对策[162]。

目前，国内研究大多是采用具体问题具体分析的方式对个案进行研究，具有一定的实践意义，但仍是以定性研究为主，缺乏深入的定量分析。对旅游产业布局的研究是旅游业发展的必然趋势，由于旅游者的需求逐步增多，旅游产品的类型逐步多样化，旅游者对旅游地的选择也越来越多，旅游目的地的竞争越来越激烈。这就需要旅游目的地从旅游产业布局的角度考虑，对旅游产业要素的空间布局进行调整和优化，从而提高旅游目的地整体的吸引力和竞争力。

第五节　旅游目的地管理研究的理论基础

一、利益相关者理论

利益相关者理论主要研究社会各相关群体与企业的关系，最早形成于 20 世纪 60 年代的西方国家。利益相关者理论的提出是对传统的"股东至上"观点的挑战。它阐述了一种全新的公司治理模式和企业管理方式。与股东至上理论相比，利益相关者理论则认为"企业是所有的利益相关者之间的一系列多边契约"，即任何一个企业的生存和发展都离不开各个利益相关者的投入和参与，因此企业在决策和行为时都必须考虑到各个利益相关方的利益。

（一）利益相关者的内涵

最早对"利益相关者"进行明确定义的是美国斯坦福大学研究所，他们认为利益相关者就是那些对企业的生存起着不可缺少的支持作用的群体。而利益相关者理论的代表人物弗里曼（Freeman R.E.）在其《战略管理：一种利益相关者的方法》一书中将利益相关者解释为"能够影响一个组织的目标的实现，或者受到一个组织实现其目标的过程影响的所有个体和群体"。他进一步解释，利益相关者是指那些在公司中有利益或者具备索取权的个人或团体，包括供应商、客户、雇员、股东、所在的社区以及处于代理人地位的管理者。Carroll 则从狭义的角度阐述了利益相关者，他认为，利益相关者是那些企业与之互动并在企业里具有利益和权利的个人和群体[163]。陈宏辉等则更具体地从企业和利益相关者之间的互动关系角度出发，提出利益相关者是指那些在企业中进行了一定的专用性投资，并承担了一定风险的个体和群体，其活动能够影响企业目标的实现，或者在企业实现目标过程中受到影响[164]。

除了对利益相关者的定义众说纷纭，学术界对利益相关者的分类也是见解颇多。Freeman 和 Clarkson 等试图从定量的角度来对利益相关者进行分类，他们将利益相关者分成两个层级[165,166]。第一个层级的利益相关者指公司生存和持续发展不可缺少的人，通常有股东、投资者、供应商、员工、客户、政府和社区等。

第二层级的利益相关者指能影响企业或受到企业影响的人，包括媒体等在企业具有利益的人。这类划分方式主要根据利益相关者与企业关系的亲密程度。前者对企业的生存和发展至关重要，后者也会对企业产生影响，但这种影响是间接的而非攸关存亡的。除此之外，Post 等将利益相关者分为首要和次要两类[167]。首要利益相关者主要包括股东、债权人、员工、供应商、批发商和零售商等；次要利益相关者是指社会中受到企业的基本行为和重要决定直接影响或间接影响的个人及群体，涵盖社会公众、各级政府、社会团体及其他人群。一般情况下，利益相关者分为直接利益相关者和间接利益相关者两类。直接利益相关者界定为参与企业的日常经营活动的个体和群体，一般可以包括供应链上的供应、批发商、零售商以及相关的债权人、股东、员工、客户、竞争对手和合作伙伴等；间接利益相关者主要界定为受企业的基本行为和重要决定间接影响的个体和群体，通常认为社区、各级政府、媒体、社会团体和社会公众等是企业的间接利益相关者。需要注意的是，直接利益相关者和间接利益相关者在许多情况下存在交叉，而且在不同的情境下，对于不同的企业主体而言，直接利益相关者和间接利益相关者会有所不同。

（二）利益相关者理论的基本思想

自利益相关者理论产生以后，许多学者对其进行完善，实现了从利益相关者影响到利益相关者参与的转变。其中分为三个发展阶段：首先，利益相关者影响企业生存阶段；其次，利益相关者影响公司的经营活动或公司的经营活动能够影响他们，即利益相关者实施战略管理阶段；最后，从对企业的专用性资产的角度来考虑利益相关者，让利益相关者参与企业所有权分配。总体来看，利益相关者的基本思想大致如下。

1. 企业是由多个相关利益者所构成的"契约联合体"

利益相关者理论认为，企业既不是新古典主义经济学所强调的是一个投入—产出的"黑箱"，也不完全是以科斯为代表的新制度主义经济学所指出的是一组契约，是物质资本所有者通过权威来行使对经理人员和员工的契约关系。他们从"企业是一组契约"这个基本论断出发，认为企业是所有利益相关者之间的一系列多边契约联合体，其目的不是追求企业的所有者利润最大化，而是为所有的利益相关者和社会有效地创造财富。企业往往通过执行各种显性契约和隐性契约来规范利益相关者的责任和义务。由于每一个利益相关者都对企业进行了不同的投入，因此每个利益相关者都有平等的谈判权和退出权，并分享企业的剩余索取权与剩余控制权。但是在剩余索取权和剩余控制权分布方式上，主流企业强调集中且对称分布于物质资本所有者之中，而利益相关者理论认为，应非均衡地分散、对称分布于企业的物质资本和人力资本所有者之中。

2. 利益相关者是企业的所有者，拥有企业的所有权

在谁是企业的所有者、谁拥有企业的所有权这个问题上，传统的股东至上论认为，股东向公司投入了物质资本，理应就是企业的所有者，享受企业的剩余控制权和索取权，即拥有企业。然而，利益相关者理论对此持相反意见，认为利益相关者才是企业的所有者，拥有企业的所有权。多纳德逊和彼特森指出：公司本质上是一种受多种市场影响的企业实体，而不应该是由股东主导的企业组织制度；考虑到债权人、管理者和员工等许多为公司贡献出特殊资源的参与者，股东并不是公司唯一的所有者。布莱尔据此进一步认为，公司的资本不仅来自股东，而且来自公司的雇员、供应商、债权人和客户，这些主体提供的不是物质资本，而是一种特殊的人力资本，既然这些主体向企业进行了专用性投资，必然应该享有企业的剩余控制权和剩余索取权，即企业所有权。况且，股东并不一定比利益相关者更关注企业，因为股东可以通过证券组合方式降低风险，进而降低激励股东密切关注公司生产的动力。

基于上述判断，利益相关者理论认为，任何一个公司的发展都离不开各种利益相关者的投入与参与，企业追求的不仅仅是某个主体的利益，而应是利益相关者的整体利益。前美国证券交易委员会委员沃曼（Wallman）曾指出：尽管董事会应该最大化股东财富的观点已经在学术界很盛行，但这一观点却并非是一个对美国公司法律的精确描述。法律应该准许董事们在形成企业战略的决策判断时，除了考虑股东的利益，还要考虑其他相关者的利益要求。克拉克逊认为：传统上，是否仅满足公司的一个利益相关者——股东的要求，并是否为之创造了最多的财富是衡量一个公司是否成功的方法，这种单一的方法已经被证明只会弄巧成拙，公司的经济目标和社会目标就是为其所有的主要利益相关者创造财富和价值，并在他们中分配新增的财富和价值，而不能以某些相关者的利益为代价而厚此

薄彼。

3. 劳动雇佣资本而不是资本雇佣劳动

在劳动与资本谁优先的问题上，主流企业理论认为，由于非人力资本与其所有者的可分离性，以及人力资本不具有抵押功能而且对企业的贡献很难度量，因此，主张资本雇佣劳动，并认为这是一种能够保证只有合格的人才会被选作企业家的机制。利益相关者理论对此却持相反观点。他们认为，劳动雇佣资本而不是资本雇佣劳动，它是最优的所有权安排。一方面，随着人力资本表现形式的多样化以及证券化，其与企业之间的紧密关系不断弱化，间接地将人力资本推向企业风险的承担者；另一方面，一般来说，在企业里面，谁拥有最有价值的资源，谁就拥有最重要的谈判砝码。这种砝码就成为企业资源的控制力。在人力资源成为企业核心价值的时代，他们在企业治理结构中扮演的角色也越来越重要，因而劳动抛弃资本的现象也可能发生。

4. 共同治理：利益相关者利益的保障机制

主流企业理论把企业的内部治理结构简单化为股东与管理人之间的委托代理关系，这种治理模式更多地倾向于保护股东的利益而忽视了其他人员的合理利益诉求。因而，在利益相关者理论看来，这种治理模式不合乎企业的现状和发展趋势，实质是一种股东利益导向模式，因而主张通过共同治理来实现各利益相关者的根本合法利益。如胡鞍钢教授所言，无论是我们需要广泛参与的改革，还是社会保障体制改革，都应该让所有的利益相关者参与。既参与改革的设计，也参与改革的评估，让他们享有平等的参与权，参与的过程就是信息披露的过程，也是各种利益表达的过程，更是各方妥协的过程。杨瑞龙教授认为，构建共同治理的利益保障机制具有一定的逻辑基础。这种基础来自企业各利益相关者相互之间缔结的"契约网"，其目的是获取单位个人生产无法获得的合作收益。而要贯彻这种合作逻辑，就必须让每个产权主体都有参与企业所有权分配的机会。因此，所谓共同治理就是强调利益相关者之间决策的共同参与与监督的相互制约。通俗地说，就是指公司最高权力机构应该由利益相关者选举产生，而且董事会、监理会中要有股东以外的利益相关者的代表（如工人代表、银行代表等）。

（三）利益相关者理论在旅游目的地研究中的应用

1. 在英文文献中的应用

利益相关者理论起源于 20 世纪 60 年代欧美国家和地区在管理外部公司时所采用的管理模式，旨在研究维持股东利益和社会责任之间平衡的方法。在 80 年代被引入旅游领域，目的是通过对旅游领域利益相关者的界定、利益诉求、演化博弈等方面的研究，促进旅游业的健康和可持续发展。对于利益相关者的定义，国外学者主要将其分为广义和狭义两个方面，广义的"利益相关者"定义一般秉承 Freeman 的经典定义的基本思想，将"任何能影响组织目标实现或被该目标影响的群体或个人"纳入利益相关者的范畴；Freeman 指出，一个旅游目的地中包含各种利益相关者，主要有当地居民、旅游者、旅游企业、政府部门、其他利益集团五大类[168]。狭义的定义则沿袭了斯坦福研究中心对利益相关者界定的基本精神，认为只有在企业中投入了专业性资产的人或团体才是利益相关者。在旅游目的地研究中，学者们将"旅游利益相关者"作为"利益相关者"理论的分支，带有显著的应用性质，因此，并没有过多地纠缠于"旅游利益相关者"这一概念在理论层面上的探讨，大多套用了 Freeman 的经典广义定义。

利益相关者的界定是将利益相关者理论运用到旅游领域的基础，不同类型的旅游组织或旅游地对利益相关者的界定不尽相同，而且以不同的行为主体为中心会涉及不同的利益相关者。例如，Sautter 等根据 Freeman 的利益相关者图谱勾勒出一幅以旅游规划者为中心的 8 个利益相关者组成的图谱[169]。Bramwell 等提出目的地在制定旅游发展规划时需要利益相关者的共同参与及合作并在此基础上构建了一个评判目的地旅游发展规划是否合理的利益相关者系统分析框架[170]。Ryan 则给出了旅游经营者在旅游开发经营活动过程中可能涉及的利益相关者基本图谱[171]。Sheehan 等运用问卷调查以实证方式对北美在旅游目的地的 CEO 进行了调查，从 32 个列举出的利益相关者中选出目的管理组织的 12 个核心利益相关者[172]。

在旅游目的地中，利益相关者之间的关系错综复杂，往往表现为立体多维结构中的某种动态、正式或非正式关系。国外学者率先引入新的方法和视角——社会网络分析，对利益相关者理论在旅游目的地研究中的应用进行了深入探讨。例如，Timur 基于"中心性""孤立点"等网络特征，比较不同旅游目的地的利益相关者关系结构差异[173]；Scott 等通过社会网络分析比较不同旅游区域利益相关者关系的凝聚性[174]。Arnaboldia 等敏锐地洞察到了利益相关者之间的互动性和其间关系的微观动态性，他们运用社会网络理论，以意大利某旅游地的旅游与文化融合为例，通过确定利益相关者、构建利益相关者关系和强化利益相关者之间的关系，示范了一种新的利益相关者管理方式[175]。由此可见，国外学者对利益相关者理论的关注，以及社会网络这一新的研究范式的引入，为旅游利益相关者关系和旅游目的地利益相关者研究的开展提供了新的"思想的种子"，具有开创性意义。

2. 在中文文献中的应用

随着国内旅游业的快速发展，旅游形式不断更新，文化旅游、生态旅游、乡村旅游等新型旅游形式的高质量和可持续发展是旅游业发展的必然要求，而利益相关者作为旅游活动的参与者，其相互之间关系和利益诉求的协调与否，则直接决定着旅游业能否稳定和可持续发展。在我国旅游目的地的相关研究中，对目的地利益相关者进行研究相对较晚。直到 2000 年，保继刚等在旅游目的地规划中最早引入了"利益相关者"概念，这意味着，在旅游目的地领域，人们直到 21 世纪才真正开始涉及利益相关者这一研究课题。

国内现阶段的研究成果主要是将利益相关者理论与乡村旅游、生态旅游、遗产地旅游 3 个研究主题相结合。例如，基于利益相关者理论，以关键利益主体为研究对象，分析各利益主体在乡村旅游目的地开发中的具体作用，试图构建"四位一体"的发展模式，开发适合的乡村旅游产品[176]；从构建利益位阶表这个角度，以利益相关者对乡村旅游的影响力、被影响力、投入、收益为利益衡量指标，对各利益相关者进行利益位阶测度及利益关系平衡分析[177]。方怀龙等通过采用问卷调查和实地调查结合的方法对全国 120 个林业国家级保护区进行调研，找出保护区生态旅游中利益矛盾存在的情况，并分析出造成利益矛盾的主要原因，提出了相应解决对策[178]。张玉钧等通过文献研究、访谈和问卷调查等方式，确定了仙居国家公园公盂园区生态旅游利益相关者，并基于马斯洛需求层次理论对利益相关者之间的协作关系进行研究，提出了仙居国家公园生态旅游发展的最优路径[179]。胡北明等根据专家评分法和管理目标二维划分法界定了我国遗产旅游地的主要利益相关者，并基于不同管理目标分析了利益相关者的不同诉求变化，从而提出管理制度的设计应随着利益诉求的变化而变化[180]。

不同利益相关者之间因旅游活动而产生联系，形成一个多元关联、纵横交错的关系网络；对于这些复杂的网络关系结构，传统的利益相关者二元分析范式显得力不从心[181]。根据早期国外学者引入的社会网络分析法，一些国内学者也开始使用该方法来研究特定旅游目的地的利益相关者关系。王素洁和李想基于网络中心性、结构洞和网络密度3个测量指标，分析乡村旅游地决策网络中不同利益相关者的影响力以及利益相关者之间关系的紧密程度。吴志才同样根据这3个指标来分析潮州古城的旅游规划决策网络[182]。时少华等以云南元阳哈尼梯田为例，研究遗产地旅游发展过程中当地政府机构、当地企业、当地社区、压力集团四大利益集团内部以及利益集团之间关系的紧密程度、互惠性、传递性、等级性及代理性[183]。总的来看，关于国内利益相关者理论在旅游目的地方面的研究成果日益丰富，呈现稳定发展态势；并且有关旅游目的地利益相关者关系的研究，不再局限于二元关系分析，而是更多地采用社会网络分析范式[184]。

二、区域竞争力理论

（一）理论思想

目前，最具有代表性、最权威的区域竞争力理论模型有两个：一个是迈克尔·波特提出的"钻石模型"；另一个是瑞士洛桑国际管理发展学院（IMD）的国家竞争力模型。我国关于区域竞争力的研究始于20世纪90年代中期，并形成了一些研究成果，其中具有代表性的主要有王秉安的区域竞争力模型、倪鹏飞的弓弦箭模型和中国人民大学竞争力评价与研究中心的"三力体系"模型。

1. 波特的钻石模型

波特认为，一国经济发展以及国际竞争力水平，并非只与政治环境和宏观经济条件相关，微观经济基础也起着重要的作用。一个国家的竞争力集中体现在其产业在国际市场中的竞争表现，而一国的特定产业能否在国际竞争中取胜，取决于要素状况，需求状况，相关和支撑产业，企业战略、结构与竞争四个因素。此外，政府的作用以及机遇因素也具有相当大的影响力。这六大要素构成了著名的

"钻石模型"（图 4-4）。波特特别强调，若要发挥国家竞争优势，必须先善用上述四大关键要素，加上机遇、政府角色，彼此互动。通过这些关键要素，可以评估国家环境对产业竞争产生的可能效果，它们会引导企业创造并保持本身的竞争优势。"钻石模型"体系中的每个关键要素都是互相依赖的，因为任何一项的效果都建立在其他条件的配合上。

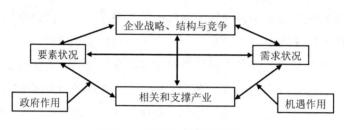

图 4-4　波特的"钻石模型"

引自：[美]迈克尔·波特. 国家竞争优势（下）[M]. 李明轩，邱如美译. 北京，中信出版社，2012。

波特的模型在宏观和微观层面之间架起了一座桥梁，它通过对影响产业竞争力的六大因素进行深入剖析的基础上，得出对产业竞争力的整体评价，从而最终完成了对国家竞争力的最后判断。同样，具体到区域范围，由于经济是由产业构成的，产业结构的合理程度、效率的优劣、技术水平的高低等直接关系区域的整体发展，因此，产业竞争力也必然是区域竞争力的核心之一。

2. IMD 的国家竞争力模型

IMD 的模型以国家竞争力作为直接研究对象，目的是探讨世界部分国家（或地区）的竞争力排序。IMD 认为，国家竞争力核心是企业竞争力，即国家内企业创造增加值的能力，而企业的竞争力的大小又体现在国家环境对于企业营运的有利或不利影响程度，二者相互作用，相互补充，共同以持续发展作为取向。这一模型几经完善，发展比较成熟。

（1）早期的 IMD 国家竞争力模型（2001 年以前）

IMD 在 2001 年以前选择了企业管理、经济实力、科学技术、国民素质、政府管理、国际化度、基础设施、金融体系八个方面的构成要素予以评价，而这八个构成要素又取决于四大环境要素，即本土化与全球化、吸引力与扩张力、资产与过程、冒险与和谐四组因素的相对组合关系（图 4-5）。

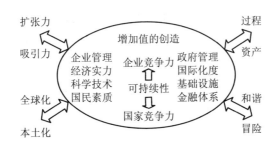

图4-5　早期的 IMD 国家竞争力模型

引自：张秀生. 区域经济学[M]. 武汉：武汉大学出版社，2007。

（2）现行的 IMD 国家竞争力模型（2001 年以后）

2001 年，IMD 对模型作了较大的调整，用四个要素（经济表现、政府效率、企业效率、基础设施）替代了原先的八个要素。每个要素又各自包括五个子要素，经济表现的子要素为：经济实力、国际贸易、国际投资、就业、物价；政府效率的子要素为：公共财政、财政政策、机构框架、商务法规、社会框架；企业效率的子要素为：生产力、劳务市场、金融、管理实践、态度与价值；基础设施的子要素为：基础性基础设施、技术性基础设施、科学性基础设施、健康与环境、教育。

IMD 区域竞争力模型，从国家竞争力与企业竞争力的相互关系出发，认为国家竞争力的核心在于国家内企业创造增加值的能力，即企业竞争力；而企业是否具有竞争力，则是从国家对企业营运能力的有利或不利影响来分析。企业作为市场经济的主体，是产业活动的载体和基石，因此，企业竞争力应是区域竞争力的核心内容之一，而构成企业竞争力内涵的那些构成因素经过适度的调整也相应成为区域竞争力模型的重要组成部分。

3. 王秉安的区域竞争力模型

王秉安等从区域竞争力定义（大区域中资源优化配置能力）出发，以分析一个国家内区域的竞争力为对象，在 IMD 模型的基础上将波特产业竞争力概念吸纳进来，提出了直接—间接竞争力模型（图4-6）。该模型认为，区域竞争力由 3 个直接竞争力因素（产业竞争力、企业竞争力和涉外竞争力）和支撑它们的 4 个间接竞争力因素（经济综合实力竞争力、基础设施竞争力、国民素质竞争力和科技发展竞争力）两个层次构成。直接竞争力因素是指直接影响、表征区域竞争力的因素，产业竞争力、企业竞争力和涉外竞争力这三个方面相互作用、相互影响，共同构成的有机整体就表现为区域竞争力；间接竞争力因素是指间接影响区域竞争力的因素，经济综合实力竞争力、基础设施竞争力、国民素质竞争力和科技发展竞争力四个方面是相互作用、相互影响的主动关系，它们共同构成直接竞争力的依托，其中，经济综合实力竞争力和基础设施竞争力更体现为近期的支撑性竞争力国民素质竞争力与科技发展竞争力则更体现为长期的支撑性竞争力。直接竞争力起着直接的决定性作用，间接竞争力则要通过直接竞争力才能凝结成区域竞争力。

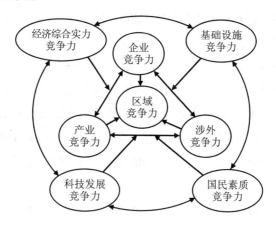

图 4-6　直接—间接竞争力模型

引自：王秉安，等. 区域竞争力理论与实证[M]. 北京：航空工业出版社，2000。

（二）区域竞争力理论在旅游目的地研究中的应用

1993 年，Crouch 和 Ritchie 根据波特钻石模型，历经 8 年，经过 7 个阶段完成了旅游目的地竞争力的概念性模型。该模型主要以旅游目的地的生态可持续发展为核心概念，试图建构适用于所有旅游目的地竞争力评价的概念性模型，但该模型至今仍不断修正，最新的版本为 Crouch 等于 2003 年修订出来，如图 4-7 所示[185]。

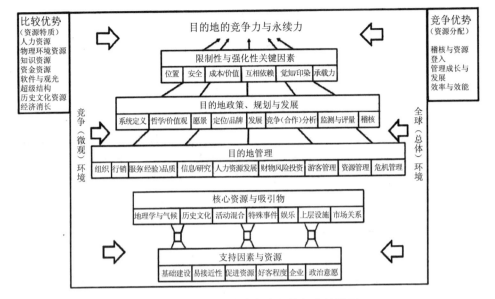

图 4-7　旅游目的地竞争力评价概念性模型

2003 年，在 Crouch 等构建模型的基础上，Dwyer 等以澳洲和韩国 14 个旅游产业相关利益者实证得出影响旅游目的地竞争力的影响因素分别为[186]：自然天赋资源、支持性资源、创造性资源、环境条件、旅游目的地管理与市场需求情况，其下又细分为影响因素与评价指标，如图 4-8 所示，包含八大构面、29 个影响因素与158 个评价指标。

三、可持续发展理论

可持续发展理论是针对日益严重的世界性环境问题而提出的。可持续发展是在满足当代人需要的同时，不损害人类后代满足其自身发展需要的能力。这是21 世纪的全球重要战略，对旅游目的地开发、规划与管理有重大指导作用。

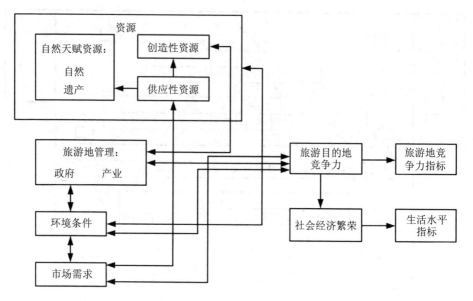

图 4-8　Dwyer 和 Kim 旅游目的地竞争力评价模型

（一）理论思想

可持续发展的关键在于正确认识人与自然和"人与人"的关系，要求人类以高度的智力水准与泛爱的责任感，去规范自己的行为，去创造和谐的世界。在空间上遵守区域间互利互补的原则，在时间上遵守"只有一个地球""人与自然和谐统一""平等发展权利""共建共享"等原则，承认世界各地发展的多样性，以体现高效和谐、循环再生、协调有序、运行平稳的良性状态。可持续发展要遵循三个基本原则：公平性原则（fairness）；持续性原则（sustainability）；共同性原则（common）。其理论含义体现在三个方面：

第一，可持续发展要以保护自然资源和环境为基础，同资源与环境的承载力相协调，发展与保护紧密联系，资源的永续性利用与环境保护程度是区分传统发展与可持续发展的分水岭。

第二，可持续发展要以改善和提高人类生活质量为目的，与社会进步相适应。可持续发展的核心是人的全面发展，这是一个全面的文化演进过程，需要深刻的社会变革。

第三，可持续发展思想是一种全新的价值观念，完整的可持续性发展包括生态、经济、社会三个方面。生态可持续性是维持资源的自然过程，保护生态系统的生产力和功能，维护自然资源基础和环境；经济可持续性是保证稳定的增长，尤其是迅速提高发展中国家的人均收入，同时用经济手段管理资源和环境；社会可持续性是长期满足社会的基本需要，保证资源的分配在各代人之间和同代人之间实现社会公平。它们涉及人的要求、人的感应、人的行为、人的发展等方面。

（二）可持续发展理论在旅游研究中的应用

可持续发展理论被引入旅游领域后，并形成了旅游可持续发展思想。旅游可持续发展是对全人类可持续发展行动方略的响应之一。旅游可持续发展是在保持和增强未来发展机会的同时，满足目前游客和旅游地居民需要的发展其目的有5个，即增进人们对旅游带来的经济效应和环境效应的理解；促进旅游的公平发展；改善旅游接待地居民的生活质量；为旅游者提供高质量的旅游经历；保护未来旅游开发赖以生存的环境质量。

学术研讨题

1. 阐述理论基础对科学研究的价值和意义。
2. 阐述旅游目的地概念阐释的理论基础。
3. 阐述旅游目的地开发研究的理论基础。
4. 阐述旅游目的地管理研究的理论基础。
5. 阐述旅游目的地规划研究的理论基础。

推荐阅读文献

（1）苗长虹. 区域发展理论：回顾与展望[J]. 地理科学进展，1999（4）：296-305.

（2）诺斯. 制度、制度变迁与经济绩效[M]. 刘守英，译. 上海：三联书店，1994.

（3）范中桥. 地域分异规律初探[J]. 哈尔滨师范大学自然科学学报，2004，20（5）：106-109.

（4）李小建. 经济地理学[M]. 北京：高等教育出版社，1999.

（5）崔工豪，魏清泉，陈宗兴. 区域分析与规划[M]. 北京：高等教育出版社，1999.

（6）麦克·J. 斯特布勒，安德烈亚斯·帕帕西奥多勒，西娅·辛克莱，等. 旅游经济学[M]. 2 版. 林虹译. 北京：商务印书馆，2017.

（7）明庆忠. 旅游地规划[M]. 北京：科学出版社，2003.

（8）吴必虎. 区域旅游规划原理[M]. 北京：中国旅游出版社，2001.

（9）张秀生. 区域经济学[M]. 武汉：武汉大学出版社，2007.

（10）谢地. 产业组织经济学[M]. 长春：吉林大学出版社，1998.

（11）马谊妮，姜芹春. 休闲旅游与休闲型旅游目的地研究[M]. 昆明：云南大学出版社，2013.

（12）霍定文. 旅游目的地竞争力评价[D]. 厦门：厦门大学，2019.

主要参考文献

[1] Clark C. Conditions of Economic Progress[M]. London：Macmillan and Co.，1937.

[2] Fisher A. G. B. The Clash of Progress and Security[M]. London：Macmillan and Co.，1935.

[3] Hoover E. M.，Fisher J. Studies in Economic Development[J]. Harvard University Press，1949.

[4] Rostow W. W. The Stages of Economic Growth：A Non-Communist Manifesto[M]. Cambridge University Press，1960.

[5] Friedmann J. Regional development policy：a case study of Venezuela[M]. Cambridge，Mass. and London：MITPress，1966.

[6] 苗长虹. 区域发展理论：回顾与展望[J]. 地理科学进展，1999（4）：296-305.

[7] Williamson J G. Regional inequalities and the process of national development[J]. Economic Development and Cultural Change，1965（13）：1-84.

[8] Perroux F. Note sur la notion de pole de croissance[J]. Economie Appliquee，1955，7（2）：307-320.

[9] Myrdal G. Economic theory and underdeveloped regions[M]. London：Duckworth，1957.

[10] Kaldor N. Capital accumulation and economic growth[J]. The Economic Journal，1957，67（268）：491-516.

[11] Hirschman A O. The strategy of economic development[M]. New Haven：Yale University Press，1958.

[12] Harvey D. Regional development and the spatial division of labor：The geography of capitalism[J]. Regional Studies，1978，12（3）：233-244.

[13] Massey D. Spatial divisions of labor：Social structures and the geography of production[M]. London：Macmillan，1984.

[14] Smith A. Industrial location：An evolutionary approach[M]. Oxford：Blackwell，1987.

[15] Krugman P. Geography and Trade[M]. Cambridge MA：MIT Prcs，1991.

[16] 陈传康. 区域综合开发的理论与案例[M]. 北京：科学出版社，1998.

[17] 彭华. 旅游发展驱动机制及动力模型探析[J]. 旅游学刊，1999（6）：39-44.

[18] 周云波，刘淑敏. 中国国际旅游业的区域非均衡增长[J]. 桂林旅游高等专科学学校学报，1999，10（4）：43-47.

[19] 道库恰耶夫. V. V. 关于自然地带的学说[M]. 北京：科学出版社，1958.

[20] 道库恰耶夫. V. V. 土壤的自然地带[M]. 北京：科学出版社，1958.

[21] 范中桥. 地域分异规律初探[J]. 哈尔滨师范大学自然科学学报，2004（5）：106-109.

[22] 李永文. 中国旅游资源地域分异规律及其开发研究[J]. 旅游学刊，1995（2）：45-48，60.

[23] Bertalanphy L. von. All gemeine System theorie[J]. Blätter für Deutsche Philosophie，1937.

[24] Bertalanphy L. von. General System Theory：Foundations，Development，Applications[M]. New York：Braziller，1968.

[25] 林康义，魏宏森，等. 一般系统理论基础、发展和应用[M]. 北京：清华大学出版社，1987.

[26] Leiper N. The framework of tourism：Towards a definition of tourism，tourist，and the tourist industry[J]. Annals of Tourism Research，1979，6（4）：365-372.

[27] Mathieson A.，Wall G. Tourism：Economic，Physical and Social Impacts[M]. Harlow：Longman，1982.

[28] Murphy P. Tourism：A Community Approach[M]. New York：McGraw-Hill，1985.

[29] McKercher B. A model of tourism liminality：Exploring the out-of-the-ordinary[J]. Tourism Studies，1996，2（2）：159-168.

[30] Jafari J. Tourism as a field of study[J]. Annals of Tourism Research，1992，19（1）：1-7.

[31] Gunn C. Vacationscape：Designing Tourist Regions[M]. Washington，D.C.: Taylor & Francis，1988.

[32] 陈安泽，卢云亭. 旅地学概论[M]. 北京：北京大学出版社，1991.

[33] 杨新军，刘家明. 论旅游功能系统——市场导向下旅游规划目标分析[J]. 地理学与国土研究，1998，（1）：60-63.

[34] 杨新军，窦文章. 旅游功能系统：结构与要素分析[J]. 人文地理，1998（2）：37-41，57.

[35] 保继刚. 旅游系统研究——以北京市为例[D]. 北京：北京大学，1986.

[36] 陈仙波. 旅游管理体制改革的系统工程原理[J]. 商业经济与管理，1988（1）：75-78.

[37] 关发兰. 区域旅游系统网络结构分析与网络优化设计——以四川省为例[C]//中国地理学会，青岛大学，北京第二外国语学院. 旅游开发与旅游地理. 中国科学院地理研究所，1989：11.

[38] 孙多勇，王银生. 旅游经济系统的发展战略研究[J]. 系统工程，1990（2）：66-72.

[39] 吴必虎. 旅游系统：对旅游活动与旅游科学的一种解释[J]. 旅游学刊，1998（1）：20-24.

[40] 吴人韦. 旅游系统的结构与功能[J]. 城市规划汇刊，1999（6）：19-21，39-79.

[41] 刘峰. 旅游系统规划——一种旅游规划新思路[J]. 地理学与国土研究，1999（1）：57-61.

[42] 王仰麟，陈传康. 论景观生态学在观光农业规划设计中的应用[J]. 地理学报，1998（S1）：21-27.

[43] 沙润，吴江. 城乡交错带旅游景观生态设计初步研究[J]. 地理学与国土研究，1996（5）.

[44] 吕拉昌. 文化生态学与民族区域开发[J]. 地理学与国土研究，1995（4）：56-59.

[45] 祁黄雄，林伟立. 景观生态学在旅游规划中的应用[J]. 人文地理，1999，14（14）：22-26.

[46] 俞孔坚，叶正，李迪华，等. 论城市景观生态过程与格局的连续性——以中山市为例[J]. 城市规划，1998（4）：13-16，62.

[47] 王仰麟，陈传康. 论景观生态学在观光农业规划设计中的应用[J]. 地理学报，1998（S1）：21-27.

[48] 刘家明. 旅游度假区的景观生态设计研究[D]. 北京：北京大学，1999.

[49] Christaller W. Some considerations of tourism location in Europe：The peripheral regions - underdevelopment or specifically distinct development? [J]. Papers of the Regional Science Association，1964，13（1）：95-105.

[50] Lundgren S. A model of spatial tourism destination[J]. Canadian Geographer，1973，17（3）：249-263.

[51] Miossec J. Tourism and the space economy：Theses on methodology[J]. Annals of Tourism Research，1976，3（1）：36-44.

[52] Gormsen I. The evolution of tourism destinations[J]. Journal of Travel Research，1981，20（1）：3-7.

[53] 楚义芳. 旅游的空间经济分析[M]. 西安：陕西人民出版社，1992：29-32.

[54] Hills T. L.，Lundgren S. The impact of tourism in the Caribbean：A methodological study[J]. Annals of Tourism Research，1977，4（5）：248-267.

[55] Weaver D. B. Core-periphery relations and the sustainability of island tourism destinations：The case of Trinidad and Tobago[J]. Journal of Sustainable Tourism，1998，6（1）：47-65.

[56] Wall G. Tourism and peripheral areas：The case of Bornholm，Denmark[J]. Progress in Planning，1998，49（3）：187-231.

[57] 陆大道. 我国区域开发的宏观战略[J]. 地理学报，1987（2）：97-105.

[58] 陆大道. 论区域的最佳结构与最佳发展——提出"点-轴系统"和"T"型结构以来的回顾与再分析[J]. 地理学报，2001（2）：127-135.

[59] 陆大道. 关于"点-轴"空间结构系统的形成机理分析[J]. 地理科学，2002（1）：1-6.

[60] 石培基，李国柱. 点—轴系统理论在我国西北地区旅游开发中的运用[J]. 地理与地理信息科学，2003（5）：91-95.

[61] 常正义，王兴中. 德国南部的中心地原理[M]. 北京：商务印书馆，2010.

[62] 白光润. 现代地理科学导论[M]. 上海：华东师范大学出版社，2003.

[63] 陈吉环. 中心地方论在旅游资源开发中的应用——大西南旅游资源开发设想[J]. 旅游学刊，1987（2）：39-45.

[64] 林刚. 试论旅游地的中心结构——以桂东北地区为例[J]. 经济地理，1996，（2）：105-109，111.

[65] 刘伟强. 北京旅馆业的时空结构解析[J]. 旅游学刊，1998（6）：46-50，59.

[66] 谢彦君，陈元泰. 锦州市国内旅游的客源分布模式[J]. 旅游学刊，1993（4）：48-50.

[67] 骆静珊，陶犁. 利用区位优势发挥昆明旅游中心城市功能[J]. 旅游学刊，1993（6）：26-29，60.

[68] 李晓东，孟令娟，白洋，等. 新疆旅游中心地等级体系初构[J]. 干旱区地理，2011，34（2）：331-336.

[69] Duan Y.Humanistic geography[J].Annals of the Association of American Geographers，1976（66）：266-276.

[70] Duan Y.Topophilia—a study of environment perception，Attitudes and Values［M］.New Jersey：Englewood Cliffs，1974：235.

[71] 段义孚. 经验透视中的空间与地方[M]. 北京：中国人民大学出版社，2017.

[72] 雷尔夫. 地方与无地方[M]. 北京：商务印书馆，2021.

[73] Lynch K. A. The Image of the City[M]. Cambridge：MIT Press，1960.

[74] Williams D. R.，Roggenbuck J. W. Measuring Place Attachment：Some Preliminary Results[A]. In：Symposium on Leisure Research[C]. Society of Park and Recreation Educators，1989.

[75] Breakwell G M.Processes of self-evaluation：efficacy and estrangement[A].In：G.M.Breakwell，Ed.，Social Psychology of Identity and the Self-concept[C].Surrey：Surrey University Press，1992.

[76] Gussentafsen P. Place attachment[J]. Landscape and Urban Planning，2001，54（1-2）：16-36.

[77] Sixsmith J. The meaning of home：An exploratory study of environmental experience[J]. Journal of Environmental Psychology，1986，6（1）：37-56.

[78] Canter D. The facets of place[J]. Applied Geography，1997，17（3）：127-142.

[79] Jorgensen B. S.，Stedman R. C. Sense of Place as an attitude：Lakeshore owners attitudes toward their properties[J]. Journal of Environmental Psychology，2001，21（3）：233-248.

[80] Harvey D. The condition of post modernity：An enquiry into the origins of cultural change[M]. Oxford：Basil Blackwell，1989.

[81] 张凌云. 旅游学研究的新框架：对非惯常环境下消费者行为和现象的研究[J]. 旅游学刊，2008（10）：12-16.

[82] 张凌云. 非惯常环境：旅游核心概念的再研究——建构旅游学研究框架的一种尝试[J]. 旅游学刊，2009，24（7）：12-17.

[83] Mathieson A.，Wall G. Tourism：Economic，Physical and Social Impacts[M]. London：Longman Scientific & Technical，1982.

[84] Cooper C. The Student's Companion to Tourism[M]. London：Tourism Intelligence Publications，1993.

[85] 吴承照. 从风景园林到游憩规划设计[J]. 中国园林，1998（5）：10-13.

[86] 崔书香. 投入产出经济学[M]. 北京：商务印书馆，2011.

[87] Leontief W. The Structure of the American Economy，1919-1929：An Empirical Application of Equilibrium Analysis[M]. Cambridge：Harvard University Press，1941.

[88] 吴斐丹，张草纫. 魁奈经济著作选集[M].. 北京：商务印书馆，2017.

[89] Hakins D. A dynamic input-output model[J]. Economica，1948.

[90] Georgescu Roegen，N. Analysis of the production process[J]. American Economic Review，1953.

[91] Holley J. A dynamic input-output model[J]. Review of Economics and Statistics，1953.

[92] Dorfman，R.，Samuelson，P. A.，Solow，R. M. Linear Programming And Economic Analysis[M]. Courier Corporation，2013.

[93] Leontief W. W. Input-Output Economics[M]. Oxford University Press，New York，1986.

[94] Archer，B. H. Economic Impact of Tourism in the Caribbean：A Case Study[J]. Social and Economic Studies，1973.

[95] 马妍，译. 政治算术[M]. 北京：中国社会科学出版社，2010.

[96] 郭大力，王亚南. 国民财富的性质的原因的研究[M]. 北京：商务印书馆，1972.

[97] 罗斯托. 从起飞进入持续增长的经济学[M]. 成都：四川人民出版社，1988.

[98] 朱卓任，等. 美国工业标准分类基础上的旅游产业结构研究[J]. 1987.

[99] Poon A. Tourism，Technology and Competitive Strategies[M]. CAB International，Oxford，1993.

[100] Frechtling D. C. Travel and tourism satellite accounts：a case study of the United States[J]. Tourism Economics，1999，5（2）：179-192.

[101] Leiper N. A. Tourism Management[J]. 2008.

[102] Harrison D. Tourism and the less developed countries：issues and policies[M]. Wiley，New York，1995.

[103] Pavlovich K. The evolution and transformation of a tourist destination network：the Waitomo Caves，New Zealand[J]. Tourism Geographies，2003，5（1）：77-98.

[104] Kaynak E.，Marandu，E. T. An empirical analysis of the tourism industry in Botswana[J]. International Journal of Social Economics，2006，33（8）：548-564.

[105] Airey D.，Shackley，M. Tourism market changes in Uzbekistan[J]. International Journal of Tourism Research，1997，2（1）：31-44.

[106] Tapper R.，Font，X. Tourism supply chains：an introduction[J]. International Journal of Tourism Research，2004，6（3）：161-168.

[107] Yilmaz C.，Bititci，U. S. Performance measurement in tourism：a value chain model[J]. 2006.

[108] Kaukal，M. S.，Kavanagh，L.，& Tjoa，A. M. Dynamic modeling and analysis of tourism supply chains[J]. Electronic Markets，2002，12（3）：205-214.

[109] Buhalis D. Strategic use of information technologies in the tourism industry[J]. Tourism Management，1998，19（4）：409-421.

[110] Nielsen T. S.，Trinca，H. The role of information and communication technologies in the tourism distribution channel：a conceptual framework[J]. 2008.

[111] 马舒霞. 全域旅游要素评价及其绩效影响分析[D]. 杭州：浙江农林大学，2018.

[112] 朱海艳. 基于空间相互作用的环城游憩带研究[J]. 陕西教育（高教），2014（7）：28-29.

[113] 陈芳婷. 文旅融合背景下甘肃省文化资源与旅游产业耦合研究[D]. 西北师范大学，2020.

[114] 赵黎明. 经济学视角下的旅游产业融合[J]. 旅游学刊，2011，26（5）：7-8.

[115] 马波. 中国旅游业转型发展的若干重要问题[J]. 旅游学刊，2007（12）：12-17.

[116] 麻学锋. 旅游产业结构升级的动力机制与动态演化研究[J]. 新疆社会科学，2010（5）：21-26.

[117] 李辉，罗寿枚. 广东国际旅游产业结构探析[J]. 华南师范大学学报（自然科学版），2006（2）：119-124.

[118] 张晓明. 西安旅游产业结构的偏离-份额分析[J]. 地域研究与开发，2010，29（3）：85-90.

[119] 郑平. 四川旅游产业结构的偏离-份额分析[J]. 经济地理，2011，31（2）：117-122.

[120] 李刚. 辽宁省旅游产业现状、问题与结构调整研究[J]. 旅游学刊，2006，21（4）：33-39.

[121] 唐晓云. 信息技术在旅游产业结构优化中的应用研究[J]. 旅游科学，2010，24（1）：55-62.

[122] 江金波. 广东旅游产业结构优化升级研究——基于科技信息化视角[J]. 旅游论坛，2014，7（3）：45-52.

[123] 梁坤. 旅游产业链延伸与多行业融合研究[J]. 旅游学刊，2015，30（5）：67-74.

[124] 张海洲. 旅游产业链结构扩张的特殊性研究[J]. 旅游科学，2020，34（2）：43-50.

[125] 张莞. 旅游产业链要素组合与链接机制研究[J]. 旅游学刊，2021，36（1）：22-29.

[126] 粟琳婷. 互联网技术在乡村旅游产业链构建中的应用研究[J]. 农业经济问题，2021，42（7）：88-95.

[127] 李响. 红色文化和旅游产业融合高质量发展研究[J]. 旅游科学，2021，35（3）：58-65.

[128] Shaffle. Spatial interaction theory[J]. Journal of Regional Science，1969，9（1）：49-66.

[129] Fetter F. A. The economic law of market areas：A further discussion[J]. Annals of the Association of American Geographers，1924，14（3）：190-207.

[130] Palander T. On the theory of the location of industries and regional imputation of economic activities[J]. Economisk Tidskrift，1935，37（1）：58-78.

[131] Rawstron E M. The economic law of market areas[J]. Scottish Journal of Political Economy,

1960，7（2）：119-132.

[132] Gee J. The competitive situation: price policy and market area[J]. The Review of Economics and Statistics，1958，40（3）：251-259.

[133] Vernon R. Product life cycle[J]. Review of Economics and Statistics，1966，50（4）：193-206.

[134] Fagence N. T. Tourism planning and development: The community approach[M]. 1978.

[135] Peace P. A. Tourism planning: A review of the literature[J]. Progress in Planning, 1995, 54（3）：121-172.

[136] Dredge D. A typology of tourism destination governance[J]. Tourism Geographies, 1999, 1（1）：111-129.

[137] Miossese P. Tourism area life cycle[J]. Annals of Tourism Research，1976，3（4）：195-215.

[138] Gormsen I. The evolution of tourism destinations[J]. Journal of Travel Research，1981，20（1）：3-7.

[139] Hilsand L. & Lundgren S. The core-periphery model and regional development[J]. European Urban and Regional Studies，1977，4（4）：319-330.

[140] Bitton M. The core-periphery distribution of tourism attractions[J]. Annals of Tourism Research，1980，7（3）：331-343.

[141] Pearce D. Tourism today: A geographical analysis[M]. 1995.

[142] Pearce D. An integrated model of urban tourism[J]. Urban Studies，2001，38（13）：2399-2413.

[143] Andreas P. The evolution of regional tourism industry[J]. Tourism Geographies，2003，5（1）：5-22.

[144] Smith S. L. J. Hotel location and the competitive process[J]. Annals of Tourism Research，1985，12（2）：145-161.

[145] Judd D. The tourism-landscape connection: Changes in the structure of the American hotel industry[J]. Journal of Travel Research，1995，33（3）：3-10.

[146] Weaver D. The integration of the Caribbean tourism space economy[J]. Progress in Human Geography，1998，22（2）：187-204.

[147] Preston-Whyte R. The times，they are a-changin: Tourism and socio-spatial change in Durban，South Africa[J]. Urban Studies，2001，38（13）：2439-2456.

[148] Xiangxuan Li. Application of GIS and network analysis for rural tourism planning in Korea[J].

Tourism Geographies，2011，13（2）：313-328.

[149] 罗明义. 现代旅游经济[M]. 昆明：云南大学出版社，2001.

[150] 管立刚，范秋梅. 中国旅游地理[M]. 北京：科学出版社，2012.

[151] 杨国良. 影响旅游产业空间布局的主要因素研究[J]. 旅游学刊，2002，23（3）：45-52.

[152] 谢春山，李璐芳. 旅游产业空间布局的动力机制及发展趋势[J]. 旅游学刊，2006，27（4）：67-74.

[153] 樊信友. 区域旅游产业空间布局的影响因素研究——以九寨沟为例[J]. 旅游学刊，2008，29（2）：85-92.

[154] 王忠诚. 长江三角洲地区旅游产业的空间布局模式研究[J]. 经济地理，2006，26（3）：47-53.

[155] 张立明. 长江三峡库区的旅游产业布局模式研究[J]. 旅游学刊，2000，21（2）：33-39.

[156] 李瑞. 河南省伏牛山旅游区旅游产业空间集聚布局模式分析[J]. 经济地理，2008，28（5）：90-96.

[157] 许春晓. 湖南省旅游业空间布局的演进历程分析[J]. 经济地理，2001，21（3）：58-64.

[158] 汪德根. 苏州市城市旅游空间结构演进过程及优化研究[J]. 旅游科学，2007，21（3）：75-82.

[159] 李雪. 青岛旅游企业空间布局演化特征分析[J]. 旅游学刊，2012，33（2）：90-97.

[160] 舒卫英. 宁波市旅游产业布局优化研究[J]. 旅游科学，2007，21（4）：67-74.

[161] 党晴晴. 大连市旅游业空间发展格局调整优化研究[J]. 地理，2010，30（6）：90-96.

[162] 丁艳平. 山东半岛蓝色经济区旅游布局现状分析与优化对策[J]. 旅游学刊，2012，33（5）：78-85.

[163] Carroll A. B. A Speech. In Jones T. M.，The Toronto Conference：Reflections on Stakeholder Theory，Business and Society，1994，33（1）：128.

[164] 陈宏辉，贾生华. 企业利益相关者三维分类的实证分析[J]. 当代财经，2004（4）：38-46.

[165] Freeman R. E. Strategic Management：A Stakeholder Approach[M]. Boston：Pitman，1984.

[166] Clarkson M. A Stakeholder Framework for Analyzing and Evaluating Corporate Social Performance，Academy of Management Review，1995，20（1）：92-117.

[167] Post J. E.，Lawrence A. T.，Weber J. Corporate Governance：Lessons from Abroad[J]. European Business Journal，2002，4（2）：8-16.

[168] Freeman R. E. Strategic Management：A Stakeholder Approach[M]. Boston：Pitman，1984.

[169] Sautter E. T.，Leisen B. K. Managing Stakeholders：A Tourism Planning Model[J]. Annals of

Tourism Research，1999，26（2）：312-328.

[170] Bramwell B.，Sharman A. Collaboration in local tourism planning[J]. Annals of Tourism Research，1999，26（2）：392-416.

[171] Ryan C. Tourism，Stakeholders and Aggregation：A New Zealand Case Study[J]. Current Issues in Tourism，2002，5（1）：61-90.

[172] Sheehan L.，Ritchie J. R. B. Destination Stakeholder Management：Applying Stakeholder Theory to Tourism[J]. Tourism Management，2005，26（4）：495-507.

[173] Timur S. Network Analysis of Stakeholder Influence on Urban Tourism[J]. Annals of Tourism Research，2005，32（2）：405-422.

[174] Scott N.，Amelung B.，Becken S.，et al. Climate Change and the Role of Networks in Responding to Seasonality Issues[J]. Journal of Sustainable Tourism，2008，16（3）：309-322.

[175] Arnaboldia M.，Spiller N. Stakeholder Networks in Cultural Tourism Destinations：A Case Study of the City of Parma，Italy[J]. International Journal of Tourism Research，2011，13（2）：129-141.

[176] 乔磊. 乡村旅游目的地开发中的利益相关者研究[D]. 新疆社会科学（汉文版），2010（5）：7.

[177] 卢小丽，毛雅楠，淦晶晶. 乡村旅游利益相关者利益位阶测度及利益关系平衡分析[J]. 资源开发与市场，2017（9）：22.

[178] 方怀龙. 全国 120 个林业国家级保护区生态旅游利益矛盾研究[J]. 西北林学院学报，2012（27）：4.

[179] 张玉钧，徐亚丹，贾倩. 仙居国家公园公盂园区生态旅游利益相关者协作关系研究[J]. 旅游科学，2017（3）：5.

[180] 胡北明，王挺之. 我国遗产旅游地的主要利益相关者分析：两个对立的案例[J]. 云南师范大学学报，2010（3）：17.

[181] 王素洁. 乡村旅游地决策网络中不同利益相关者的影响力分析[J]. 旅游科学，2012（1）.

[182] 吴志才. 潮州古城旅游规划决策网络分析[J]. 旅游学刊，2016，31（12）：76-84.

[183] 时少华，孙业红. 云南元阳哈尼梯田旅游发展过程中利益集团关系研究[J]. 旅游学刊，2016（7）：11.

[184] 吕宛青，张冬，杜靖川. 国内利益相关者理论在旅游目的地方面的研究成果综述[J]. 旅游学刊，2018.

[185] Crouch G. I., Ritchie J. R. B. The Competitive Destination: A Sustainable Tourism Perspective[J]. Journal of Travel Research, 1999, 38 (1): 43-56.

[186] Dwyer L., Kim C. Destination competitiveness: a model of the destination competitiveness index[J]. Current Issues in Tourism, 2003, 6 (5): 403-423.

第五章　旅游目的地的学术思想

第一节　旅游地利益相关者及社区参与学说

一、旅游地利益相关者及学术思想

旅游地利益相关者的研究主题包括旅游地利益相关者的界定和划分、旅游地利益相关者的冲突与协调、利益相关者参与旅游目的地发展研究 3 个方面。

1. 旅游地利益相关者的界定和划分

旅游地利益相关者的界定是在旅游领域中研究利益相关者理论的基础。不同类型的旅游目的地，对旅游地利益相关者的界定也会有所不同。例如，以旅游经营者为中心的旅游地利益相关者包括中央政府、国家旅游组织、地方国家级旅游景区、地方政府旅游营销机构、旅游代理商、区域旅游者协会、媒体、游客等在内的 12 个利益相关者[1]；以旅游规划者为中心旅游地利益相关者包括本地商户、本地市民、政府部门、竞争者、游客、员工等在内的 8 个利益主体[2]。而绝大多数文献只是阐述了应该关注哪些利益相关者，并未对如何从若干利益相关者中界定出重要的或者关键的利益相关者，Sheehan 等于 2005 年对这一问题做出了回答，他们运用问卷调查，对北美地区在旅游目的地的 CEO 进行了调研，从 32 个列出的利益相关者中选择出旅游目的地管理机构（Destination Management Organization，DMO）的 13 类核心或者重要的利益相关者（图 5-1）[3]。

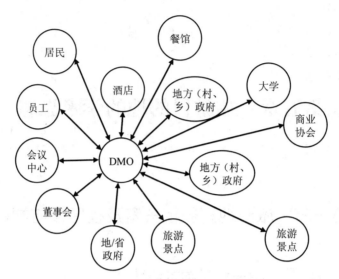

图 5-1　旅游目的地管理机构的利益相关者

注：图中各利益相关者之间联系的紧密性随连线长度增加而衰减。

　　我国学者对旅游地利益相关者也有不同的界定和划分，如用"多维细分法"和"米切尔评价法"，可将村落遗产旅游地利益相关者划分为核心利益相关者、蛰伏利益相关者和边缘利益相关者[4]；以重要性的等级来划分，则有政府机构、当地居民、游客和旅游企业构成了民族社区旅游的核心利益相关者[5]；如果从重要性、主动性和紧迫性 3 个维度，对国家公园生态旅游利益相关者进行划分，可以分为已介入的利益相关者和潜在的利益相关者[6]。

　　2. 旅游地利益相关者的冲突与协调

　　由于利益相关者各自追求的利益有所不同，平衡其之间的利益关系成为非常棘手的事情，所以利益相关者的冲突问题显得极其突出。国外学者重点探讨了旅游利益相关者冲突成因、化解对策等。例如，旅游可持续原则对于主题公园十分重要，在主题公园所在旅游地需要强调制度促进文化可持续性的重要性，以使那些受旅游发展影响的群体能够直接参与发展决策[7]；旅游目的地社区、娱乐用户和管理机构等不同世界观群体之间的社会价值冲突和人际冲突，是由文化价值观差异会造成的[8]；在旅游地发展过程中，外来代理商进入当地社区会造成利益相关者之间不同形式的社会冲突和波动，造成利益相关者之间紧张关系和冲突的原因是信念、资源和权利[9]；"参与谈判"和"共同决策"的圆桌会议方式是实现共同合作参与旅游地开发规划，协调和解决利益相关者冲突的有效方式[10]。

国内学者的探讨主要涉及旅游地的政府、游客、当地居民、商业部门、景点开发商等利益相关者的决策过程和行为、利益表现、相互制约及影响关系[11]；在我国林业保护区的管理过程中，保护区与旅游公司、政府部门、当地社区之间矛盾最为突出[12]；含有社区的旅游目的地利益相关者冲突的类型、形成机制以及协调模型[5]。

3. 利益相关者参与旅游目的地发展研究

利益相关者参与的缺失或无效是旅游目的地实现可持续发展的主要障碍，Waligo 等通过案例研究开发了一个"多利益相关方参与管理"（MSIM）框架，并通过引入红绿灯路线框架（TLRF），为利益相关者参与可持续旅游的提供了方向[13]。马六甲海峡旅游可持续发展中，各利益相关者的影响力表明政府、社区和私人企业在满足游客以促进当地旅游业可持续发展方面发挥了重要作用[14]。旅游地的各类利益相关者在协作活动和决策中的影响力和作用是不同的[15]。利益相关者参与旅游的途径或方式是多样化的，如实施相对均衡利益分享的措施，使社区居民真正参与旅游决策、管理、利益分配的各个环节，可在一定程度上实现社区居民的经济增权、心理增权和部分政治增权[16]。

二、旅游地社区参与

社区参与旅游发展起源于 20 世纪 60 年代，是在西方国家出现并发展起来的。Murphy 于 1985 年将社区参与方法引入旅游研究领域[17]。旅游地社区参与是在旅游的决策、开发、规划、管理、监督等旅游发展过程中，充分考虑社区的意见和需要，并将其作为开发主体和参与主体。旅游地社区参与的学术研究主要围绕以下 3 个方面.

1. 旅游地社区参与旅游作用与意义研究

社区参与旅游对当地的发展具有促进作用,它可以在一个相对公平的基础上,实现社区居民参与旅游规划与管理[18]。旅游目的地的发展也需要社区的大力支持。同时，旅游地社区居民全面参与旅游发展，够提升居民收入，可减少与旅游相关的暴力风险，也会提高旅游的可持续[19-21]。社区居民参与旅游发展既有利于增强居民主人翁意识，强化居民认同感，对民族传统文化具有积极的保护作用，也有利于环境、资源、文化的保护，还有利于旅游产品质量的提升[22]。

2. 旅游地社区参与旅游层次与模式研究

社区参与旅游存在象征式参与、被动式参与、咨询式参与、因物质激励而参与、功能性参与、交互式参与以及自我激励式参与七个层次[23]。目前，由于诸多主客观限制因素的影响，我国社区参与旅游仍然停留在经济层面，也就是 Petty 提出的因物质激励而参与的形式。有学者认为，我国社区参与旅游发展有初级参与层次、积极参与层次、成熟参与层次三个层次[24]。旅游地社区居民参与旅游的模式多种多样，如租赁经营模式[25]，管理经营、资源环境保护、产品生态化开发、利益合理分配四维社区参与模式[26]，旅游区域 PSR 乡村旅游社区参与模式[27]等。

3. 可持续发展与社区参与旅游

社区参与旅游是社区可持续发展的必然。社区居民参与旅游可提高自身经济收入，可从地方旅游发展中获得更大和更均衡的利益，以更积极的态度保护当地资源和环境，这样便能在很大程度上减少旅游发展的负面影响，因此，可社区居民参与旅游发展作为旅游地可持续发展的基础[28-29]。社区居民参与旅游或景区规划开发能够解决旅游地内部社区利益纠纷，构建和谐社会，实现社区增权、居民公平感知，从而促进旅游地可持续发展[30]。也有个别学者提出了不同的看法，认为居民如果未能从旅游发展中获益，却忍受了环境破坏、价值观被冲击等问题，会对旅游发展持敌对态度，进而影响社区旅游的可持续发展[31]。

三、社区旅游

社区旅游是以社区为基础的一种旅游发展方式，其基本特征就是旅游与社区的结合与共赢发展。社区旅游涵盖的内容范围比较广，学者对社区旅游概念达成共识是其居民参与、居民利益、社区发展的三大核心要素。

从国外的发展历程来看，社区旅游是旅游大众化的一个重要产物，相关研究工作也是随大众旅游研究的兴起而出现的。国外社区旅游研究在 20 世纪 70—80 年代就已成为旅游学科的热点，学者分别从旅游影响、居民态度、游客特征等方面对社区旅游进行了深入的探讨，在案例数量、成果质量上都取得了显著的成绩。Murphy 于 1985 年出版的 *Tourism: A Community Approach* 一书则较为全面地吸收了这一时期社区旅游的研究成果，成为学科研究的重要著作之一。进入 90 年代，对于社区旅游的研究进一步增多，国际著名旅游学术刊物 *Annals of Tourism Research*、*Tourism Management* 都开办了专辑对社区旅游进行讨论，使相关研究达到了新的高峰阶段。同时，理论研究的成熟和实践经验的积累也使社区旅游逐渐成长为一个多专业参与的新兴交叉学科，随之产生的旅游人类学（Tourism Anthropology）、旅游社会学（Tourism Sociology）得到了多个专业领域的认可。90 年代末期，我国的社区旅游研究在旅游业繁荣发展的同时也开始起步，但同国外的现状相比还存在巨大差距。国内外对社区旅游的学术研究主要包括影响研究、居民的态度与感知研究、发展研究三类。

1. 社区旅游对旅游地的影响研究

社区旅游对旅游地的经济、社会、环境均有一定程度的积极影响。在经济方面，社区旅游发展能够为当地居民提供更多的工作机会，进而能够提高他们的收入以及生活水平。旅游业在商品消费、资金积累、地租上升等方面促进了社区经济的发展[32]。在社会方面，社区旅游发展提高了妇女地位，对结婚年龄、性观念、家庭领导权等方面均有直接而明显的改善[33]。在环境方面，申葆嘉等通过大量研究总结了旅游景区开发对自然生态所造成的诸多影响，对这些问题进行逐一分析并提出相关改善建议。同时，社区旅游也会对旅游地产生消极影响。Nicholas 在 2002 年调查了肯尼亚一个收入较低的乡村社区，发现这一社区发展地热带花卉种植和野生动物旅游时，对环境和社会经济影响显著，特别社会经济影响已成为冲突的焦点。此外，社区旅游的发展会给目的地带来环境破坏、文化变质、社会结构改变等消极影响[34]，会造成旅游者与社区居民的对立，对社区文化造成破坏[35]。

2. 社区旅游的居民态度与感知研究

作为社区的主要群体，居民与社区旅游发展有着千丝万缕的联系。国内外学者高度关注社区居民对待旅游业的态度。对于居民的旅游感知，学者进行了大量实地调查。如 Randall 等在 2000 年对拉脱维亚首都里加的居民进行调查，发现处在旅游业初级阶段的居民对它的正面和负面影响所持态度并不统一[36]。2009 年，郭进辉等将武夷山作为研究对象，并通过对当地居民的调查，将其对旅游影响感知分为保守主义者、理性支持者和积极支持者三类。对于社区发展旅游带来的正面和负面影响，不同居民的感知呈现很大差异。一般在旅游发展初期是持支持态度的，但是随着旅游的发展，居民的态度会发生改变[37]。社区居民的感知会直接影响他们对旅游业的支持，社区关注、生态价值、使用旅游资源的权利、旅游发展的收益与损失等社区居民感知都是影响社区对旅游的支持重要因子[38]。

3. 社区旅游的发展研究

国内外学者对于社区旅游的发展研究主要分为社区居民在旅游发展中的作用和社区旅游可持续发展研究两类。在社区居民在旅游发展中的作用研究方面，Amanda 认为如果当地居民参与旅游地的开发建设，他们的主动性就会提高[39]。杜忠潮认为加强社区居民参与度不但能够增强其民族认同感，还有助于提高其对旅游发展的支持力度。在社区旅游的可持续发展研究方面。Sheldon 指出社区旅游是成熟旅游地实现旅游可持续发展的关键因素[40]。朱晓翔等认为实现乡村旅游社区空间生产可持续发展的路径是多样化的[41]。

四、研究局限及评述

1. 旅游地利益相关者研究局限及评述

从利益相关者角度探讨旅游问题已成为国内外研究的热点，国外相关研究起步早，成果颇丰，利益相关者理论已运用于旅游开发、管理和可持续发展等领域，并非常重视利益相关者旅游参与研究，成为其研究的重点。相比较而言，国内关于旅游利益相关者的研究起步较晚，还不够成熟，存在以下几个方面的不足之处。

研究内容不够深入。国内相关研究主要停留在利益相关者关系、权利、利益协调等方面，关于利益相关者参与旅游开发、管理和可持续发展的进一步深入研究较少。

研究内容不够全面、系统。也有部分学者关注到旅游利益相关者参与旅游发展的问题，但主要是定性地研究各利益主体在旅游开发、规划、经营等过程中扮演的角色，参与的内容，发挥的作用等，缺少定量的实证研究。而关于旅游参与的实证研究大都集中于社区居民参与度的评价，只是对个别利益相关者的研究，缺乏对各利益相关者在旅游发展过程中的参与程度进行系统客观定量分析。此外，我国关于利益相关者参与的研究更多的是探讨生态旅游、民族地区旅游及古村落旅游开发，对乡村旅游目的地的针对性研究还不足。

研究方法单一。虽然国内学者不断探索利益相关者旅游参与度评价的研究方法（如层次分析法、德尔菲法、案例研究法等），但以定性分析为主，定量研究较少。另外，已有的相关研究在指标体系上侧重于评价一个特定利益主体，缺少科学系统的整体评价体系，很难从整体上把握旅游利益相关者参与状况。

2. 旅游地社区参与研究局限及评述

第一，研究对象侧重于成熟旅游地。国外学者多关注乡村旅游地、国家公园、生态旅游地等；国内则侧重知名旅游地（如黄山、九寨沟等）。国内外偏重于对成熟的旅游地进行研究，探析社区参与发展。然而在现实中，国内存在更多相较于黄山等成熟旅游地之外的欠发达旅游地，它们往往分布于成熟旅游地的边缘区、偏远地带，在地理位置和旅游发展程度上处于劣势。

第二，研究内容上比较浅显。随着社区参与旅游愈加深入，学者们将研究视线转移到社区参与背后的影响因素问题，从内外部等综合要素分析社区参与呈现差异性的影响因子，并试图从理论和实际出发提出相应的对策建议。在整个研究过程中将诸多因素视为独立的单一存在，割裂了彼此间的联系与互动。社区参与旅游作为一个整体结构，其中各要素都处在社区系统网络之中，彼此相互作用、相互影响，现有研究多基于旅游参与规模、内容、形式的不同划分并阐述其阶段性发展，以及对当前社区参与现状的解读，很少探析参与背后的深层驱动机制问题，涵盖整个旅游地社区参与发展变化的全过程。

3. 社区旅游研究局限及评述

国外学者对于社区旅游的研究已经形成了基本的体系，积累了大量的成果，成功地总结了旅游与社区尤其是居民群体的内在关系，若干研究结论已经相当一致。国外学者在研究过程中实地考察分析了大量案例，其研究成果是建立在坚实的事实基础上的，具有较高的可靠性和实证性。国外学者运用经济学、地理学、社会学、人类学、心理学等多种学科理论来解释社区旅游各种现象，为今后的深入研究创造了良好的方法论基础。同时，选择调查访谈、数据处理等技术方法也有助于实证研究的更广泛开展。对比国外的研究状况，目前国内社区旅游的问题还有两个方面：一方面，各细分研究问题强弱不一，大量研究成果集中于某一领域。对于旅游影响方面的研究非常多，而真正涉及社区旅游发展问题的相关研究相对薄弱；另一方面，旅游对目的地影响的相关研究虽然数量众多，但与国外研究相比，无论是实地案例调查的方法还是研究者的学科背景都比较单一，这样使得进一步的分析处理缺乏多样化的形式和方法，如国外学者经常采用的相关分析处理方法在国内少有运用。

第二节　旅游产业结构

旅游地产业部门主要是指在一个特定的旅游目的地下，提供旅游产品和服务的各种产业或行业，包括以下几个部门：旅游运输部门，包括旅游航空、旅游专列、旅游车船租赁，以及旅游目的地的公共交通和旅游专线等；旅游接待部门，包括住宿、餐饮、购物和娱乐等；旅游景区部门，包括风景名胜区、森林公园、自然保护区、文化遗产、主题公园、博物馆、艺术馆等；旅游咨询和管理部门，包括旅行社、旅游咨询公司、旅游管理局等；旅游教育和研究部门，包括各类研究旅游的机构和教育机构（如大学、研究所、培训中心等）；旅游相关的其他部门（如生态环境部门、安保部门、医疗卫生部门等）。

一、旅游目的地产业关联

旅游产业综合性强、涉及面广，通过相互关联和相互作用，有效带动了关联产业的发展。旅游产业作为一种高增长的产业，创造了就业机会，促进了制造业的增长，带动了住宿业、旅行社以及基础设施的建设，对整个国民经济发展具有正向作用[42]，且具有显著的后向关联效应且对产出和收入影响显著[43]，这些产业间关联有效促进了本地产业的发展[44]。在旅游产业的空间关联方面，区域旅游经济和邻近地区的关联性与其旅游供给能力和交通状况密切相关[45]，省际关联系数总体上升，旅游经济发达的地区在旅游产业空间网络中的中心度更强，并且受到其他地区的溢出效应更大[46]。在旅游产业的关联产业影响方面，旅游的产业关联性和对经济的推动作用较强，但由于产业链较长，旅游产业对关联产业的溢出效应存在滞后性，并且需要较长时间才能发挥对经济的推动作用[47]；旅游产业对区域地产有显著正向影响，且主要作用于当期，跨期影响不明显[48]；在乡村，旅游产业对农业和生活性服务业具有显著正向影响[49]。

二、旅游目的地产业集群

产业集群理论萌芽于 19 世纪末，成熟于 20 世纪末，创始人是英国经济学家马歇尔。20 世纪初期，德国经济学家韦伯提出了集聚经济，他认为产业的集群是从初级阶段向高级阶段发展，不同的企业发生联系实现地方工业化，韦伯通过定性和定量的方法对产业集群进行了分析。1998 年，波特对美国加利福尼亚州葡萄酒产业集群展开调查研究，首次提出了"旅游集群"概念，波特分析得出，旅游产业适合集群化发展，能够产生显著的集群效应，促进区域旅游经济发展以及提升产业竞争优势，因此国家在制定区域和产业政策时，应重点考虑旅游企业集群规划。自波特提出"旅游集群"的概念后，旅游产业集群成为研究热点。学者通过分析欧洲、南非、北美等国家和地区旅游产业集群的萌芽期、成长期、成熟期和衰退期，推动和总结了产业集群的演化过程。Luis Garay 研究了 18 世纪末旅游业处于萌芽阶段的西班牙加泰罗尼亚，他强调旅游地处于原始的起步阶段，地域特色对探索者吸引力的重要性，有利于形成良好口碑[50]。从产业集聚的视角分析南非成熟区域的旅游集群现象，并构建了南非旅游产业集群示意图[51]。Strapp 分析了加拿大的娑波沙滩（Sauble beach），发现该旅游地在停滞阶段后，不是走向复苏或衰落，而是进入了稳定期[52]。在旅游产业集群形成过程中，夏正超等学者则认为旅游产业集群的形成，是通过自发和外力推动两种基本模式形成[53]。

三、旅游目的地产业融合

产业融合是指产业间或产业内进行相互交叉融合，形成全新产业或产品的发展过程。旅游产业融合是产业融合的一种，是产业融合的国民经济中的具体应用。旅游产业融合是在产业兴起之时，旅游产业借助"互联网+"平台与更多产业产生联系，在区域政策的推动下，产业之间产生的关联性[54]。旅游产业融合的关键是与高新技术融合、与互补产业融合、与"互联网+"下的产业融合[55]。旅游产业的融合对旅游业的蓬勃发展具有促进作用，在很大程度上推动了旅游产业的持续发展[56]。国外旅游产业与文化产业、农业以及信息技术产业间发展融合较为普遍，这是因为乡村绿色旅游能够对经济增长作出相当大的贡献，并改善农村居民的生活质量和舒适度[57]，信息技术在全球化的世界中起着重要的作用，可以为国际旅游企业发展提供智慧化服务[58]。全球旅游业根本性的变化在于互联网和数字转型，即向游客提供信息、组织旅游从业人员的关键路径是数字化。

四、旅游目的地产业链

1994 年，张本通过研究海南省海洋产业，提出了旅游产业链的概念。之后，很多学者开始研究旅游产业链。

国外关于旅游产业链的研究，主要体现在旅游产业价值链、旅游供应链、旅游产品链。其中，有关旅游产业价值链及其构成环节的研究成果较多。例如，1989 年，Poon 将旅游产业系统的价值增值活动分为基本活动和辅助活动[59]；2001 年，Celtta 按照波特的基于企业活动流程的划分方法，把旅游业作为一个价值增值系统来看[60]。有关旅游产品链概念的解释，比较具有代表性的观点是：旅游产品链是涵盖了所有旅游产品与服务的供应与销售的产业链条。

国内学者对旅游产业链的研究主要集中在结构和类型两个方面。在旅游产业链结构方面，一部分学者认为旅游产业链是链状结构，是以满足旅客需求为基础，相关旅游部门和产业之间动态链接过程[61]，还有学者提出旅游产业链是旅游相关行业为游客提供服务一种链式结构[62]。对于中国而言，旅游产业链表现出显著"网状"结构的观点基本成为共识，认为旅游产业链上游资源、配套设施等要素产业由运营商整合，通过中游代理商加工，最后面向消费者，是一个由旅游要素供应商、旅游代理商和消费者共同构成了网状结构[63-64]。旅游产业链类型的划分，有的学者从大旅游视角分析，认为旅游产业链可分为交通链、住宿链、餐饮链、游览链、娱乐链、购物链等子产业链；有的学者从旅游业与相关产业的整合角度，将旅游产业链分为各主题旅游产业链（如文化旅游产业链、乡村旅游产业链等）；也有学者根据旅游产业链构建的方法、形态，以及整合的具体方式，将产业链分为核心链、纵向整合链、横向链等。

五、旅游目的地产业结构优化

旅游产业结构是影响区域旅游增长和旅游效益的重要因素，是旅游产业各部门、各地区，以及各种经济成分和经济活动各环节的构成及其相互的比例关系。在现代旅游经济增长过程中，旅游产业结构状况反映了一个区域旅游经济的发展方向和发展水平，影响旅游经济发展的速度和水平。

产业结构优化是产业经济学研究的重要课题，配第-克拉克定律、库兹涅茨法则、霍夫曼定理等较为成熟的产业结构演进理论，对于揭示产业结构优化过程及其规律具有指导意义。根据产业结构演进理论，经济发展与产业结构演进具有密切联系，当经济进入高质量发展阶段，产业结构逐步向形态更高级、分工更优化、结构更合理的方向演化，从而实现结构的优化。在旅游领域，产业结构优化是旅游经济增长的本质要求，是在旅游产业各部门之间、旅游产业及相关产业之间比例关系与经济联系趋向合理的基础上，产业结构不断向资源深加工、产出高附加值的方向发展，从而推进旅游产业质量提升与转型升级[65]。当前，国内外学者关于旅游产业结构优化的研究成果日益丰富，但侧重点不同：第一，在研究视角上，国外旅游产业发展更多依靠市场机制推动，主要关注旅游行业结构、旅游市场结构等，认为技术创新、旅游人力资本等因素对于旅游产业结构优化与转型升级具有推动作用；国内旅游产业发展则是在政府推动下的市场优先发展模式，主要关注旅游产业结构的内涵与评价、影响因素与升级对策，以及旅游产业结构优化对旅游经济发展的影响等方面。第二，在研究方法上，层次分析、聚类分析、案例分析等是国外旅游产业结构优化研究的常用手段；国内研究更多运用偏离—份额分析法、区位熵等单一指数评价法，以及基于合理化、高级化等多维视角构建指标体系的多层次评价法对旅游产业结构水平进行测度评价，并运用面板回归模型对影响旅游产业结构优化的主要因素进行探讨分析。第三，在研究尺度上，国外研究聚焦旅游目的地、旅游企业等微观尺度，国内研究关注全国、城市群或某一省份等中宏观尺度。

旅游产业结构优化是区域旅游经济发展质量和水平的重要标志，是从旅游经济综合性角度研究旅游产业结构的合理化和高度化，它包括合理化和高级化两个层面。也有学者认为旅游产业结构优化是一个系统交互作用的过程，旅游产业结构合理化、高级化、高效化及生态化 4 个维度之间形成了密切联系与相互影响的体系，合理化和高级化是旅游产业结构优化的基础，高效化是提高旅游产业结构效益的关键环节，生态化能引导旅游产业结构系统实现均衡协调。旅游产业结构合理化是使旅游产业内部保持符合产业发展规律和内在联系的比例，保证旅游产业持续、协调发展，同时促使旅游产业加大在国民经济中的比重，保证旅游产业与其他产业协调发展，可使用供需平衡评价法和结构效益评价法对其进行衡量。受配第-克拉克定律的影响，学者多使用高附加值旅游产业部门的产出占总产出的比重测度旅游产业结构的高级化程度，虽然不同研究者对高附加值旅游产业部门的认定并不相同，但事实上，在旅游产业中具有高附加值的旅游项目并不多，以高附加值部门产出占旅游产出比衡量结构高级化程度很难反映旅游产业结构的动态变化。此外，偏离份额分析法、包络数据分析法、网络层次分析法、模糊集定性比较分析法，以及产业"扩散效应"和"提升效应"均可应用于旅游产业结构优化测量与识别。

国外直接关于旅游产业结构优化研究，多以变迁描述，并着眼于微观方面，如旅游产业结构变迁的预测、旅游产业发展的潜力分析等，但也有学者如凯乐（Kelly）、朗洛伊斯（Langlois）等通过构建定性和定量评价的框架，在国家层面上分别就约旦、波兰等国家就旅游产业结构对旅游经济的影响进行了系统的分析和实证研究。也有学者从旅游部门结构、旅游产品结构分析提出优化旅游产业结构的对策[66]。

旅游产业结构的演化受到企业的演化的驱动，按照生物进化的思想、企业组织的演化，是从企业异质性的惯例变异开始的，是旅游企业与市场外部环境互动的结果，企业的惯例是保持旅游结构稳定性的基础；旅游企业的创新是旅游产业结构升级的动力，是打破旅游发展"锁定"的关键力量，可推动旅游结构优化与升级。对旅游目的地而言，要想完成对旅游产业结构的优化，最为关键的是对旅游经济增长方式进行转换，由传统的方式转向质量型发展道路，同时需要厘清旅游产业、旅游产业部门和旅游产业结构等概念、明确旅游投入-产出规律和旅游产业结构属性、合理选择旅游产业结构优化诊断的方法等概念—理论—方法多维支撑[67]。

第三节　旅游目的地生命周期理论

一、Butler 的旅游地生命周期理论

旅游地生命周期理论（tourism area life cycle，TALC）是描述旅游地演进过程

的重要理论，来源和成型于西方。一般认为，旅游地生命周期理论最早是由 Christaller 在 1963 年提出的。他认为，旅游地都会经历一个相对一致的演进过程，即发现阶段、成长阶段与衰落阶段[68]。

巴特勒（Butler）最早使用"旅游地生命周期"一词，并在产品生命周期理论和生物学生命周期理论的基础上，于 1980 年提出了旅游地生命周期理论。巴特勒提出，旅游地的发展变迁一般要经历 6 个阶段，即探索（exploration）、起步（involvement）、发展（development）、稳固（consolidation）、停滞（stagnation）、衰落（decline）或复兴（rejuvenation），而经过复兴后又开始重复之前几个演变阶段。巴特勒在描述该理论的 6 个阶段时引入一条"S"形曲线：①旅游地之初，若游客接待量呈不规则增长趋势则为探索期；②当游客接待进入持续增长且增长率稳定上升，则为起步阶段；③当增长率进入高速持续的增长状态时，旅游地处于发展阶段；④旅游地接待量增长率下降，且增幅逐渐下降但仍相对稳定，则处于稳固阶段；⑤当增长率保持稳定，且增幅持续波动则处于停滞阶段；⑥若增长率持续多年呈现负数，则旅游地开始进入衰落或复苏阶段。通过理论运用明确旅游地所处的发展阶段，该阶段的发展限制因素、所具有的指示性特征和事件，通过人为调整、干预来科学地延长旅游地生命周期。

二、旅游地生命周期理论的主要学术思想

旅游地生命周期理论的主要学术应用主要包括在以下三个方面：

1. 对旅游地生命周期理论阶段划分的研究

一般情况下，旅游地经历一个相对一致的演进过程，即发现阶段、成长阶段和衰落阶段[68]。而 Butler 认为旅游地生命周期一般经历探索阶段、参与阶段、发展阶段、巩固阶段、停滞阶段、衰落阶段或复苏阶段，Butler 对旅游地生命周期的阶段划分与特征描述得到了广泛应用。但是 Butler 旅游地生命周期阶段的划分并不是理想化的标准，因为参与阶段与发展阶段间并无明确的界限，而且没有旅游目的地案例可以印证巩固、停滞、衰落与复兴等阶段是并存的[69]。国内一些学者在进行实证研究时肯定了 Butler 旅游地生命周期的阶段划分标准。例如，有学者对普陀山旅游地生命周期的研究支持了 Butler 旅游地生命周期的阶段划分[70]。

2. 旅游地生命周期的影响因素研究

国内外学者在对旅游地生命周期所做的大量实证研究中都试图寻找影响旅游地生命周期的因素。已有的研究表明，旅游地生命周期的影响因素主要有环境因素、交通条件、基础设施、居民的支持度、游憩开发程度、旅游形象危机、旅游资源的可替代性等[71-74]。也有学者提出三因素的观点，即影响旅游地生命周期的因素有需求、效应和环境因素[75]。不过由于各旅游地自身情况的不同，影响旅游地生命周期理论的因素也具有多变性和复杂性。

3. 旅游地生命周期理论价值与意义的研究

自 Butler 旅游地生命周期理论被提出之后，国内外学者对该理论的意义和价值进行了研究。从理论价值分析，表现为[76-77]：①作为旅游地的解释模型；②指导市场营销和规划；③作为预测工具。有学者对旅游产品生命周期理论源泉及其理论本身进行分析，从理论和实践两个方面探讨了旅游产品生命周期理论的现实意义[78]。

三、旅游地生命周期理论的批评与修正

（一）对旅游地生命周期理论的批评

国内外学者在不同类型的旅游目的地中都运用生命周期理论进行实证检验，这些研究基本上都支持生命周期理论的基础命题假设，但是这些研究的结果也引发了一些对周期理论的质疑，主要包括周期理论模型的有效性与运用潜力[69]。

1. 理论模型的有效性质疑

国外学者认为，生命周期曲线会随着旅游地发生变化，极少有旅游地的生命周期完全符合 Butler 模型的"S"形曲线，且无法确定"S"形曲线中的拐点位置。旅游地尼亚加拉瀑布的生命周期，起步与发展阶段之间没有明确的界限，并且没有单独完整的发展、巩固、停滞、衰落与复苏阶段，而且迫于竞争压力和为了获利，会一直有人努力不让旅游目的地长期处于停滞或衰落阶段[78]。Agarwal 研究发现旅游地生命周期的发展阶段和巩固阶段没有明确的界限，并将这两个阶段放在一起[79]。

2. 理论应用潜力的质疑

有学者对生命周期理论的应用潜力提出了质疑，认为周期理论模型不能很好

地被应用到现实旅游地中。例如，有学者对旅游产品生命周期提出总体质疑，认为该周期理论不能自圆其说，缺乏有力的事实依据，用它指导实践会产生不良后果[80]。1998 年，Priestley 在研究加泰罗尼亚的时候发现，由于当地政府、居民、游客的环保意识不断提高，加泰罗尼亚的环境并不会恶化，不会进入衰落阶段，而是稳定在某一阶段[81]。2001 年，阎友兵对旅游地生命中周期理论的科学性进行分析，认为该理论存在逻辑漏洞[82]。2003 年，查爱苹推导了旅游地生命中周期产生的内在过程，认为该理论作为预测工具，具有一定的缺陷，模型中的环境在现实旅游地开发过程中根本不存在[83]。

（二）对旅游地生命周期理论的修正

许多学者在研究过程中基于旅游地的实际情况对 Butler 生命周期理论进行了修正，主要包括旅游地生命周期阶段的划分和旅游地生命周期理论的实用性的解释。

1. 旅游地生命周期阶段划分优化

国内外学者在实证研究时对 Butler 旅游地生命周期的阶段划分做了补充。例如，1985 年，Meyer-Arendt 在用生命周期理论分析美国路易斯安那海湾一个度假区时，发现该地每个发展阶段都有不同模式，这些模式反映了环境和观念的变化[84]。1990 年，Debbage 以天堂岛为案例，发现当旅游市场出现少数人控制市场时，旅游目的地生命周期会受到严重的影响，旅游目的地会出现游客量减少的情况[85]。1997 年，余书炜提出了"双周期"模型，即长周期与短周期相互作用的模型来更好地揭示旅游地的演进规律[86]。

2. 旅游生命周期理论的实用性

1985 年，Butler 在苏格兰高地对 TALC 模型进行了检验，该模型相继在世界各地得到应用，在 30 多个旅游目的地被应用，是旅游研究中最常用的模型之一，其应用包括各种不同的旅游目的地和资源，研究内容涵盖或部分涵盖旅游环境、社会、经济因素。TALC 模型主要在北美、英国和地中海等历史悠久、旅游极为发展的地区得到广泛应用，而在发展中国家相对较少应用。发展中国家的旅游业正有许多新的旅游目的地发展建设，这些目的地很可能在短时间内就可以达到成熟期。值得注意的是，并不是每个旅游目的地都会经历 TALC 的所有阶段，或者发展模式与模型完美重合，或者清晰地分析出每个阶段的节点，或者拥有同样的应用方式，某些目的地甚至会在同一时期处于多种不同的发展阶段。张家界武陵源风景区在 2007 年前后进入发展巩固阶段，其发展过程符合旅游地生命周期理论[87]。作为一个用于分析旅游地发展演化过程的重要理论工具，旅游地生命周期理论同样适用于旅游增长极这一研究领域，尤其是旅游扩散效应发展演化方面的研究。如果说前面的增长极理论、主导产业及其扩散理论和核心-边缘理论主要从产业关系或空间结构方面来指导旅游扩散效应的研究，旅游地生命周期理论则侧重于从时间维度来提供理论指导。

第四节　地方感与旅游空间学说

一、地方感与旅游目的地建设

（一）相关概念

1. 地方

段义孚认为，"地方为人提供价值，人赋予地方意义，地方不仅为人提供生活的物质基础，也在人所赋予的地方意义中构建社会，给予个人或集体安全感、归属感和身份识别感。"加拿大地理学家爱德华·雷尔夫（Edward Relph）在《地方与无地方》一书中着力刻画了"地方"在现代化过程中的变化，他认为地方拥有包括物质、意义和功能三重属性。加拿大学者 Allan Pred 认为，地方由不同的社会经济实践历程所构成。

从总体来看，虽然上述学者对"地方"这一概念内涵的定义各不相同，但对"地方"概念所包含内容的认识却是较为一致的，即"地方"除了包括地理位置和物质形式，还应包括价值和意义。

2. 地方感

"地方感"（sense of place）是可以感受的人地关系，是多层级、整体性的概念，地方感的强度可分为感知、态度、价值观、世界观 4 个层级[88]。"地方感"拥有相同生活世界者们共同的生活标记[89]，是人类对地方特质与个性的主观体验，表征人对地方依附的情感和认同[90]，是一个社会理想，并在社会化的行动中形成与增强[91]，是地方特征和人在特定环境中产生的特殊心理过程（如期望、目的、情绪和偏好）共同作用的产物[92]，体现了场所空间的意义、价值与行为主体之间的情感联系[93]。我国学者对地方感也存在不同角度的解释，如地方感是一个包容性概念，是人与地方相互作用而产生的人对特定地方的情感依恋，与人的日常活动息息相关并不断发展和变化[94]；"地方感"是一个具有较强主观色彩和情感色彩的概念，既包括人们对地方的认识和感知，也包括对地方的情感和评价[95]。

3．地方性

地方性是在人与自然环境动态的交互中，发挥主体性创造彰显地表人文景观的地方或乡土特色，赋予地方构成以独特的精神或特质[96]，是地方之间相互区别的差异性和独特性，是逐步培育地方特质的根源和基础[97]。一般来说，地方性体现在地方的物质、功能、意义三个方面，其中，意义是人赋予地方的。但由于每个人的意识、观念、生活经历等不同，其赋予地方的意义也是不同的。

（二）地方感研究

地方感理论较早起源于人文地理学，20 世纪 80 年代末被引入旅游研究。引入地方感的旅游研究主要集中在地方感维度和影响因素。

1．地方感维度研究

地方感是关于人们对特定地理场所（setting）的信仰、情感和行为忠诚的多维概念，由于研究对象、区域或视角不同，地方感研究中常常出现不同的维度划分方式。

国外学者很早就对地方感维度进行了研究，存在二维、三维和四维的学术思想差异。基于个人与户外游憩地的情感联结关系，地方感由地方认同（place identity）与地方依赖（place dependence）两个维度构成[93]。在研究基于旅游地企业视角，地方感由地方依恋、地方认同和地方依赖三个维度构成[98]。基于旅游地居民思考，地方感有停留动机、家族背景、地方归属感与地方依附四个维度[99]。

国内学者对地方感维度的研究主要是基于国外学者的相关研究结论，并在实证基础上进行了归纳创新。在二维研究上，由黄山屯溪老街的实证研究，可将地方感划分为地方性依恋与地方性认同两个维度[100-101]。在三维研究上，基于北京 3 个乡村旅游社区的分析，地方感包括依恋、依赖以及认同三个维度[102]；基于广州

6 个五星级酒店的分析，可将地方感划分为地方景观感知、地方认同、跨文化认同三个维度[103]；基于苏州古典园林游客感知，将地方感划分为旅游涉入、旅游吸引力以及旅游功能三个维度[104]。在四维研究上，地方感由景观环境、社会人文、旅游功能以及情感依恋四个维度构成的观点[105]被多数学者认可。

2. 地方感影响因素研究

在国外的地方感因素研究中，地方感的影响因素主要包括人口统计学特征、社会环境和物理环境三个方面。其中，人口统计学特征因素包括性别、年龄、出生地、职业、经济条件、居住时长、受教育程度等。社会环境因素包括社会关系、节日庆典活动等。物理环境则是现实环境因素，体现在地方硬件条件、文化遗产、居住环境状况等。地方感与年龄和居住时间有关，年龄越大、居住时间越长，居民地方感越强，反之则越弱[106]。出生在本地的居民比出生在其他地方的居民地方依恋程度更高，地方感更强[107-108]。从事旅游及相关行业的居民地方感强于从事其他行业的居民[109]，受教育程度越高者地方感越强[110]，政府对旅游业的管理对地方感有着显著影响[111]。在物理环境因素方面，地方感与旅游目的地景观特征明确程度、居住地周边基础设施完善程度和环境优越性呈显著正相关关系[107,112-113]，而与景区距离大小呈显著负相关关系[114]。

在国内的地方感影响因素研究中，影响因素主要包括居住时间、公共空间、媒介宣传、地方文化、年龄等。在皖南古村落中，时间是居民地方依恋形成的主要影响因素[115]。在开平碉楼与村落中，媒介宣传在很大程度上影响当地社区居民对遗产文化价值的认知[116]。而北京受城市化影响程度不同的 3 个乡村社区，地方感的差异不仅与空间重构导致的居民社区依附程度差异有关，还与社区"公共领域"有关。人与人在旅游地公共空间的沟通交流，有助于构建新的社会网络，并可以为本地居民强化和延续集体记忆，同时可以与新居民分享新的共同记忆，从而增强地方感[100]。文化原真性感知对地方依恋和目的地忠诚度均产生显著的直接影响，并通过地方依恋对忠诚度产生间接影响[117]。

（三）研究评述

综上所述，对地方感的研究越来越受到国内外学者的关注，已有了较为丰富的研究成果，并且旅游领域的地方感实证研究不断发展。但大部分学者主要聚焦于地方感特征、维度、影响因素等问题的研究,在地方感的影响机制与形成机制研究方面还存在较大空缺。国外对地方感的研究起步较早,截至目前,也形成了比较系统的研究方法和研究框架,研究者们糅合不同学科的理论知识,丰富和扩充了地方感理论的内容,不断加强研究的深度和广度,在相关理论研究方面始终处于前沿阵地。相比之下,国内对地方感的研究起步较晚,多借鉴和参考国外研究理论和成果,但国内学者也进行了一定的创新和发展。

二、旅游目的地的地方引力

(一)相关概念

1.目的地吸引力

一般情况下,目的地吸引力是旅游者个体利益的相对重要性和目的地满足个体利益的感知能力,其反映了个体对目的地满足其各种需要的能力的情感、信念和观点[118]。1999 年,吴必虎等结合我国实际情况,认为目的地吸引力是指目的地的景观、设施、服务、知名度、游客关于它的意境地图的强弱等若干因素综合作用形成的对旅游者或休闲者的诱惑强度。

2.地方引力

在金融领域,地方引力是指影响某地区吸引外商直接投资的诸因素之和。关于旅游目的地的地方引力这一概念,学术界目前还没有明确的定义或表述。结合旅游目的地吸引力等概念,笔者认为,旅游目的地的地方引力是受目的地旅游资源、旅游设施、旅游环境、可进入性、目的地形象、目的地与客源地的距离等因素共同作用形成的能够实现旅游者目标、满足旅游者需要,吸引旅游者向往或来到旅游地的能力。

3.引力模型

西方学者 Tinbergen 和 Poyhonen 将万有引力定律在经济研究中发展、延伸,提出了一个比较完整且简便的经济学模型——引力模型,认为两个经济体之间的单项贸易流量与它们各自的经济规模成正比,与它们之间的距离成反比[119]。而后引力模型逐渐应用于社会科学研究领域,拓展至旅游经济研究领域形成了旅游地引力模型,并在很多学者的实证分析中得到了成功的印证。

（二）旅游目的地引力研究

1. 国外相关研究

自 20 世纪 60 年代以来，引力模型被广泛用于描述国际贸易流、国际移民流和对外直接投资流（FDI）。随着旅游业的迅猛发展，贸易引力模型开始被运用到旅游研究中。Crampon 用"旅游流"代替"贸易流"，首次提出了旅游引力模型[120]：

$$T_{ij} = G \frac{P_i A_j}{D_{ij}^b} \tag{5-1}$$

式中，T_{ij} 为客源地 i 到目的地 j 的旅游流（通常用旅游人数衡量）；P_i 为客源地 i 的人口规模；A_j 为目的地 j 的吸引力；D_{ij} 为客源地 i 到目的地 j 的距离；G、b 为经验参数。

后续 Wilson 对其进行了修正，并在旅游目的地客源市场规模预测和客源地范围划分中大量使用[121]。1979 年，Ferrario 则从供需模型出发，测算了南非部分旅游目的地吸引力[122]。国外早期的旅游引力模型主要是对距离变量进行修正，将两地之间的直线距离修正为包括交通工具、交通成本和旅行时间的距离函数，还有学者对旅游引力模型进行彻底的改动，将旅游目的地的旅游潜力作为因变量，将旅游供给因素和旅游需求因素作为自变量，构建一个关于旅游地相对吸引力的模型。

2. 国内相关研究

相比较而言，国内学者开展此类研究较晚，但同样仿照了物理学模型。1989 年，张凌云构造了旅游吸引力模型 $E = KRQ/r^2$，其中 K 为介质系数，R、Q 分别对应于旅游学研究中的旅游资源丰度指数、客源丰度指数，r 为目的地与客源地之间的空间距离指数[123]。2020 年，史晋娜以冰雪旅游目的地为例，分析了旅游吸引力模式下的主要影响因素有冰雪资源、冰雪旅游项目、基础设施建设等[124]。

（三）研究评述

总的来看，目前整个旅游学界对旅游目的地地方引力的研究尚处于外围研究阶段。将引力模型引入旅游领域研究是一个创举，但以往对引力模型作为旅游基础理论的研究不够深入，对地方引力的定义较为模糊，对研究范围的界定也不清晰，研究方法侧重于定性分析。对于旅游目的地地方引力的强度、方向、水平、动态变化和速率如何衡量，以及地方引力作用机制原理等问题都缺乏深入的讨论。旅游目的地地方引力的相关研究还有待更多学者进一步提出和完善。

三、旅游目的地游憩机会谱理论

（一）游憩机会谱理论

1. 理论发展

自 20 世纪 60 年代起，游憩机会谱（recreation opportunity spectrum，ROS）理论开始应用于美国西部公共土地游憩资源管理，后期开始应用于东部私人土地和绿地、公路等其他公共土地，广泛运用于澳大利亚、新西兰、加拿大和日本等国家，并从 2001 年起引入中国。ROS 最初应用于公园和森林，后来扩展到了其他领域（包括荒野、旅游、生态旅游、土地使用模式和区域所有权、水上游憩以及以游憩型道路），成为指导游憩资源的调查、规划和管理的有效手段，目前已广泛用于国外公共游憩土地的规划与管理。

2. 理论内涵

游憩机会是指游客得到一个真正的选择机会，选择在其偏好的环境中，参与偏好的活动，以实现其期望得到的满意体验。这些机会由游客所期望的条件构成，包括某个游憩地自然、社会和管理特征要素，即游憩地的自然（植被、景观、地形等）、游憩使用（使用的水平和类型）和管理（对场地的开发、道路、游客规则等）要素共同构成了一个游憩机会。将这些要素的各种变化情况组合起来，管理者就可为游客提供一系列的游憩机会。但是，由于任何一个单独的游憩地都不可能提供整个谱系中的全部机会类型，因此游憩机会谱系的运用更加强调在区域的层次上加强合作，共同提供多样化的游憩机会。

ROS 是指根据游憩地的自然、社会与管理特征形成能代表游憩机会综合条件的因子体系，再将游憩地划分为多个不同的游憩机会类别，加以规划和管理的理论框架和技术手段。也可以说，ROS 是一个为游憩地编制资源清单、规划和管理游憩经历及环境的技术框架。

3. 游憩机会谱的构成

国外最常见的游憩机会谱是美国林务局所制定的"六分法"，它从影响游客体验的角度将游憩地分为原始区域、半原始且无机动车辆使用区域、半原始且有机动车辆使用区域、通道路的自然区域、乡村区域及城市区域 6 种类型。每种类型都对应着不同的自然、社会和管理要素。

（二）ROS 理论的应用

1. ROS 理论在旅游目的地中的应用

ROS 的应用研究成果多集中于森林公园、地质公园、自然保护区、风景名胜区及城市公园等类型的旅游目的地。如新西兰 ROS 的自动生成方法研究[125]；国家公园 ROS 的踪迹分类和经营模式[126-128]；ROS 在省域空间、美国和日本游憩资源管理中的应用实践[129,130]；借鉴美国林务局的 ROS 研究成果，结合中国的政策标准、管理现状、研究成果，建立了本土化的森林公园 ROS[131]；北京山地森林 ROS，包括城郊开发区域、城郊自然区域、乡村开发区域、乡村自然区域和半原始区域五个游憩机会等级[132]。南昌市安义县"城野旅途"乡村旅游精品线中，存在 5 种不同的游憩机会等级，且可调整优化[133]。

2. ROS 理论的扩展应用

ROS 理论在国内学者的研究发展过程中，还衍生出一些其他的理论框架。借助 ROS、旅游机会谱（TOS）、生态旅游机会谱（ECOS）或可持续发展理论，可构建中国生态旅游机会图谱（CECOS）[134,135]。2009 年，宋增文等借鉴游憩机会谱理论，依据探险旅游的难度系数分级和旅游活动属性等，提出了探险旅游机会谱（ATOS）[136]。2010 年，杨会娟等借鉴游憩机会谱理论提出了中国森林公园游憩机会谱系（CFROS）为解决中国森林公园资源保护和旅游开发之间的矛盾进行探索[131]。2019 年，丛丽等以成都大熊猫繁育研究基地为例，将 ROS 应用于野生动物旅游情境，构建了野生动物旅游地游憩机会谱（WROS）[137]。2022 年，李雪萍等以丽江拉市海高原湿地省级自然保护区为例，从游客行为特征、环境偏好角度出发，将该地游憩环境分为原始自然型、半原始自然型、乡村型及城郊型 4 种类型，构建了拉市海高原湿地省级自然保护区游憩机会谱（PWROS）[138]。

（三）研究评述

综上所述，ROS 理论在有效指导游憩资源的调查、规划和管理方面已经得到了学术界的普遍认同。ROS 在国外已被广泛应用于游憩地的规划和管理，且有较为成熟的理论框架；国内学者对 ROS 理论也有部分相关研究，但多局限于森林公园、风景名胜区和环城游憩带等中小尺度，关于省域等大区域的 ROS 研究较少，总的来说还未得到普遍推广。将 ROS 理论应用于我国公共游憩地研究中，可使其游憩资源的规划和管理水平得到提升，但由于我国的资源特征、旅游者特征、管理体制与国外明显不同，将 ROS 理论和技术方法引入我国各种类型的旅游目的地实践，还需要学者们进一步的研究，建立起更加适合我国国情的 ROS，实现游憩资源的科学高效管理，提供多样化的游憩机会，满足游憩者不同的体验需求。

四、旅游地空间结构

（一）概念内涵

国外对旅游地空间结构的研究起步较早，但对旅游地空间结构的概念至今仍没有一个明确的定义。最早对旅游空间结构的概念进行定义的学者是 Douglas，他认为旅游空间结构是一种集聚状态，表现的是一种空间集聚程度，是指旅游经济客体在空间中的相互作用和相互关系[139]。国内学者吴必虎等在《区域旅游规划原理》一书中，认为空间结构是一种组织形式，是经济和文化共同作用于一定地域所形成的结果，旅游空间结构不仅仅是一种空间状态，旅游系统各要素在一定地域空间的投影，反映的是空间属性的相互关系，以及各要素在区位的分布和相互关系[140]。

（二）相关研究

国外关于旅游空间结构的研究始于 20 世纪 60 年代，总体上可分为宏观和微观两个层面。在宏观层面，主要是针对全国范围、地理大区、都市旅游圈层进行综合旅游规划，探讨区域旅游资源的特征、组合功能和旅游地域系统空间结构演化规律。1995 年，Pearce 讨论了不同地理维度下的旅游规划问题，提出旅游规划应该分为国家尺度、地方尺度和区域尺度 3 个层次进行[141]。1999 年，Dredge 构建了旅游目的地空间规划布局模式，对目的地的空间规划设计进行了研究。在微观层面，主要以旅游产品提供者、旅游地居民、旅游消费者等大量微观主体作为具体研究对象，探讨旅游流的时空分布特征、旅游线路设计、旅游行为空间结构[142]。2001 年，Christine Lima 等探讨了澳大利亚、中国香港、马来西亚、新加坡等亚洲游客的季节性分布的空间结构[143]。2005 年，Prideaux 探讨了世界范围内旅游者流动行为的空间模式[144]。

国内学者对旅游空间结构的研究始于 20 世纪 80 年代，主要集中在旅游空间构成要素、影响因素、结构模型和优化等方面。2019 年，邓良凯等运用复杂网络分析方法，从游客的旅行行为出发，对旅游地空间结构发展的客观规律进行了研究[145]；2020 年，葛妍等以苏州旺山村为研究对象，运用社会网络分析法（SNA）建立基于村民与游客行为需求的空间网络模型[146]；刘大均等以九寨沟景区为例，分析了"8·8"九寨沟地震冲击下国内客源市场空间结构的变化特征以及影响因素[147]；刘逸等提出了旅游地客源市场空间结构的新解释框架，明晰了不同类型旅游地客源市场空间结构的差异[148]。

第五节　旅游目的地管理：从功能到品牌

一、旅游目的地推拉效应

（一）"推—拉"理论

"推—拉"理论（push-pull theory）是旅游需求研究的经典理论之一，推动因素（push factors）一般被认为是旅行者的内在动机，主要涉及旅行者的内在心理因素；拉力（pull factors）是指目的地的吸引力，是外在因素，与目的地形象相关。1885 年，英国学者 E. Ravenstien 在人口迁移规律的研究中提出，他认为促使人口转移的因素有外部和内部两方面，这就是"推—拉"理论雏形。1977 年，Dann 首次将"推—拉"理论应用到旅游研究领域，认为"推—拉"理论能够有效解释旅游者空间流动的影响机制[149]。1979 年，Crompton 把游客出游动机分为推力因素和拉力因素两大类，此后"推—拉"理论被广泛应用于旅游研究领域[150]。

（二）旅游目的地"推—拉"效应研究

1. 国外相关研究

在国外，"推—拉"理论被广泛应用于旅游者出游驱动力、旅游者行为、旅游目的地吸引力、目的地形象等方面的研究。例如，Crompton用"推—拉"理论研究了游客出游动机，得出"度假者是由推力因素如逃离世俗生活环境，心灵回归和拉力因素如新奇感和教育共同作用的"[150]；Meltem Caber等以土耳其安塔利亚攀岩旅游者为研究对象，得出最重要的推力因素为自然环境和挑战性，最重要的拉力因素为追求攀登新奇和攀登旅游基础设施，这些推拉因素可用来验证攀岩者的满意度[151]。

2. 国内相关研究

国内学者对旅游目的地"推—拉"效应的研究主题是多样化的。例如，2013年，王香玉等学者通过构建"推—拉效应"模型，探究安徽省入境旅游发展水平与地区经济增长的适应程度[152]。2014年，莫琨等学者基于"推—拉"理论，以海南省为养老旅游目的地，对少数民族地区老年人旅游活动进行研究，探究养老旅游意愿的影响机制[153]。2020年，赵耀等利用"推—拉"理论对游客旅游的内外部动因进行研究[154]。2022年，邓伟伟等基于"推—拉"理论，构建研究假设模型，分析美食旅游者的内外关键匹配的动机，以及对其行为意向的影响[155]。

（三）研究评述

"推—拉"理论架起了旅游需求与供给的桥梁，为研究旅游者行为提供了一个有效框架。但理论方面对推力和拉力的作用关系仍存在争议，有的学者认为推力因素作用于拉力因素之前，其他一些学者则认为推拉因素不应该被视为相互独立的，两者应该是相互联系的。此外，基姆的研究表明推力因素和拉力因素不仅相关，其关系还受到社会人口学因素的调节作用。在应用方面，首先，受吸引力影响的因素的研究多重视拉力因素的作用，"推—拉"理论将吸引力研究与推力因素（旅游者本身主观动机因素）相联系，为研究旅游者的目的地选择、体验满意、重游意愿、旅游花费等提供了新的视角。此外，从系统的观点来看，在旅游系统中吸引力的影响因素除了客源地和目的地本身，还包括将两者相联系的交通、信息、营销要素，这些影响因素也应纳入吸引力研究范畴。其次，没有形成统一的目的地吸引力量表。虽然学者在使用多属性方法进行测量的方式上基本达成共识，但具体的属性选择并未统一，没有形成普遍适用的量表。

二、旅游目的地竞争力

（一）旅游目的地竞争力

1. 概念内涵

旅游目的地竞争力是一种能够为当地的居民提供高标准生活的能力，从可持续发展的角度分析，旅游目的地竞争力是为到访旅游者提供满意而难忘的旅游经历、吸引更多游客来访，提高当地居民的生活质量，并为子孙后代维护好该地的自然资产的能力[156]。若借鉴波特竞争理论，则可把旅游目的地竞争力界定为"不但在于目的地能够保持相对于竞争对手的市场地位，还在于其创造并整合能维持旅游目的地的资源可持续使用的增值产品的能力"[157]。从经济影响视角分析，旅游目的地竞争力是为一个国家居民创造经济繁荣的能力[158]。

在国内学者的研究成果中，有从综合能力角度出发，认为旅游目的地竞争力是旅游目的地持续满足游客需求、提高游客体验质量和满意度、提升原住居民生活的幸福感、提高其他利益相关者福利的能力，旅游目的地竞争力要与可持续发展相一致，除了要考虑旅游目的地当前的状况，还要考虑可持续发展和承载力情况[159]。也有从经济学角度出发，认为旅游目的地竞争力是在定量投入下获得最佳产出的能力，这种能力只能通过现实的投入产出比来确定[160]。还有从语言、逻辑和认识论三个角度出发，认为目的地竞争力是旅游目的地在与竞争对手的竞争中获取胜利的一种能力，也是旅游目的地在竞争中吸引游客、获得满意、实现利益诉求并使资源能够可持续发展的能力，是旅游目的地自身存在的特质[161]。虽然国内外学者从多个角度对旅游目的地竞争力这一概念进行了探讨，但是，究竟何为目的地竞争力，至今仍未形成统一的概念。

2. 实证研究

在国外，比较具有代表性的实证研究集中在对旅游目的地国际竞争力的研究。例如，1999 年，有学者在 1998 年访问土耳其的英国游客的基础上，通过定性与定量相结合的方式建立了旅游目的地国际竞争力集[162]；2000 年，有学者采用 EFQM 模型对欧洲的旅游国际竞争力加以研究[163]；2004 年，有学者采用实证分析法对香港的旅游从业者进行调查以研究目的地旅游业竞争力[164]；2015 年，有学者通过结构方程模型（SEM）进一步分析旅游目的地国际竞争力的影响因素[165]。

国内相关研究成果主要集中在旅游目的地竞争力评价。例如，2006 年，易丽蓉等编制了"旅游目的地竞争力测试量表"，并在我国 18 个省（区、市）做了问卷调查，分析验证了旅游支持因素、旅游资源、目的地管理、需求状况、区位条件 5 个因素与目的地竞争力正相关性假设[166]；2007 年，臧德霞等以海滨旅游目的地为研究对象，探究了各影响因素在其竞争力提升过程中所起的作用类型与作用强度[159]；2009 年，冯学钢等构建了旅游目的地竞争力评价的投入产出指标体系，并运用数据差异驱动原理，对我国 31 个省（区、市）的竞争力展开量化研究[160]。省域层面的旅游竞争力的实证研究，主要通过城市相关数据赋值评价指标，对广西壮族自治区、安徽省、西南地区等省（区、市）的旅游竞争力进行评价[167-169]。

（二）旅游目的地可持续竞争力

国外对竞争力的可持续问题关注较早，Chris Pappas 早在 1984 年就提出了可持续竞争优势（sustainable competitive advantage）一词[170]。随后，有关可持续竞争优势的理论被不断完善，并广泛应用于企业经济、管理及教育行业等领域，之后又逐渐被运用到旅游业研究中。目前，可持续竞争优势理论已得到了各国学者的普遍认可，在这种背景下，可持续竞争力的概念开始出现。

1．概念内涵

对于可持续竞争力的概念，国内外学者已经有了各种论述，如可持续竞争力是经济竞争力与可持续发展两个概念的有机融合[171]；可持续竞争力是指一个企业长期持续发展与综合竞争优势的创造和保持，是一个企业兴衰或者强弱的根源[172]。较为全面系统的阐述是刘军于 2011 年提出的，他认为旅游目的地可持续竞争力是在宏观的自然、科技、社会与经济环境下，以目的地的旅游资源、区位等因素为基础，通过产业管理等生产过程获得经济、环境、生态等综合效益的能力，并最终实现既能满足旅游者旅游体验需要，又能满足当地居民生活质量改善需要；一方面，从竞争空间来看，应该表现为目的地在某一时点占领市场的规模、绩效或击败竞争对手的竞争能力；另一方面，从竞争时序来看，旅游目的地可持续竞争力指该地旅游业长期保持竞争优势的能力，其实质上包含了目的地协调当前发展与未来发展矛盾的能力[173]。

2. 相关研究

国内外关于旅游目的地可持续竞争力的研究，主要集中在其影响因素、评价方法以及提升可持续竞争力的对策建议。已有研究成果表明，影响旅游目的地可持续竞争力的因素主要有政府政策、区域投资能力、居民支持态度、旅游项目的可持续性等[174-176]；提高旅游目的地可持续竞争力的途径有综合质量管理（IQM）旅游资源、游客管理、生态治理等[177-178]。

（三）研究评述

综上所述，国内外学者从不同的层面、不同的角度，采用不同的方法对旅游目的地竞争力进行了大量研究，取得了众多成果，但学术界目前对旅游目的地可持续竞争力还没有形成一个明确的定义，在现有文献中，对旅游目的地竞争力的研究多偏重对现状的评价，较少从可持续发展的角度对旅游目的地竞争力进行研究，缺少将旅游竞争力中的可持续因素转化为数量指标进行深入研究。

三、旅游目的地品牌形象与品牌个性

（一）基本概念

Aaker 认为旅游目的地具有显著的品牌个性，并于 2000 年将品牌个性的概念应用于旅游目的地，认为旅游目的地可以被视为一个品牌，具有自己的个性和形象[179]。Ritchie 等也提出目的地品牌需要重点强调其独特性和差异化，并能够传递其独特性，提升游客的愉快体验，并将这种独特性浓缩为一种符号或标志[180]。阳国亮等提出，旅游目的地品牌就是该品牌通过一系列的操作，将其品牌代表的美好体验根植于游客心中[181]。陈刚等提出新的解释，认为旅游目的地品牌是一个符号、一种象征，代表地区自然特色和人文特色，是游客对旅游目的地所在区域整体认知的总和[182]。

（二）旅游品牌形象的研究

1. 国外相关研究

国外关于旅游品牌形象的研究始于 20 世纪 90 年代。研究融合了目的地形象、目的地品牌化、品牌定位等内容，认为旅游品牌形象是目的地品牌化过程中的重要因素。关于其概念，国外学界的探讨较少，缺乏统一界定，也出现与目的地形象概念混用的情况。国外学者主要从两种视角展开研究。

首先是从微观视角探讨旅游目的地品牌资产、品牌个性等。例如，2019 年，Acosta Pereira L 等以巴西里约热内卢为研究样本，构建模型探讨目的地品牌资产、品牌个性、目的地属性、品牌象征因素对目的地品牌形象的影响，以及品牌形象对游客忠诚度的影响[183]。同时，社交媒体在旅游营销中的作用越来越重要，在社交媒体中的品牌形象传播受到学者关注。例如，Melese K B 等以埃塞俄比亚东部为研究对象，从营销学视角论证了旅游品牌形象是旅游产品开发的重要影响因素[184]。而各品牌利益相关者内部一致性是品牌共创形成的前提，不同利益相关者的多个品牌如何整合到一个品牌中，认为利益相关者应关注内部品牌，与所有利益相关者沟通，从而形成品牌共创。其次，从宏观视角结合目的地形象影响因素展开旅游品牌形象影响因素研究。例如，Hatzithomas L 等学者探讨游客的旅游目的地形象感知对品牌全球化的影响，证明了品牌全球化在目的地形象和游客购买意愿之间的中介作用，认为目的地国际形象将有助于本土企业创建和维护全球性品牌[185]。有学者以 Elie Gasht 公司为研究对象，通过对其 Instagram 页面中提供的旅游信息质量的调查，探究内容线索对提高目的地品牌知名度和形成用户目的地形象的作用，研究发现企业提供的信息质量内容线索对提升目的地品牌知名度有积极作用，进而改善情感形象和认知形象[186]。最终，企业提供的信息质量的内容线索通过目的地的情感和认知形象影响意象形象的形成。

2. 国内相关研究

国内关于旅游品牌形象的研究晚于国外，始于 20 世纪初。在旅游领域，旅游品牌形象被视为目的地形象的延伸，是目的地品牌的外在表现，旅游者通过感知与联想形成整体的旅游品牌形象。国内关于旅游品牌形象的研究主要有两个侧重点：一是侧重于旅游目的地管理的研究，重点探讨旅游目的地的品牌形象，应用旅游目的地形象、目的地定位、目的地品牌化相关理论[187]；二是侧重于旅游企业管理、品牌管理的研究侧重于旅游企业管理、品牌管理的研究，主要探讨景区旅游品牌形象。大部分学者将景区品牌视为广告学、营销学、管理学的延伸并在研究中应用相关理论，围绕品牌战略，重点探讨品牌的构建、营销传播与品牌形象的塑造[188]。

（三）研究评述

综上所述，可以发现国内外学者都非常注重品牌的个性化研究。国外对旅游目的地的品牌研究是从旅游目的地的形象研究开始的，随后一些地区开始尝试建立符合品牌形象的视觉设计体系，也更加注重品牌个性的研究。相比之下，我国旅游地品牌个性研究起步较晚，但越来越受到学者的关注，目前国内的研究内容主要集中于目的地品牌个性的维度与测量、目的地品牌个性与目的地形象间的关系、与游客行为的关系以及目的地投射个性与游客感知的关系。

四、旅游目的地危机管理

（一）相关概念

1. 旅游危机

关于旅游危机（tourism crisis）的概念，联合国旅游组织将其定义为"影响旅行者对一个目的地的信心和扰乱继续正常经营的非预期性事件"，亚太旅游协会将其定义为"具有完全破坏旅游业的潜能的自然或人为的灾难"。

笔者认为，可从以下两个视角对旅游危机进行定义：①从旅游目的地视角定义，旅游危机是指旅游目的地受到不可控的负面情形影响，从而导致目的地的旅游发展产生了非正常的波动情形；②从游客的视角定义，旅游危机是指能够实际或者潜在对于游客产生负面影响的突发事件，且该突发事件使得游客难以容忍，极大地破坏了旅游体验。

2. 旅游危机管理

旅游危机管理是指政府或旅游相关部门为预防旅游开发、经营、游客消费过程中的危机而采取的一系列应对措施，以及在危机发生之后所采取的一系列弥补性救济措施。

旅游危机管理体系主要包括两种行为主体。一是政府危机管理。政府部门在危机管理的过程中占据主导地位，政府危机管理主要是指其为了能够预知可能到来的危机，采用积极的防御措施，阻碍危机的到来，并尽力使得危机的不良后果降低为最小。二是旅游企业危机管理。旅游企业需要建立企业的危机管控机制，提高自身应对旅游危机的能力，与公众保持畅通、较好的沟通，在危机发生时及时进行自救。

（二）相关研究

1．国外相关研究

国外对旅游危机的研究较早，可追溯到 20 世纪 70 年代。1974 年，在国际能源危机的影响下，世界旅游业遭到前所未有的冲击，为扭转这种不利局面，旅游研究协会开始关注危机并将该年的年度会议主题定位为"旅游研究在危机年代中的贡献"。国外在旅游危机研究中主要以混沌论、心理学、组织管理学等理论为基础开展研究，研究内容集中在犯罪、战争、恐怖主义、金融危机、自然灾害和公共卫生事件等方面，通过一系列实证研究，进一步发展了旅游危机的理论研究，主要包括危机条件下旅游业的脆弱性、旅游者的安全感应、旅游危机管理模型、旅游危机管理策略等[189,190]。

2．国内相关研究

国内对旅游危机管理的研究始于 20 世纪 80 年代末。1989 年，林洪岱研究了交通事故旅游危机对国家旅游形象等方面的影响[191]。2002 年，高舜礼等分析了"9·11"恐怖事件对我国入境旅游的影响[192]。在 2003 年 SARS 病毒暴发以前，国内对旅游危机管理的研究较少，研究范围和成果比较有限。而 SARS 事件以后，国内研究者深切认识到旅游业危机管理的研究重要意义，研究范围和领域得到扩展。近年来比较典型的危机事件有"2008 年金融危机""5·12 汶川地震""拉萨 3·14 事件""香港'占中'事件""青岛大虾事件"及"COVID-19 疫情"，这些突发性事件引发了一波又一波的旅游危机，其引起的旅游业危机管理备受国内外学者关注。

（三）研究评述

总体而言，国外对旅游危机研究时间跨度较长，研究视角多样化，侧重用数据进行量化研究。在国内旅游危机的研究中，大部分侧重于传统意义上的旅游危机系统建构与管理机制的研究、旅游危机的影响与相应对策的研究、旅游危机基本理论框架的研究等方面的内容，但是有关旅游危机管理的方向还不是很完善，例如，如何建立旅游危机预测系统，如何健全旅游危机相关立法等内容，有待进一步研究。

学术研讨题

1. 思考旅游地在旅游地生命周期不同阶段的发展举措。
2. 旅游产品生命周期理论与旅游地生命周期理论有何联系和差别？
3. 游憩机会谱理论可以应用于哪些旅游目的地？
4. 如何解释旅游目的地的"推—拉"效应？
5. 旅游目的地品牌形象与品牌个性体现在哪些方面？

推荐阅读文献

（1）Agarwal S．Restructuring seaside tourism：the resort lifecycle[J]. Annals of Tourism Research，2002，29（1）：25-55.

（2）Buhalis Dimitrios. Marketing the competitive destination of the future[J]. Tourism Management，2000，21（1）：97-116.

（3）Chris Cooper，Stephen Jackson．Destination life cycle: the isle of man case study[J]. Annals of Tourism Research，1989（16）：377-398.

（4）Getz D .Tourism planning and destination life cycle[J]. Annals of Tourism Research，1992，19：752-770.

（5）Pearce D.G. Tourism development：a geographical analysis[M]. London：Longman Press，1995：1-25.

（6）Waligo V M，Clarke J，Hawkins R．Embedding stakeholders in sustainable tourism strategies[J]. Annals of Tourism Research，2015，55：90-93.

（7）邹统钎，高中，钟林生. 旅游学术思想流派[M]. 天津：南开大学出版社，2008.

（8）保继刚，楚义芳. 旅游地理学（修订版）[M]. 北京：北京大学出版社，1999.

（9）黄常锋，孙慧，何伦志. 中国旅游产业链的识别研究[J]. 旅游学刊，2011，26（1）：18-24.

（10）陆大道. 关于"点-轴"空间结构系统的形成机理分析[J]. 地理科学，2002（1）：1-6.

（11）陆林. 山岳型旅游地生命周期研究——安徽黄山、九华山实证分析[J]. 地理科学，1997（1）：64-70.

（12）余书炜. "旅游地生命周期理论"综论——兼与杨森林商榷[J]. 旅游学刊，1997（1）：32-37，63.

（13）邹统钎. 旅游学术思想流派[M]. 4 版. 天津：南开大学出版社，2022.

主要参考文献

[1] Robson J，Robson I. From shareholders to stakeholders：critical issues for tourism marketers[J]. Tourism Management，1996，17（7）：533-540.

[2] Sautter E T，Leisen B. Managing stakeholders a tourism planning model[J]. Annals of Tourism Research，1999，26（2）：312-328.

[3] Sheehan L R，Ritchie J R B. Destination stakeholders exploring identity and salience[J]. Annals of Tourism Research，2005，32（3）：711-734.

[4] 王纯阳，黄福才. 村落遗产地利益相关者界定与分类的实证研究——以开平碉楼与村落为例[J]. 旅游学刊，2012（8）：88-94.

[5] 王兆峰，腾飞. 西部民族地区旅游利益相关者冲突及协调机制研究[J]. 江西社会科学，2012（1）：196-201.

[6] 张玉钧，徐亚丹，贾倩. 国家公园生态旅游利益相关者协作关系研究——以仙居国家公园公盂园区为例[J]. 旅游科学，2017，31（3）：51-64+74.

[7] Jamal T，Tanase A. Impacts and conflicts surrounding Dracula Park，Romania：The role of sustainable tourism principles[J]. Journal of Sustainable Tourism，2005，13（5）：440-455.

[8] Zeppel H. Managing cultural values in sustainable tourism：Conflicts in protected areas[J]. Tourism and Hospitality Research，2010，10（2）：93-115.

[9] Yang J，Ryan C，Zhang L. Social conflict in communities impacted by tourism[J]. Tourism Management，2013，35：82-93.

[10] Ritchie J R B. Crafting a value-driven vision for a national tourism treasure[J]. Tourism Management，1999，20（3）：273-282.

[11] 保继刚，文彤. 社区旅游发展研究述评[J]. 桂林旅游高等专科学校学报，2002，13（4）：13-18.

[12] 方怀龙，玉宝，张东方，等. 林业自然保护区生态旅游利益相关者的利益矛盾起因及对策[J].

西北林学院学报, 2012, 27 (4): 252-257.

[13] Waligo V, Clarke J, Hawkins R. Embedding stakeholders in sustainable tourism strategies[J]. Annals of Tourism Research, 2015, 55: 90-93.

[14] Begum H, Er A C, Alam A S A F, et al. Tourist's perceptions towards the role of stakeholders in sustainable tourism[J]. Procedia-Social and Behavioral Sciences, 2014, 144: 313-321.

[15] Saito H, Ruhanen L. Power in tourism stakeholder collaborations: Power types and power holders[J]. Journal of Hospitality and Tourism Management, 2017, 31: 189-196.

[16] 保继刚, 孙九霞. 雨崩村社区旅游: 社区参与方式及其增权意义[J]. 旅游论坛, 2008, 19 (4): 58-65.

[17] Murphy P. Tourism: A community approach (RLE Tourism) [M]. Routledge, 2013.

[18] Mitchell R E, Reid D G. Community integration: Island tourism in Peru[J]. Annals of Tourism Research, 2001, 28 (1): 113-139.

[19] 王洁, 杨桂华. 影响生态旅游景区社区居民心理承载力的因素探析——以碧塔海生态旅游景区为例[J]. 思想战线, 2002, 28 (5): 56-59.

[20] Fallon L D, Kriwoken L K. Community involvement in tourism infrastructure—the case of the Strahan Visitor Centre, Tasmania[J]. Tourism Management, 2003, 24 (3): 289-308.

[21] 胡志毅, 张兆干. 社区参与和旅游业可持续发展[J]. 人文地理, 2002, 17 (2): 38-414.

[22] 徐燕, 张立明, 肖亮. 城郊旅游开发中的社区利益协调研究——以武汉市九峰城市森林保护区为例[J]. 北京第二外国语学院学报, 2006 (3): 1-6.

[23] Petty J. The many interpretation of Community Participation[J]. In Focus, 1995 (16): 10-22.

[24] 郑向敏, 刘静. 论旅游业发展中社区参与的三个层次[J]. 华侨大学学报: 哲学社会科学版, 2002 (4): 12-18..

[25] 罗丽珊, 王凌黎. 云南泸沽湖摩梭社区参与旅游发展模式比较分析——以落水村和里格村为例[J]. 中国高新技术企业, 2010 (4): 71-73.

[26] 唐承财, 向宝惠, 钟林生, 等. 西藏申扎县野生动物旅游社区参与模式研究[J]. 地理与地理信息科学, 2011, 27 (5): 104-108.

[27] 笪玲. 基于 PSR 模型的都市近郊乡村旅游社区参与模式研究——以重庆市璧山县为例[J]. 南方农业学报, 2012, 43 (1): 120-123.

[28] Matarrita-Cascante D, Brennan M A, Luloff A E. Community agency and sustainable tourism

development：the case of La Fortuna，Costa Rica[J]. Journal of Sustainable Tourism，2010，18：735-756.

[29] Tosun C. Expected nature of community participation in tourism development[J]. Tourism Management，2006，27（3）：493-504.

[30] 刘静艳，李玲. 公平感知视角下居民支持旅游可持续发展的影响因素分析——以喀纳斯图瓦村落为例[J]. 旅游科学，2016，30（4）：1-13.

[31] 刘昌雪，汪德根. 皖南古村落可持续旅游发展限制性因素探析[J]. 旅游学刊，2003（6）：100-105.

[32] Dymphna Hermans. The Encounter of Agriculture and Tourism：A Catalan Case[J]. Annals of Tourism Research，1981（3）：462-479.

[33] Maria Kousis. Tourism and the Family in a Rural Cretan Community[J]. Annals of Tourism Research，1989（3）：318-332.

[34] 程怡. 基于居民感知视角的都市社区旅游影响研究[D]. 上海：华东师范大学，2007.

[35] 张立生. 旅游地生命周期理论研究进展[J]. 地理与地理信息科学，2015，31（4）：111-115.

[36] Randall S. Upchurch，Una Teivane. Resident perceptions of tourism development in Riga，Latvia[J]. Tourism Management，2000（21）：499-507.

[37] Dogan Gursoy，Claudia Jurowski，Muzaffer Uysal. Resident attitudes a structural modeling approach [J].Annals of Tourism Research，2002，29（1）：79-105.

[38] Dogan Gursoy，Claudia Jurowski，Muzaffer Uysal. Resident attitudes a structural modeling approach [J].Annals of Tourism Research，2002，29（1）：79-105.

[39] Amanda Stronza. "Because it is ours"：Community-based Eco-tourism in the Peruvian Amazon[M].2000.

[40] Pauline J. Sheldon，Teresa Abenoja. Resident attitudes in a mature destination：the case of Waikiki[J]. Tourism Management，2001（22）：435-443.

[41] 朱晓翔，乔家君. 乡村旅游社区可持续发展研究——基于空间生产理论三元辩证法视角的分析[J]. 经济地理，2020，40（8）：12 .

[42] Sinclair，Thea M. Tourism and economic development：A survey[J]. Journal of Development Studies，1998，34（5）：1-51.

[43] Kweka，J. O. Morrissey，A Blake. The economic potential of tourism in Tanzania[J]. Journal of

International Development，2003，15（3）：335-351.

[44] Soukiazis E，Proenca S. Tourism as an alternative source of regional growth in Portugal：a panel data analysis at NUTS II and I levels[J]. Portuguese Economic Journal，2008，7（1）：43-61.

[45] 杨仲元，卢松，晋秀龙. 基于 GIS 技术的安徽省城市旅游空间关联分析[J]. 资源开发与市场，2012，28（4）：310-313.

[46] 王俊，徐金海，夏杰长. 中国区域旅游经济空间关联结构及其效应研究——基于社会网络分析[J]. 旅游学刊，2017，32（7）：15-26.

[47] 雷平. 旅游业的溢出效应及其时间滞后研究[J]. 旅游科学，2007（5）：7-11.

[48] 刘嘉毅. 旅游发展会推动房价上涨吗？——基于中国分省数据的经验研究[J]. 旅游科学，2013，27（2）：24-35+58.

[49] 钟真，黄斌，李琦. 农村产业融合的“内”与“外”——乡村旅游能带动农业社会化服务吗[J]. 农业技术经济，2020（4）：38-50.

[50] Luis Garay，Gemma Ca`noves. Life Cycles，Stages and Tourism History The Catalonia（Spain）Experience[J]. Annals of Tourism Research，2011，38（2）：651-671.

[51] The Cluster Consortium，"The South African Tourism Cluster"，The Cluster Consortium Strategy in Action Report，1999：38-60.

[52] Strapp J D. The Resort Cycle and SecondHome [J]. Annals of Tourism Research，1990，17（3）：513-517.

[53] 夏正超，谢春山. 对旅游产业集群若干基本问题的探讨[J]. 桂林旅游高等专科学校学报，2007，18（4）：479-483.

[54] 杨颖. 产业融合：旅游业发展趋势的新视角[J]. 旅游科学，2008，22（4）：6-10.

[55] 陈美娜. 基于产业融合视角的旅游产业研究现状及趋势[J]. 企业经，2016，35（12）：134-138.

[56] 周春波. 文化与旅游产业融合动力机制与协同效应[J]. 社会科学家，2018（2）：99-103.

[57] V. Boiko. Green tourism as a perspective direction for rural entrepreneurship development[M]. Lviv-Toruń：iha-Press，2020.

[58] D. Firoiu，Daniela，AG. Croitoru. " Global challenges and trends in the tourism industry：romania，where to？"[J]. Annals - Economy Series，2015.

[59] Poon，A. Competitive strategies for a 'new tourism'. In Progress in Tourism[J]，Recreation and

Hospitality Management，ed. C. P. Cooper，London：Belhaven Press. 1989，91 - 102.

[60] Celtta. Study on electronic commerce in the value chain of the tourism sector[J]. IB IT ministerio de cienciay tecnologia，2001（3）：105-112.

[61] 李万立，李平，贾跃千. 旅游供应链"委托—代理"关系及风险规避研究[J]. 旅游科学，2005（4）：22-27.

[62] 桑华杰，冯斌. 云南省旅游产业链结构分析及其整合思路[J]. 商场现代化，2007（21）：259.

[63] 黄常锋，孙慧，何伦志. 中国旅游产业链的识别研究[J]. 旅游学刊，2011，26（1）：18-24.

[64] 舒波. 国内外旅游服务供应链及复杂网络相关研究综述与启示[J]. 旅游科学，，2010，24（6）：72-83.

[65] 刘佳芳，刘纯. 景区规划与开发可持续发展的战略选择——以循环经济为视角[J]. 改革与战略，2010，26（8）：75-78.

[66] Chris Cooper，Stephen Jackson. Destination Life Cycle：the Isle of Man Case Study [J]. Annals of Tourism Research，1989（16）：377-398.

[67] 陈玉英. 关于优化旅游产业结构的几点认识[J]. 旅游科学，2000（1）：28-30.

[68] Christaller W. Some considerations of tourism location in Europe：The peripheral regions-under-developed countries-recreation areas[J]. Papers in Regional Science，1964，12（1）：95-105.

[69] Getz D .Tourism planning and destination life cycle[J].Annals of Tourism Research，1992，19：752-770.

[70] 杨效忠，陆林，张光生，等. 旅游地生命周期与旅游产品结构演变关系初步研究——以普陀山为例[J]. 地理科学，2004（4）：500-505.

[71] Klaus J. Meyer-Arendt. The Grand Isle，Louisiana resort cycle[J]. Annals of Tourism Research，1985，12（3）：449-465.

[72] Haywood K M. Can the tourist-area life cycle be made operational？[J].Tourism Management，1986，7（3）：154-167.

[73] Priestley，Mundet. The post-stagnation phase of the resort cycle[J]. Annals of Tourism Research，1998，25（1）：85-111.

[74] 保继刚,彭华. 旅游地拓展开发研究——以丹霞山阳元石景区为例[J]. 地理科学,1995(1)：63-70，100.

[75] 谢彦君. 旅游地生命周期的控制与调整[J]. 旅游学刊, 1995（2）: 41-44, 60.

[76] Chris Cooper, Stephen Jackson. Destination Life Cycle: the Isle of Man Case Study [J]. Annals of Tourism Research, 1989（16）: 377-398.

[77] Lundtorp S, Wanhill S. The resort lifecycle theory: Generating Processes and Estimation[J]. Annals of Tourism Research, 2001, 28（4）: 947-964.

[78] 李舟. 关于旅游产品生命周期论的深层思考——与杨森林老师商榷[J]. 旅游学刊, 1997（1）: 38-40, 63.

[79] Agarwal S. Restructuring seaside tourism: The resort lifecycle [J]. Annals of Tourism Research, 2002, 29（1）: 25-55.

[80] 杨森林. "旅游产品生命周期论" 质疑[J]. 旅游学刊, 1996（1）: 45-47, 79.

[81] Priestley, Mundet. The post-stagnation phase of the resort cycle[J]. Annals of Tourism Research, 1998, 25（1）: 85-111.

[82] 阎友兵. 旅游地生命周期理论辨析[J]. 旅游学刊, 2001（6）: 31-33.

[83] 查爱苹. 旅游地生命周期理论的深入探讨[J]. 社会科学家, 2003（1）: 31-35.

[84] Klaus J. Meyer-Arendt. The Grand Isle, Louisiana resort cycle[J]. Annals of Tourism Research, 1985, 12（3）: 449-465.

[85] Debbage K G. Oligopoly and the Resort Cycle in the Bahamas[J]. Annals of Tourism Research, 1990, 17（4）: 513-527.

[86] 余书炜. "旅游地生命周期理论" 综论——兼与杨森林商榷[J]. 旅游学刊, 1997（1）: 32-37, 63.

[87] 董成森, 熊鹰, 邹冬生. 森林型生态旅游地生命周期分析与预测[J]. 生态学杂志, 2008（9）: 1476-1481.

[88] Tuan Y F. Topophilia: A Study of Environmental Perception[M].New York: Columbia University Press, 1974: 6-8

[89] Relph E. Rational landscapes and humanistic geography[J]. Geographical Review, 1981, 73（3）: 366-367.

[90] Eyles J. Sense of Place[M]. London: Pion, 1985: 22-35.

[91] Stokowski P A. Languages of place and discourses of power: constructing new senses of place[J]. Journal of Leisure Research, 2002, 34（4）: 368-382.

[92] Steele F. The Sense of Place[M]. Boston：CBI Publishing，1981.

[93] Williams D R，Patterson M E，Roggenbuck J W. Beyond the commodity，metaphor：Examining emotional and symbolic attachment to place[J]. Leisure Science，1992，14（01）：29-46.

[94] 朱竑，刘博. 地方感、地方依恋与地方认同等概念的辨析及研究启示[J]. 华南师范大学学报：自然科学版，2011（1）：1-8.

[95] 杜建文. 旅游目的地地方感与网络传播内容的互动机制研究[D]. 重庆理工大学，2019.

[96] Tuan Y F. Space & place：Humanistic geography perspective [C]//GALE S，OLSEEN G. Philosophy of geography. Dordrecht Holland：D. Reidel Publishing Company，1979：387-388

[97] PAN Chaoyang. Local composition of great lakes：A geographical interpretation of historical dimensions[J]. Geographical Research Report（Taiwan），1996，25（1）：1-42

[98] Jorgensen B S，Stedman R C. Sense of place as an attitude：lakeshore owners attitudes toward their properties[J].Journal of Environmental Psychology，2001，21（1）：233-248.

[99] HAY R.Sense of place in developmental context[J].Journal of Environmental Psychology，1998，18（1）：5-29.

[100] 孔翔，王惠，侯铁铖. 历史文化商业街经营者的地方感研究——基于黄山市屯溪老街案例[J]. 地域研究与开发，2015（4）：105-110.

[101] 许振晓，张捷，Geoffrey Wall，等. 居民地方感对区域旅游发展支持度影响——以九寨沟旅游核心社区为例[J]. 地理学报，2009，64（6）：736-744.

[102] 吴莉萍，周尚意. 城市化对乡村社区地方感的影响分析——以北京三个乡村社区为例[J]. 北京社会科学，2009（2）：30-35.

[103] 蔡晓梅，朱竑. 高星级酒店外籍管理者对广州地方景观的感知与跨文化认同[J]. 地理学报，2012，67（8）：1057-1068.

[104] 苏勤，钱树伟. 世界遗产地旅游者地方感影响关系及机理分析——以苏州古典园林为例[J]. 地理学报，2012，67（8）：1137-1148.

[105] 唐文跃. 九寨沟旅游者地方感对资源保护态度的影响[J]. 长江流域资源与环境，2011，20（5）：574-578.

[106] Jorgensen B S，Stedman R C. A comparative analysis of predictors of sense of place dimensions：attachment to，dependence on，and identification with lakeshore properties[J]. Journal of Environmental Management，2006，79（3）.

[107] Lalli M. Urban-related identity: theory, measurement, and empirical findings[J].Journal of Environmental Psychology, 1992, 12 (4).

[108] Hernandez, Hidalgo M C, Salazar-Laplace M E, et al. Place attachment and place identity in natives and non-natives[J]. Journal of Environmental Psychology, 2007, 27 (4).

[109] Eisenhauer B W, Krannich R S, Blahna D J. Attachments to Special Places on Public Lands: An Analysis of Activities, Reason for Attachment, and Community Connections[J]. Society& Natural Resources, 2000, 13 (5).

[110] Teye V, Sirakaya E, Solllnez S.Residents' attitudes to tourism development[J]. Annals of Tourism Research, 2002, 29 (3).

[111] Twigger-Ross G L, Uzzell D L. Place and Identity Processes[J].Journal of Environmental Psychology, 1996, 16 (3).

[112] kemmis D. Community and the Politics of Place [J].Citizenship Education, 1990 (9).

[113] Arnberger A, Eder R. The influence of green space on community attachment of urban and suburban residents [J].Urban Forestry & Urban Greening, 2012, 11 (1).

[114] Brown B, Perkins D D, Brown G. Place attachment in a revitalizing neighborhood: Individual and block levels of analysis [J]. Journal Environmental Psychology, 2003, 23 (3).

[115] 唐文跃. 皖南古村落居民地方依恋特征分析——以西递、宏村、南屏为例[J]. 人文地理, 2011 (3): 51-55.

[116] 张朝枝, 游旺. 遗产申报与社区居民遗产价值认知: 社会表象的视角——开平碉楼与村落案例研究[J]. 旅游学刊, 2009, 24 (7).

[117] 余意峰, 张春燕, 曾菊新, 等. 民族旅游地旅游者原真性感知、地方依恋与忠诚度研究——以湖北恩施州为例[J]. 人文地理, 2017, 32 (2).

[118] Mayo E J, Jarvis L P. The psychology of leisure travel: Effective marketing and selling of travel services[M]. Boston: CBI Publishing Company, Inc., 1981: 90-92.

[119] 廖爱军. 旅游吸引力及引力模型研究[D]. 北京: 北京林业大学, 2005.

[120] 保继刚. 引力模型在游客预测中的应用[J]. 中山大学学报（自然科学版）, 1992, 31 (4).

[121] Wilson A G. A Statistical Theory of Spatial Distribution Models[J]. Transportation Research, 1967, 1 (3): 253-269.

[122] Ferrario F F. The Evaluation of Tourist Resources: An Applied Methodology[J]. Journal of

Travel Research，1979，17（4）：24-30.

[123] 张凌云. 旅游地引力模型研究的回顾与前瞻[J]. 地理研究，1989（1）：76-87.

[124] 史晋娜. 全域旅游背景下冰雪旅游目的地引力模式探析[J]. 社会科学家，2020（6）：73-79.

[125] Joyce Karen，Sutton Steve. A method for automatic generation of the recreation opportunity spectrum in New Zealand[J].Applied Geography，2009，29（3）：409-418.

[126] OISHI Y. Toward the improvement of trail classification in National Parks using the recreation opportunity spectrum approach[J]. Environmental Management，2013，51（6）：1126-1136.

[127] 李宏, 石金莲. 基于游憩机会谱（ROS）的中国国家公园经营模式研究[J]. 环境保护，2017，45（14）：45-50.

[128] 林秀治. 武夷山国家公园游憩机会谱的构建研究[J]. 林业经济问题，2020,40(3)：244-251.

[129] 刘明丽，张玉钧. 游憩机会谱（ROS）在游憩资源管理中的应用[J]. 世界林业研究，2008（3）：28-33.

[130] 韩德军，朱道林，迟超月. 基于游憩机会谱理论的贵州省旅游用地分类及开发途径[J]. 中国土地科学，2014，28（9）：68-75.

[131] 杨会娟，李春友，刘金川. 中国森林公园游憩机会谱系（CFROS）构建初探[J]. 中国农学通报，2010，26（15）：407-410.

[132] 肖随丽，贾黎明，汪平，等. 北京城郊山地森林游憩机会谱构建[J]. 地理科学进展，2011，30（6）：746-752.

[133] 沈园园. 基于游憩机会谱的安义县"城野旅途"乡村精品线优化[J]. 现代园艺，2022，45（17）：143-145.

[134] 黄向，保继刚，Wall Geoffrey. 中国生态旅游机会图谱（CECOS）的构建[J]. 地理科学，2006，26（5）：629-634.

[135] 马扬梅. 游憩机会谱与生态旅游的整合研究——生态游憩机会谱的构建[J]. 经济研究导刊，2010（15）：166-167.

[136] 宋增文，钟林生. 三江源地区探险旅游资源——产品转化适宜性的 ATOS 途径[J]. 资源科学，2009，31（11）：1832-1839.

[137] 丛丽，肖张锋，肖书文. 野生动物旅游地游憩机会谱建构——以成都大熊猫繁育研究基地为例[J]. 北京大学学报（自然科学版），2019，55（6）：1103-1111.

[138] 李雪萍，叶雨桐,冯艳滨. 丽江拉市海高原湿地省级自然保护区游憩机会谱构建研究[J]. 西

南林业大学学报（社会科学版），2022，6（2）：63-69.

[139] Douglas G. Pearce. Tourism in paris Studies at the Microscale[J].Annals of Tourism Research，1999，26（1）：91-93.

[140] 吴必虎，俞曦. 区域旅游规划原理[M]. 北京：中国旅游出版社，2010：237-245.

[141] Pearce D.G. Tourism development：A geographical analysis[M]. London：Longman Press，1995：1-25.

[142] Dredge D. Destination place planning and design[J].Annals of Tourism Research，1999，26（4）：773-786.

[143] Christine Lima，Michael McAler. Monthly seasonal variations：Asian tourism to Australia[J].Annals of Tourism Research，2001，28（1）：62-82.

[144] Prideaux B. Factors affecting bilateral tourism flows [J].Annals of Tourism Research，2005，32（3）：780-801.

[145] 邓良凯，黄勇，刘雪丽，等. 旅游流视角下川西北高原旅游地空间结构特征及规划优化[J]. 旅游科学，2019，33（5）：31-44.

[146] 葛妍，丁金华，周莉. 基于 SNA 的苏州旺山村乡村旅游地空间结构[J]. 中国城市林业，2020，18（4）：94-99.

[147] 刘大均，何俗仿. 危机事件冲击下九寨沟景区国内客源市场的空间结构及影响因素[J]. 华中师范大学学报（自然科学版），2022，56（5）：864-870.

[148] 刘逸，陈海龙，曹轶涵. 基于旅游评论数据的旅游地客源市场空间结构探析与理论修正[J]. 世界地理研究，2023，32（5）：113-124.

[149] Dann G M S. Anomie，ego-enhancement and tourism[J]. Annals of tourism research，1977，4（4）：184-194.

[150] Crompton J L. Motivations for pleasure vacation [J].Annals of Tourism Research，1979，6（4）：408-424.

[151] Meltem Caber，Tahir Albayrak. Push or pull Identifying rock climbing tourists motivations[J].Tourism Management，2016，55（1）：74-84.

[152] 王香玉，张辉，郑海博. 安徽省入境旅游与经济增长相关性实证研究[J]. 河南科学，2013，31（11）：2083-2088.

[153] 莫琨，郑鹏. 养老旅游意愿影响因素实证分析：基于推拉理论[J]. 资源开发与市场，2014，

30（6）：758-762.

[154] 赵耀，张素梅. 基于推—拉理论的肇兴侗寨景区国内游客旅游动机研究[J]. 南宁职业技术
学院学报，2020，25（1）：81-85.

[155] 邓伟伟，陈丽君，林迎星. 基于推拉理论的美食旅游者行为意向研究——感觉追寻和真实
性视角的分析[J]. 福州大学学报（哲学社会科学版），2022，36（4）：34-44.

[156] Geoffrey I Crouch，J. R. Brent Ritchie. The competitive destination：A sustainability
perspective[J].Tourism Management，2000（1）：1-7.

[157] Salah S. Hassan. Determinants of Market Competitiveness in an Environmentally Sustainable
Tourism Industry[J].Journal of Travel Research，2000，38（3）：239-245.

[158] Buhalis Dimitrios. Marketing the competitive destination of the future[J].Tourism
Management，2000，21（1）：97-116.

[159] 臧德霞，黄洁. 关于"旅游目的地竞争力"内涵的辨析与认识[J]. 旅游学刊，2006，12（21）：
29-34.

[160] 冯学钢，沈虹，胡小纯. 中国旅游目的地竞争力评价及实证研究[J]. 华东师范大学学报（哲
学社会科学版），2009（5）：101-107.

[161] 吴小天，李天元. 旅游目的地竞争力的内涵辨析及概念模型构建——语言、逻辑和认识论
的视角[J]. 旅游科学，2013，27（3）：18-25，71.

[162] Kozak M，Rimmington M. Measuring Tourist Destination Competitiveness：Conceptual
Considerations and Empirical Findings [J]. International Journal of Hospitality Management，
1999，18（3）：273-283.

[163] Frank M Go，Robert Govers. Integrated quality management for tourist destinations：a European
perspective on achieving competitiveness[J]. Tourism Management，2000，21（1）：79-88.

[164] Enright Michael J，Newton James. Tourism destination competitiveness：a quantitative
approach[J]. Tourism Management，2004，25（6）：777-788.

[165] Estevaõ C，Ferreira J，Nunes S. Determinants of Tourism Destination Competitiveness：A Sem
Approach[J]. Procedia Economics and Finance，2015，26：542-549.

[166] 易丽蓉，傅强. 旅游目的地竞争力影响因素的实证研究[J]. 重庆大学学报（自然科学版），
2006（8）：154-158.

[167] 毕燕，袁东超. 广西旅游目的地竞争力评价及优化研究[J]. 商业研究，2011（8）：122-125.

[168] 张洪, 张洁. 基于投入产出效率分析的旅游目的地竞争力研究——以安徽省 16 个市为例[J]. 安徽大学学报 (哲学社会科学版), 2014, 38 (6): 150-156.

[169] 黄梅. "一带一路"背景下西南地区旅游目的地竞争力研究——基于投入产出视角的实证分析[J]. 云南行政学院学报, 2016, 18 (3): 171-176.

[170] Chris Pappas. Strategic management of technology[J]. Journal of Product Innovation Management, 1984, 1 (1): 30-35.

[171] Josep H R, Laia paul G, APEN. Sustainable competitive participation: A role for the federal government and the national laboratories[J]. Technology in Society, 1996, 8 (4): 467-476.

[172] 邱询昊. 可持续竞争力与阶段性发展对策[J]. 沈阳师范学院学报: 社会科学版, 2002, 26 (4): 8-11.

[173] 刘军, 贺玉德, 刘博峰. 旅游目的地可持续竞争力概念的探讨[J]. 石家庄铁路职业技术学院学报, 2011, 10 (4): 92-96.

[174] Gianluca Goffi. A Model of Tourism Destination Competitiveness: The case of the Italian Destinations of Excellence[J]. Turismo y Sociedad, 2013, 14: 121-147.

[175] 温碧燕. 区域旅游业可持续竞争力的结构方程模型及实证[J]. 地域研究与开发, 2010, 29 (3): 77-81.

[176] 张健华, 余建辉. 试论森林公园可持续竞争力的培育[J]. 西北农林科技大学学报 (社会科学版), 2008 (3): 76-80.

[177] Mohammed I. Eraqi. Integrated quality management and sustainability for enhancing the competitiveness of tourism in Egypt[J]. Int. J. of Services and Operations Management, 2009, 5 (1): 14-28.

[178] 陈明光, 张荣, 叶政声. 提升旅游景区可持续竞争力——以贵州 AAAA 级风景名胜区万峰林为例[J]. 中国商贸, 2010 (12): 143-144.

[179] Aaker D. A., E. Joachimsthaler. Brand Leadership[M]. New York: The Free Press, 2000.

[180] Ritchie, J.R.B., G.I. Crouch. The Competitive Destination: A Sustainable Tourism Perspective[M]. UK: CABI Publishing, Wallingford, 2003.

[181] 阳国亮, 梁继超. 桂林旅游品牌竞争力的评价及提升对策研究[J]. 改革与战略, 2010, 26 (1): 135-137, 181.

[182] 陈刚, 杨宏浩. 价值链理论视阈下的旅游目的地品牌评价指标体系研究[J]. 中国旅游评论,

2020（1）：87-94.

[183] Acosta Pereira L，Flôres Limberger P，Da Silva Flores LC，De Lima Pereira M. An Empirical Investigation of Destination Branding：The Case of the City of Rio de Janeiro，Brazil[J]. Sustainability，2019，11（1）：90.

[184] Melese KB，Belda TH. Determinants of Tourism Product Development in Southeast Ethiopia：Marketing Perspectives[J]. Sustainability，2021，13（23）：132 63.

[185] Hatzithomas L，Boutsouki C，Theodorakioglou F，et al. The Lin k between Sustainable Destination Image，Brand Globalness and Consumer s' Purchase Intention：A Moderated Mediation Model[J]. Sustainability. 2021，13（17）：9584.

[186] Ghorbanzadeh D.，Zakieva R.R.，Kuznetsova M.，et al. Generating destination brand awareness and image through the firm's social media[J].Kybernetes，2022，3（9）：31.

[187] 刘润萍. 黑龙江省冰雪旅游目的地品牌形象影响机制研究[D]. 哈尔滨商业大学，2022.

[188] 段欣茹. 台儿庄古城品牌管理现状及提升策略研究[D]. 青岛大学，2020.

[189] Faulkner B. Towards a framework for tourism disaster management[J].Tourism Management，2001，22（2）：135-147.

[190] Becken S，Kennet F D Hughey. Linking tourism into emergency management structures to enhance disaster risk reduction[J].Tourism Management，2013，35（11）：77-85.

[191] 林洪岱. 中国旅游交通三思[J]. 旅游学刊，1989（2）：12-16.

[192] 高舜礼，任佳燕. 浅析"9·11"恐怖事件对中国入境旅游的影响[J]. 旅游调研，2001（11）：35-38.

第三篇

研究方法

第六章 旅游目的地研究过程

第一节 选择研究范式

一、科学研究的特征

从逻辑学角度分析，好的旅游目的地研究应该反映"理想"研究的特征。"理想"研究存在各种各样的科学范畴、命题或方法，且具有显著的逻辑结构和学术特征，以区别于其他形式的研究。虽然，这类"理想"研究的特征，传统上与实证主义哲学和研究方法相联系，但解释主义者也会赞同其中的大多数。这些特征中的每一个，无论是单一的还是综合的，都是独立而明确的，如果体现在一项研究中，往往会使其研究结论更加可信。然而，它们是否都能实现，则是另一回事了。这些特征主要体现在以下六个方面。

（一）目的性

任何一项旅游目的地研究都应该有一个明确的、可实现的核心问题，因为研究过程本身是达到目的的一种手段。为了弄清楚研究内容的核心，在研究开始之前应该明确一个总体目标和相关的主题。研究目标可以定义为所提议的研究的总体目标和产出内容，而研究主题则表明了如果要成功实现研究目标必须完成什么。例如，旅游目的地研究的目的可能是"确定海滨度假地运营的关键成功因素"。为了实现这一总体结果，必须完成许多任务或阶段，可以表达如下：一是进行文献综述以确定旅游目的地关键成功因素的本质，包括一般性本质和与海滨度假地运营背景有关的本质；二是从文献综述中建立旅游目的地关键成功因素的理论框架或概念模型，并提出相关假设；三是从度假地和其他与度假地运营背景相关的组织或个人收集研究数据；四是分析研究数据和检验研究假设；五是提炼结论并为进一步研究提出建议。

（二）严谨性

这一特点与旅游目的地研究设计的质量和研究如何实施有关。从本质上讲，如果一项旅游目的地研究是以成熟的理论做支撑、可行的方法做工具，进行逻辑严谨的推理分析，那么它的研究结果就更有可能被认为是可信的，结论也更有可能被相信和普遍接受。要创作一项被认为是严谨的旅游目的地研究，需要健全和创新与研究逻辑一致的思维，以构建科学合理的总体研究设计（或方法论），并选择适当可行的研究工具和技术。一项严谨的旅游目的地研究应有一个明确的学科概念和理论基础，并将以可推理、可辩护、可论证的方式进行阐释。

（三）可测试性

可测试性与旅游目的地研究内容的本质有关。旅游目的地研究要能回答研究所要解决的问题，而且这个问题必须是可回答的。这意味着这个问题，或由此产生的假设，必须以一种能够被检验或证明的形式来书写或表达。从本质上讲，这意味着用肯定或否定的措辞清楚地表达问题，以便确定该命题是否能得到证据的支持。

然而，为了能进行这样的测试，我们需要可测试的语句。例如，有一个因素可以被认为是海滨度假地运营的关键成功因素——海滩清洁。因此，我们可以推测或建立一个建设，清洁度越高，海滨度假地就会越成功。或者我们可以说，我们的调查对象——海滨度假地的高层管理人员，会指出海滩清洁度对度假地经营成功是至关重要的，其重要性表现在哪里。

（四）可复制性

如果用于旅游目的地研究的设计和程序是透明的，并且在公共领域可供其他研究人员查看，那么其他研究人员将能够复制或重复该研究，以测试其过程的严谨性和研究发现的准确性。这与一个研究人员多次重复同一个研究主题，以查看是否获得相同的结果是一样的。如果这个过程是相同的，或者至少是足够相似的，那么这个研究结果的准确性将显著提高。例如，关于你的主题或研究内容，其他研究人员可能已经设计和使用了特定的数据收集和分析工具、程序及技术，但是他们的研究可能是在其他国家进行的，所以你可能对这些研究是否适用于你的国家感兴趣，或者这些研究可能是在酒店业或旅游业以外的行业背景下进行的，然后你会想测试这些研究是否适用于旅游行业。

（五）客观性

在设计和开展旅游目的地研究时，是否真有可能做到真正的客观和无价值取向，这一点曾受到不少学者的批评。无论你论证哪种观点，旅游目的地研究的客观性越强，主观偏见就越少。因此，客观性和主观性之间存在一种反比关系，也就是说，两者之间的关系会随着一方的增强而减弱。如果"理想"的旅游目的地研究是完全客观的，那么越接近这个目标就越好。研究者可能无法做到完美，但可以在可能的情况下尽量接近完美。既然研究者可能会承认不可能消除自身所有的主观冲动，就应该意识到这些冲动很有可能发挥作用，所以应该不断挑战自己，要么不这样做，要么尽可能地限制它。除此之外，研究者还应该意识到自身主观性在哪些方面影响了研究，并准备承认这一点及其可能产生的影响。

（六）可推广

所有旅游目的地研究都是在特定环境或特殊情况下进行的，但这并不意味着研究结论不能适用于与最初研究环境相关或无关的其他环境或情况。如果研究结果能够普遍适用，那么研究的价值就会提高。因此，将旅游目的地研究的结果推广到其他背景的能力会提高研究成果的价值。但问题在于，要最大限度地提高旅游目的地研究成果的推广性，就必须在研究设计和程序上花费大量的心思、时间和精力，通常还需要投入资金。这里最重要的问题是不要过分夸大研究结果的普遍性。如果研究结果明显局限于特定的行业部门、国家、文化或时间段，那么在撰写研究结果时必须说明这一点。当然，研究者也可以推测研究结果可能适用于更广泛的环境，但应该明确指出，这只是一种推测，而不是对普遍性的强烈或明确要求。

研究者可能会在两个方面遇到这种普遍性问题。首先，检查旅游目的地研究结果在多大程度上能够被推广到其他情境中。其次，旅游目的地研究可能被设计用来测试以前的研究结果在什么程度上可以应用到正在开展的研究中。例如，研究者可以从现有的理论或一系列研究结果中选取一个，然后测试这些理论或研究结果在什么程度上适用于你所选择的旅游目的地或旅游环境。这通常被称为"复制"研究，即在不同的背景下重复或复制原来的研究。原则上，这一过程类似于在不同条件下重复实验，以检验在改变原始条件时，原始研究结果的稳健性如何。简言之，就是测试结果的可推广性。

二、研究的类型

旅游目的地研究就是对旅游目的地的研究吗？是，也不是。旅游目的地研究成果可以被认为是理论性的，也可以是实践性的；可以在实验室进行，也可以在旅游目的地发展实践中进行；可能局限于一个国家，也可能包括许多国家；可能是为了检验现有研究结论，以确定其有效性，也可能是建立全新的旅游目的地专业知识；可能涉及收集并分析定量或定性数据，也可能是探索、描述或解释旅游目的地现象。这些都可能成为旅游目的地研究分类的标准。常见的旅游目的地研究类型有三种分类体系。

（一）探索性研究、描述性研究和解释性研究

根据研究目的的不同，可以将旅游目的地研究分为探索性研究、描述性研究和解释性研究。探索性研究的目的是不言而喻的，描述性研究的目的是确定所调查问题的事实情况，而解释性研究的目的是解释情况的原因和方式。

如果选题非常新颖，以前由于某种原因无法解释；或者研究问题过于庞大和复杂，如果不进行初步的探索性工作，就无法解决，那么尝试产生一些初步的见解和理解的探索性研究，就会很有价值。从这个意义上说，开展一项旨在揭示关键问题的探索性研究可能是合适的，因为它有助于使情况更加清晰，并在可能的情况下确定研究议程。

解释性研究通常包含描述性要素，但会进一步确定和探索影响背后的原因以及两者之间关系的性质。以可能影响目的地游客的满意度的因素为例，描述性研

究只能确定这些因素，或许还能推测各因素与满意度之间的关系。与此相反，解释性研究则试图区分和衡量这些因素的相对影响，并解释它们之间的因果关系。从这个意义上说，解释性研究显然比描述性研究更有应用价值。在其他条件相同的情况下，解释性研究更可取，但根据有关主题的现有知识水平，在特定的时间点上，可能需要一个很好的描述性研究。例如，尽管现在的学者和政府能够通过投入-产出模型证明和解释旅游目的地各产业之间的关联度和机制，但在大众旅游出现之前旅游目的地的产业并不发达，无法实施投入-产出分析，只能进行描述性研究。如果没有早期更多的描述性研究发现旅游目的地各要素的相关性或特征，可能就不会有更详细的解释性工作。

（二）基础研究和应用研究

已有的研究方法文献几乎普遍将基础研究和应用研究区分为目的截然不同的两类研究。基础研究，有时也称为"蓝天思考"，是一种对旅游目的地发展实践问题没有直接效用或应用的研究活动；其目的是为现有旅游目的地研究领域贡献新思维或新知识，而没有任何其他特定实践性目的；其作用是扩大和改进旅游目的地研究领域内最广义的知识体系；它不具有功利性，尽管这种知识创造很有可能在未来转化为更实际的旅游目的地发展战略。基础研究无一例外都是概念性或理论性的，涉及智力思考、发现和发明，其驱动力是智力兴趣和好奇心，而不是解决特定旅游目的地现实问题的需要。

应用研究，顾名思义，是一种更实用、更有实践问题针对性的研究。它通常关注旅游目的地发展实际问题的解决，为现实旅游目的地发展问题寻找解决方案。从这个意义上说，它比基础研究更有针对性和目标性，因此也更功利。基础研究具有明确的使用价值，侧重于解释、行动和实施旅游目的地发展问题的解决方案。这可能是初学者更感兴趣的研究类型，因为它与旅游目的地发展实践以及作为旅游管理人员将面临的挑战有更直接的关系。

（三）理论研究/实证研究和初级研究/二级研究

初级研究与二级研究之间的区别在于旅游目的地研究中使用的数据或信息的类型。二级研究依赖于已有的数据，即相关文献中所包含的数据，而初级研究则涉及新数据的收集。理解这种区别的另一种方法是将第一手数据与第二手数据相比较。几乎所有收集和分析第一手数据的研究都会使用相同的程序处理第二手数据，但二级研究仅限于使用第二手数据。虽然这两类研究与理论研究和实证研究之间存在密切联系，但两者并不一定是同义词。

通常，理论研究在性质和实践上被视为二级研究，这种观点大体上可能是合理的，因为它倾向于对现有旅游目的地知识体系采取抽象、概念化和反思性的立场。它的作用是改进和扩展对旅游目的地问题的概念性理解，这必然意味着现有的知识要受到质疑、检验、重新评估和修订。理论研究可以使用第二手数据或第一手数据，这里关键的不是数据的类型，而是研究的目的。另外，实证研究和初级研究是同义词，因为前者总是涉及收集后者的数据。

从上述讨论中我们可以看到，将这些所谓的不同类型的研究截然分开并非易事。事实上，大多数研究都可能涉及第二手数据和第一手数据、理论考虑和经验考虑，并包含描述性和解释性要素。问题不在于某项研究是否明确属于其中一种，而在于其主要重点和目的是什么。这就需要我们考虑通常所说的两种主要研究方法——归纳法和演绎法。

三、研究范式与命题的匹配

研究范式是指研究领域内的一种普遍采用的理论框架或方法论，提供了研究者进行问题探索、数据收集和分析的指导原则。不同的研究范式强调不同的理论观点和方法，因此在某些情况下，将不同的研究范式结合起来就可以提供更全面和深入的理解。

旅游目的地研究可以结合不同的研究范式，这样可以产生多种优势。首先，不同的范式通常关注不同的方面，例如，定性研究范式强调理解现象的深层含义，而定量研究范式则注重对现象的量化和统计分析。研究者可以在研究中同时运用定性和定量方法，从而获得更全面的数据与分析。其次，不同范式的结合可以提供多重验证。研究者可以在不同的研究范式下获得相互独立的证据，从而增加研究结果的可靠性和可信度。

在旅游目的地研究实践中，结合不同的研究范式需要考虑一些因素，并且还需要注意研究范式与命题的匹配。首先，需要明确旅游目的地研究目的和问题。

不同的研究范式适用于不同类型的问题，因此研究者需要根据自己的研究目的来选择合适的范式，即合理匹配研究范式与研究命题。其次，需要考虑旅游目的地研究的资源和时间。结合不同范式可能需要更多的资源和时间，因此研究者需要评估自己可支配的资源和实践是否具有可行性。最后，需要考虑研究范式之间的兼容性。不同的范式可能有不同的理论假设和方法论，结合时需要确保它们之间相互补充而不是冲突。

第二节　规划研究命题

一、选择学术价值显著的旅游目的地研究命题

什么是可能的有价值主题的来源呢？正如 King 等所指出的，选择哪个主题进行旅游目的地研究并没有特定的规则。不过，旅游目的地研究应满足两个标准。首先，应提出并解决一个具有重要意义的问题。其次，应为与旅游目的地研究命题相关的学术文献做出贡献。从根本上说，研究命题应该有价值，既要有现实世界中的实用价值，也要有与提高有关命题的现有知识水平相关的知识价值。这两项标准都很重要，它们共同表明，旅游目的地研究工作应具有实践和理论意义。

一方面，一个研究命题的实际影响或意义一般都与某种改进有关；另一方面，预测研究在对旅游目的地研究领域现有知识体系做出贡献方面具有的价值可能不那么明确，因为这通常被解释为学者或知识分子可以做的事情，而普通学生却做不到。这里的问题在于期望的性质和贡献的大小。如果你是一所一流大学的教授，你很可能会被期望做出完全原创的、突破性的研究成果，但这并不是对本科生甚至是硕士生的期望。请想一想"贡献"这个词，贡献无论大小都有价值。因此在原有的旅游目的地研究基础上增加新的内容，即使是很少的内容，也是一种贡献。

二、明确研究的核心问题

一旦确定了旅游目的地研究项目的主题，下一阶段就是将其细化和聚焦为更加合理可行的内容。在大多数情况下，最初的想法会比较笼统，范围也比较广。

因此，我们需要使研究问题更易于处理，具体可参考以下详细描述。

旅游目的地研究课题由两个组成部分，它们是概念和背景两个方面。以"旅游目的地的营销"为例来说明这一点。"市场营销"是这一主题的概念部分，而"旅游目的地"则是探讨这一主题的背景。由于其范围广泛，必须对这两个方面进行细化，以形成一个可管理的项目。因此，可以就每一个方面提出一系列问题，并努力使它们更加具体。就背景而言，可以思考："我想利用旅游目的地的哪个方面来探索市场营销？我对哪些类型的旅游目的地更感兴趣？"这个过程可以产生一个比出发点更有针对性和更合理的背景。例如，我们可以从"旅游目的地的营销"转变为"海滨度假地的营销"。这就大大缩小了研究的背景范围，因为它将所有其他类型的旅游目的地排除在研究背景范围之外。这也意味着研究问题比以前更加合理和易于管理。

不过，即使这种研究背景聚焦原则是合理的，也需要注意，随着范围的缩小，它也会影响到最适合调查的研究设计类型。这里的关键在于，对旅游目的地研究核心问题的提炼不是整个研究过程的一个孤立的部分。与研究过程中的许多方面一样，它需要进行权衡，以便在各种备选方案之间达成可接受的平衡。从这个意义上讲，由于它发生在研究过程的开始阶段，因此需要进行一些前瞻性思考。例如，如果你不想开展单一的，甚至是比较性的案例研究项目，或者你认为在获取完成此类项目所需的信息方面可能存在问题，那么在完善主题的背景方面就需要考虑这一点。

因此，完善背景对于帮助提高旅游目的地研究项目的可管理性非常重要，因为"营销"的范围非常广泛，我们还有概念部分需要解决。例如，在海滨度假地的背景下，我们可能会专注于定价问题、不同广告形式的相对优势、针对不同细分市场的营销、度假地市场的细分等。同样，这里的原则与有关背景的原则相同——除非将背景缩小到一个很小的单位，否则一般领域过于宽泛、不可行。

由此可以合理地得出结论，背景的广度与概念之间存在反比关系。如果背景在范围和规模上的定义较窄，那么研究的概念要素就有可能更宽泛、更具包容性。考虑到开展和完成研究的时间与资源，以及与需要获取信息的人员或组织接触的难易程度，一般来说，界定背景的方式最好能让你在所面临的限制条件下满意地处理背景。这意味着，必须考虑并判断在现有的时间和资源条件下，能够实际应对的规模（尺度）和可变性（范围）的程度。在其他条件相同的情况下，这通常意味着必须对这两方面都加以限制或设置参数，以使研究问题可行。

然而，这些考虑因素之间并不一定存在简单的线性关系。一般来说，缩小研究的规模和范围往往有利于旅游目的地研究项目的顺利完成，但如果研究范围缩小到单个或仅有少数几个实体，那么研究机会就会成为一个关键问题。因此，如果将研究的重点放在非常有限的背景上，信息来源也会非常有限，那么必须尽可能确保一旦开始项目研究，就能获得所需的信息。为此，必须尽可能详细地向主要信息来源解释研究的目的，以及需要他们提供哪些具体信息来完成研究问题。如果一开始就对这两个方面过于笼统或含糊不清，可能会在日后造成无法解决的问题。

三、撰写研究目的和目标

尽管旅游目的地研究问题为研究提供了重点，而且至少在某种程度上说明了项目将努力实现的目标，但这些问题并不是以所谓的"产出"术语来表述的。在将问题转化为目的的过程中，需要注意术语的变化，即从一般性的询问变为积极的、与目的相关的措辞。目的与问题不同，它更具体地定义了旅游目的地研究要达到的目标。

旅游目的地研究工作的目的是要做或产生一些非常具体的东西，而不仅仅是回答一个不太详细的问题。因此，目标应始终以"为了……"的形式书写。这就清楚地表明，研究的目的是以行动为导向，并产生具体的成果。在这一声明之后的行动动词可以是不同的，但它必须明确指出所期望的研究成果的性质，而且应该是可行的。它可以是"识别""陈述""确定""比较""分析""评价"等。

在考虑研究目标的本质时，需要牢记的一个重要方面是与课题和研究问题相关的现有知识状况。如果知识相对有限，那么设计一项探索性和描述性而非分析性或评估性的研究可能是合适的。知识的发展往往是循序渐进的，因此，如果所选领域内的知识非常有限，那么对问题提出更全面、更深入的看法的工作可能很有价值。反之，如果该主题属于既定的研究工作领域，那么额外的描述不太可能为现有的文献体系增添任何价值。

在明确了旅游目的地研究的总体目的（即目标）之后，我们就可以以此为基础进行反向研究，并明确为实现这一最终结果我们需要做些什么。这就需要确定实现目标所需的步骤、阶段和任务。这些就是所谓的目标，总体而言，它们应等同于目的。换句话说，如果我们实现了所有目标，那么我们就实现了总体目的。最后，我们还需要考虑实现该目标所需的条件，并再次以行动为导向明确这些条件。任何目标都应该以行动为导向、具体、可实现，并明显有助于目的的实现。

四、编写研究计划和进展

制订旅游目的地研究计划的过程，是实际开展研究的前提条件。旅游目的地研究计划书是一份初步的意向声明，概述了我们打算做什么以及如何做。基于对研究课题及其相关问题相对有限的知识和理解，我们总是根据当时认为是合理的、合乎逻辑的理由来确定意图。随着研究工作的进行、知识和理解能力的提高，可能会觉得原来的某些意图过于雄心勃勃、不切实际等，因此需要对某些方面进行修改或放弃。

旅游目的地提案中体现的研究计划应被视为一个初步指南，而不是一个明确的路线图，能根据新知识和以前未曾预料的限制因素进行修改。从这个意义上讲，该研究计划将随着时间的推移而不断变化，在某些情况下，只需对原计划做很小的改动，而在另一些情况下，则需要做更大范围的根本性改动。因此，应将其视为指南，而不是明确的方向。这样想一下，你正在踏上一段旅程，以到达目的地——完成你的作品，但在开始这段旅程时，你只有一张不完美的草图。毫无疑问，随着你对目的地地形的进一步了解，以及遇到需要翻越或绕过的意想不到的障碍，你会对行进方向做出调整。有些你开始时认为必需的装备，根据经验会发现它们并不合适；而有些你一开始坚信会使用的装备，现在却发现自己并不需要，或者由于某种原因无法使用。因此，当你踏上旅程时，你会对旅行计划和资源进行调整，以便成功到达最终目的地。与许多旅游企业一样，这说明了期望与现实之间的差异——事情并不总是像我们期望的那样。

对原研究计划进行修改永远不会有问题。一个经过深思熟虑和精心构思的好的计划书不太可能随着进程的展开而需要进行大刀阔斧的改动，但即使是最好的计划书也不可能预知所有事情。当然，我们应该尝试制订一份良好、合理、全面的研究计划，这几乎肯定会比不具备这些特点的计划更有指导意义，但这并不意味着随着研究的开展，不需要对计划做出一些修改。所有经验丰富的研究人员和研究督导都知道，如果一切都像开始预想的那样，那将是非常罕见的。事实上，虽然开展旅游目的地研究的过程是为了取得有价值的成果，但同时也是开展研究工作的人员学习经验的过程。因此，通常在研究过程结束时取得有价值的成果，并不会要求最初计划中的所有预期都能在研究过程中得到验证。研究过程本身的开展必然会产生新的知识和理解，包括那些与计划不符的方面。在现有知识体系中发现以前未知或意想不到的细微差别，往往会导致对研究问题、目的和目标进行相应的修改；发现意想不到的障碍和问题，必须找到解决方案，或者发现研究设计、数据收集和分析方面的错误与缺陷，需要加以解决，这些都是构成学习的方面。

所有这一切都意味着如实、公开地记录过程中所做的调整等，并解释为什么这些调整是必要的，是反思和洞察力的体现。通常文章可能会被明确要求在最后加上一个部分，说明在整个研究过程中学到了什么。即使没有被要求这样做，指出研究工作中的长处和短处、出现的问题、你是如何解决这些问题的以及你的经验都是非常必要的，这可能会对今后其他研究人员产生影响。

五、规范研究创作内容

在旅游目的地的研究计划中说明开展研究可能引发的伦理问题和考虑的因素，已越来越普遍。事实上，研究计划获得批准的先决条件可能是，必须表明这些问题已得到考虑，而且开展此研究不会产生任何重大的伦理影响。伦理涉及道德价值、原则和行为，如诚实、正直、公开透明、对他人的义务、责任和信任。简言之，就是以"正确"的方式行事。因此，研究伦理关注的是用于指导研究规划、设计、实施和出版的道德原则，也就是要规范研究创作内容。伦理不仅仅是一个与实施旅游目的地研究设计（收集数据）相关的问题，而是一个在旅游目的地研究过程的所有阶段都要考虑的问题，不仅要确保任何参与者的权益和福利得到保护，还要确保研究工作是以诚实的方式设计和实施的。

任何拟议的旅游目的地研究都应充分考虑到两个关键的伦理问题，即"非伤害"和"知情同意"。这两个问题都涉及如何选择和对待研究参与者，以及他们在什么程度上是自愿参与的并已获得所有必要信息，从而在知情的情况下决定是否参与研究。

参考英国主要的研究理事会之——经济与社会研究理事会编制的《研究伦理框架》，其中包含该理事会希望在研究提案中涉及的 6 项关键研究伦理原则。该文件的最新版本于 2012 年更新，内容如下：

①研究的设计、审查和开展应确保完整性、质量性和透明度；

②研究人员和研究对象必须充分了解研究的目的、方法和可能的预期用途、参与研究的意义以及可能涉及的风险；

③必须尊重研究对象所提供信息的保密性和被调查者的匿名性；

④研究参与者必须是自愿参与，不受任何胁迫；

⑤在任何情况下都必须避免对研究参与者和研究人员造成伤害；

⑥研究的独立性必须明确，任何利益冲突或偏袒都必须是明确的。

因此，任何有关旅游目的地的研究计划都应在其组成部分中考虑到这些伦理原则。简言之，撰写旅游目的地研究计划的人员有责任证明，他或她已经考虑过该研究项目在上述任何方面可能受到伦理损害的程度。通常情况下，这并不需要长篇大论的解释或说明，但对于有争议的项目可能需要这样做。通常只需提供一份简短声明或一系列声明，证明提议者已考虑过拟议研究中可能涉及的任何伦理问题即可。

需要考虑和说明的关键问题是旅游目的地研究的潜在益处及其可能带来的伦理风险。特别是，需要解决与研究设计的完整性和参与者可能面临的风险有关的问题，包括可能影响其家庭、社区、雇主组织等更广泛环境的风险。这些方面可能涉及对研究的预期质量和责任（如何核实）、如何获得参与者的自愿知情同意（在可能和可行的情况下），以及如何解决保密、隐私和数据保护问题。

第三节　文献检索与述评

一、文献综述的必要性

文献综合评述简称文献综述，这个概念意指在全面收集、阅读大量有关研究文献的基础上，通过归纳整理、认识分析，以求得对所研究的问题在给定时期内取得的相关研究成果、相关研究存在的问题和新的发展趋势等内容，进行系统性的、全面的叙述和讨论。文献综述"综"的含义即归纳"百家"之言，综合进行分析与整理；"述"即通过阅读文献，对文献中作者的不同观点进行相应的叙述和评论。文献综述的最终目的并不是单纯罗列文章，而是通过辨别相关资料，根据自己的研究，对文献进行综合评估。一个成功的文献综述，最重要的是对相关研究进行系统的分析评价并进行合理有据的趋势预测，为新课题、新研究的确立提供强有力的支持和论证。

对于一个学者来说，文献综述的重要性和必要性就是为自己的研究铺路。通过文献综述，了解自己所研究的题目和相关领域的同行研究到了何种程度，有哪些东西做得还不够，这样才能够发现继续研究的空间。如果前人已有十分完善的研究，继续做下去的价值就有待讨论了。如今在中国的学术界，做自然科学课题申报，首先的必要程序就是查重，要求没有同类的课题出现才可以申报。社会科学目前还没有这方面的要求，主要原因是同样的题目，大家可以从不同的角度去理解。一个成功的文献综述应该是能够系统地分析评价，然后作出一种研究趋势的预测，从而为自己新课题的确立提供强有力的支持和论证。

二、文献检索方法

在进行文献综述之前，显然必须先确定有哪些相关文献。这意味着，首先需要确定文献的可能来源。最明显的来源是图书馆，尤其是书籍，但其他来源，如互联网和其他在线数据库、书目等，在查阅速度和方便程度上可能同样富有成效。现在，大多数机构都订阅了电子期刊、特定学科或更多的在线数据库，我们应尽早查看自己可以访问哪些数据库。此外，许多出版物（如报纸和杂志）都有自己的网站可以搜索到文章的电子版。

（一）管理文献检索

一旦确定了潜在的资料来源，文献审核流程的下一阶段就是进行通常所说的文献检索。根据主题和研究目的或目标的性质，相关文献的范围和规模可能非常有限，也可能非常庞大。

如果能确保旅游目的地研究项目有一个合适的重点，那么被视为与此研究相关的资料的潜在广度和数量应该是有限的。但一些受到以前研究人员大量关注的问题和议题，仍然具有庞大的文献量。

在理想的情况下，应该在开始文献检索之前就清楚地知道自己要寻找的是什么。即使一开始无法确切知道需要寻找的目标文献，也可以在搜索时设置一些限制或参数以缩小范围。例如，在谷歌等搜索引擎上输入一个或多个术语进行搜索，如果术语非常宽泛，可能会得到成千上万个结果，但如果用更具体的术语重复搜索，点击量就会减少。

同样的原则也适用于在线数据库、图书馆目录、书目等的检索。开始限制潜在搜索范围的一种方法是限定或界定搜索条件。例如，如果研究是调查旅游目的地的服务质量，那么与其简单地输入"服务质量"这样的搜索词，不如输入"服务质量+旅游目的地"，因为这样可以将点击量限制在那些专注于与旅游目的地相关的服务质量文献的数量上。如果研究仅限于国内某个特定地区，那么也可以在搜索字符串中添加这一点。当搜索范围更加具体和明确，通常可以预期点击量会减少，但它们也更可能是与主题相关的。反之，如果发现通过限制搜索条件只产生了很少的参考文献，可以随时扩大搜索范围。例如，如果选择将搜索日期范围限制在过去 5 年内，而这样得到的有用信息较少，那么可以考虑将搜索范围扩大到过去 10 年内。

扩大或限制互联网资料搜索范围的一种方法，就是使用所谓的布尔逻辑，其作用是扩展或收缩搜索条件。也可以使用其他搜索标准进行计算机化搜索并扩大或限制搜索范围。例如，如果知道你感兴趣的文献最重要的作者姓名，你就可以用他们的名字进行搜索。同样，许多数据库和索引允许对特定年份或一系列年份进行检索，这同样可以帮助扩大或限制检索范围。另外，也可以指定查找某些特定期刊中的关键词。

当然，使用"高级搜索"选项也很容易做到这一点，一些通用搜索引擎以及更具体的搜索引擎通常都有"高级搜索"选项。该选项通常提供多种"过滤器"，可以同时使用。例如，可以使用前面描述的布尔逻辑和日期范围来限制时间维度，在某些情况下，还可以使用指定的标准来选择要搜索的期刊标题。如果你已经确定某位作者撰写了大量与旅游目的地主题相关的文献资料，那么就可以只搜索他/她撰写的资料。如果只对英文出版的文献感兴趣，那么可以在开始搜索时加入这一点。如果没有说明检索的时间段，可能会得到几年或几十年前的检索结果，通常情况下，将搜索范围限制在较新的文献资料来源上就足够了。如果资料来源中包含的参考文献显示，在更早的时期也有与旅游目的地研究相关的重要研究，那么可以在稍后阶段扩大搜索范围；如果扩大搜索范围后搜索到的文献数量过多，也可以如上所述进一步限制搜索范围。

不过，尽管扩大或限制搜索范围可能有用，但在搜索条件中若使用了不恰当的术语，则无助于确定所需的资料，在概念术语方面常会出现这样的问题。例如，在文献中，一些作者使用"关键成功因素"一词，但另一些作者则使用"关键成功因素"来指代同一事物。另外，由于行话和术语会随着时间的推移而改变，而且各国的情况也不尽相同，因此我们需要注意在搜索条件中如何使用这些词语。例如，有些国家将酒店业和旅游业区分开来，但有些国家却没有这样做，而是将酒店业包含在旅游业内。如今，"缩编""延迟""重新设计"等术语在组织变革中的使用非常普遍，但在过去，"重组""精简""改组"等术语被用来指代此类活动。

需要考虑的问题是搜索文献资料的类型。文献的表现形式各不相同，但这些信息并不都是相关或有价值的。同样，并非所有信息都同样值得信赖或可信。例如，我们通常认为在学术期刊上发表的文章比在公司自己的商业文献或报纸上发表的文章更客观和准确的。此外，从工作完成到撰写出版，这中间总会有一段时间的延迟。对于最成熟的媒体（如日报、周刊或月刊），这段时间最短；而对于书籍，这段时间最长，文字可能写了1～2年才会印刷出版。即使是学术期刊，在论文发表之前，其审稿过程也会相当漫长，甚至可能与书籍的相关过程一样长。

总之，首先要关注的最佳资料类型之一就是学术期刊上的资料，其次才是书籍。经常出版的刊物（如报纸、杂志、行业刊物等）确实具有包含非常现代的最新资料的优势，但与学术期刊相比，它们的审查较少，而且可能会受到商业和既得利益者的其他主观压力的影响。此外，由于此类刊物的版面压力，其内容也可能较少。相比之下，学术期刊上的论文通常都经过了该领域其他学者的审查和检查，因此会相当详细，因为一般来说，这些材料的作者必须明确说明其工作的目的、目标和宗旨，对文献进行批判性评论，详细说明他们在研究中采用的方法并证明其合理性，在篇幅允许的情况下充分解释收集和分析数据所使用的工具和程序，并说明研究结果的重要性和意义。这意味着论文将为之后的学者提供大量信息，并具有很高的可信度。

通常很有用的入门策略是将搜索范围限制在最近发表的有关旅游目的地主题的资料上，显然这可以了解与旅游目的地主题有关的进展情况。这还可以让你了解当前的知识状况是如何形成的，因为知识的发展绝大多数是在前人的基础上逐步形成的，该领域的最新研究将包含对之前研究的回顾和参考文献。这基本上为确定作者和已发表的专利研究提供了一个渠道，从而让你对基础文献库的性质和规模有一个直观的了解。通常还可以对这些参考文献进行跟踪，从而开始为自己的研究建立文献基础。

在搜索到可用的文献、评估了哪些文献符合目的并获得这些文献后，也必须考虑为所获得的所有文献提供完整、准确的引文记录的重要性。

（二）阅读、记录和整理文献资料

阅读所获得的资料是处理这些资料以提取与旅游目的地研究相关的关键信息的第一步。文献中提供了与此相关的各种技巧，其中比较著名的是 SQ3R（调查、提问、阅读、记录和回顾）技巧。从根本上说，这种方法是建议你略读材料，以了解其结构和主要观点。第二步就是思考材料的内容是什么，即它的中心问题是什么，它试图达到什么目的，它从什么角度看问题？这一阶段的目的是检验你在最初的略读阶段对论文的感受，是否已经清楚地了解了材料的内容。第三步（阅读）涉及对材料进行更集中、更详细的研究，需要花尽可能长的时间来正确理解材料所涉及的问题，并相当全面地了解材料对你的研究是否有意义。记录阶段可归入阅读阶段，其目的是突出材料中与你的研究有关的最重要的内容。由于这种"重要性"可以有多种形式，例如，它可能是概念性的、逻辑论证的，也可能与方法论的某些方面有关，如所用的抽样策略或数据收集、分析技术和程序，因此，有一种不同的方法来记录这些方面可能会有所帮助。例如，在材料上，可以使用不同颜色来标明这些不同的方面；在手写笔记中，可以使用不同的标题或符号来标明。第四步，"回顾"阶段提供了一个机会，让你问问自己是否已经理解材料所表达的内容及其意义，并开始思考它与你阅读过的其他材料之间的关系，以发现相似之处或不同之处。

另外，EEECA 模型鼓励采用更具概念性的方法来阅读文献。第一阶段是从多个方向或角度考察或分析主题。第二阶段是（批判性地）评价材料，开始对其做出判断。第三个阶段是确定任何关系的存在，并阐明这些关系的性质和机制。第四个阶段是开始比较和对比材料中表达的观点，以确定它们与其他材料中表达的观点有何异同。在这里，重要的是不仅要比较当代的材料，还要思考思想是如何随着时间的推移而变化和发展的。第五个阶段，可以根据现有证据提出支持或反对论点。

在对文献资料进行记录和整理时，使用不同颜色的荧光笔标出与不同类别有关的文献资料是常用的方法。另一种方法是在这些文献的空白处使用注释，以编写小型摘要或交叉引用涉及同一问题的其他文献。制作"摘要表"的风格类似于注释书目，将其附在每份材料的前面，是提炼所需关键信息的有用方法。总之，记录和组织文献资料笔记的方法几乎无穷无尽，只需选择适合自己的方法。从初步阅读和处理文献库到处理此类问题可能会很困难。因此，作为中间步骤，编制一份注释书目可能会有所帮助，旨在帮助提取关键信息并将其记录下来，有助于解决一些首要问题。

还可以考虑使用"文献地图"来帮助进一步将资料提炼成更集中的形式。从本质上讲，这是对已经处理过的信息的一种视觉呈现，它也是进一步筛选和组织材料的步骤，可以帮助你更清晰、更简洁地看到其中的联系和关联。"文献地图"可以看作是注释书目的自然发展，因为后者应该包含构建这种地图或图表所需的所有原始材料。用表格的方式也可以对资料进行更全面的描述，可以考虑在制作注释书目时将其置于这种表格框架内。这种方法可以节省时间和精力，还有助于更快速、更轻松地查看某些关联和联系。

综上所述，文献的处理过程类似于倒金字塔。从文献检索中收集到的所有资料开始，逐阶段地将这些资料缩减到更易于管理的比例。此外，在每个阶段，不仅要减少文献资料的数量和广度，还要开始识别和集中最重要和最有意义的文献，即对旅游目的地研究更为关键或至关重要，因此必须包括在内的文献资料。由于许多课题的文献基础非常庞大，不可能将所有这些细节都纳入综述中，因此必须将其缩减，重点关注其关键方面，无论是概念性的还是经验性的，或者两者兼而有之。

三、文献研究与计量分析

文献研究法是指通过收集、整理、解释和分析相关研究领域的文献，实现对研究主题的客观了解的一种文献处理方法，包括课题或问题、收集文献、整理文献和综述文献四个基本环节。

而文献计量学是采用数学、统计学计量方法，对文献体系和文献计量特征进行研究，进而探讨科学技术的某些结构、特征和规律的一门科学。通过文献计量学研究，可以评估知识、国家和其他方面的科学成果。相应地，文献计量分析法是一种定量分析方法，以科技文献的各种外部特征作为研究对象。论文可以以与旅游目的地主题相关的大量期刊文献为研究对象，对期刊文献的发文量、发文作者、发文机构、研究热点等进行分析，将文献以数字这种清晰明了的形式展现出来，总结并描述其分布规律。同时，可以运用 Citespace 等信息可视化软件，对文献数据进行转化，利用形象直观的科学知识图谱将发文作者和发文机构的合作情况、研究热点、前沿主题等数据信息呈现出来。

四、撰写文献述评

处理完文献后，剩下的工作就是撰写综述。撰写综述的目的、格式或风格会因研究过程是采用演绎法还是归纳法而有所不同。同样，综述在研究过程中的时间、位置或定位也会有所不同。通常情况下，如果研究采用演绎法，文献综述将作为单独的一节或一章出现在最终的书面文件中。选择演绎法的一个原因是，已有大量文献存在，可以从中确定和审查既定的观点、理论框架、模型和方法，以帮助聚焦和确定自己的实证研究问题和方法。在这里，综述并不指导实证研究过程，而是提供帮助，将实证工作中出现的理论观点与有关问题的现有文献联系起来。演绎式研究的目的是检验现有理论，而归纳式研究旨在建立新理论。

在演绎式研究中首先进行回顾，这可能是大多数本科生或研究生学位论文研究工作的首选方法，其主要问题是："你如何组织和架构你的论文？如何组织和安排综述的写作？"及"应使用什么文体来撰写综述？"在撰写此类综述时，应牢记如下原则：综述需要具有批判性和评价性，而不仅仅是描述性的；它应该说明你对该领域以往工作的了解，帮助你确定当前知识状况中的关键假设、问题、议题、差距和遗漏，并为你决定收集哪些数据、如何分析这些数据以及最合适的方法和程序提供依据。

之后我们将探讨文献综述的"成果"如何提供重要的原始材料，帮助设计拟议实证研究的概念和方法细节，从而以合乎逻辑和系统的方式将现有知识和新知识联系起来。要想为此提供合适的原材料，撰写文献综述时必须能够识别现有文献中的关键概念和方法。Cresswell 提出了一种方法，即确定与因果关系相关的关键因素，以及这两组因素之间存在的关系。这些因素被称为自变量（原因）和因变量（影响）。他的模型表明，综述应从导言部分开始，向读者介绍综述中各部分的组织结构。无论接下来采用何种具体方法或格式，都应该有这种类型的导言。在这之后，Cresswell 建议，应该有一个章节回顾有关原因或自变量的文献，然后再回顾影响或因变量。一旦确定了这些因素，下一个问题就是"这些因素是如何联系在一起的？"或"它们之间的因果机制或关系是什么？"因此，在结束审查之前，需要用一个章节来讨论这些问题，并用一个总结章节来突出主要的主题等。

但如果研究课题或问题有多个分支或组成部分，可能很难按照这种格式撰写综述。此外，这种结构并不能自动地识别、比较和对照以往工作所依据的理念和方法。比较简单的方法是将综述分为几个部分，例如，导言，涉及的主要问题或议题，主导思想和方法，主要专题和方法、差距、遗漏和争议，总结（现状）。

或者，也可以更多地采用"内容"为基础来组织评论，指使用该领域的主要分支。根据研究问题的性质和文献基础，这些细分的分支可能很少，也可能更普遍。例如，在对旅游目的地的关键成功因素的研究中，文献可分为其他组织环境中的关键成功因素有关的文献和与旅游目的地中的关键成功因素有关的文献两大类。在这两大类中，还可以进一步细分为更具体的类别。就旅游目的地关键成功因素的文献而言，可以细分为不同类型的旅游目的地研究，或按不同国家和区域。

与必须使综述具有批判性和评价性而不仅仅是描述性的要求一样，综述也需要使用更具论述性的文体。如果评估发现了文献中的共性和分歧、一致和不一致之处、模式和主题，那么这些都应该反映在综述的写作方式中。反过来，这就意味着要进行讨论而不是陈述，要有流畅的文字而不是分成许多不连贯的段落。读者需要能够跟上所讲述的故事，并通过故事得出结论。可以把这想象成一个倒置的金字塔。随着故事的展开，从较宽泛的开头到更具体、更集中的结尾，应该引导读者从开头的背景情况，到主要的主题、过程和研究对象，再到最后明确指出最重要的研究要素。

最后，在撰写综述时，需要遵循某些学术写作惯例。由于将直接或间接地大量引用他人已发表的作品，因此必须正确使用参考文献系统，并在文中加以记录。

第四节　设计研究框架

一、概念框架的设计

概念框架有时也被称为理论框架或模型。然而，概念框架并不一定等同于这两种框架。从根本上说，概念框架是一种结构，旨在以合乎逻辑的形式确定和呈现与所调查现象有关的关键因素。根据研究问题的性质和目的，概念框架的形式可以是相关性的，也可以是因果性的。

相关框架旨在假设或提出两个或多个因素之间可能存在的联系。例如，可以认为食品卫生标准与食品卫生资格之间存在相关性，或者降低成本计划与不同的盈利水平之间存在相关性。同样，一个更复杂的例子可能表明，一系列不同的因素与某一特定现象有关。消费者购买某种产品或服务的决定可能与他们的收入、工作保障、个人品位、产品或服务的可获得性、认为产品或服务物有所值的程度、竞争产品或服务的可获得性等因素有关。另外，因果关系框架则旨在更具体地说明所建议的关系的性质和方向。利用上面的例子，我们可以通过修改表述方式，把每个例子都改成因果关系陈述。如果有更多的人获得食品卫生资格证书，那么食品卫生标准就会提高，或者说，实施成本削减计划的公司将获得更高的利润。这里的"如果……那么……"的表达形式是表达因果关系的标准方式，因为这样的陈述是可以检验的——也就是说，我们可以得出结论，证实该陈述是真还是假。换句话说，我们可以说，假设要么得到了证据的支持（验证），要么没有得到支持（否定）。

没有概念框架的研究就如同没有骨架的躯体。无论是以演绎法指导设计和实施，还是以归纳法整合结果，概念框架都是必要的，它可以为任何研究提供合乎逻辑且连贯一致的结构。在大多数甚至所有研究工作中，都有对该领域现有文献的回顾和实证调查两个方面。概念框架是连接这两个方面的重要纽带，因为它的作用是在现有知识体系和你的旅游目的地研究试图产生的新知识之间建立逻辑联系。因此，它在前人和后人之间建立了连续性。

概念框架出现在研究中的什么位置取决于设计和开展研究的方法类型。如果采用归纳法，即在研究的早期阶段收集经验数据，那么概念框架要到研究过程的后期才会形成。在这种情况下，概念框架是对经验数据进行分析的产物或结果。因此，从这一分析中产生的概念框架可以帮助你建立对现实的解释与该领域现有文献之间的逻辑联系。米尔曼的研究就是一个例子，他收集了有关土耳其旅游景点形象的数据，这些数据来自向公众出售的明信片，通过对这些明信片的分析，建立了一个概念框架，确定了四种不同类型的明信片，描绘了不同类型的形象。另外，如果采用演绎法，那么概念框架的作用就不同了，它会在研究过程中更早地确立。在这里，概念框架源自研究项目早期阶段的文献综述。正是文献综述为调查研究的实证部分提供了概念框架工作的性质。因此，在本案例中，概念框架是对文献批判性回顾的综合，概念框架确定了与研究实证调查相关的关键概念、构造和变量。

二、概念的选择与界定

概念、结构和变量是概念框架的基石。它们有效地帮助确定与所研究现象相关的关键维度和要素，并便于对其进行测量。

鉴于任何概念框架都可能包含大量的单个项目或因素，因此有必要将这些项目或因素分组或归类为更易于管理的实体。因此，概念是相关事件、对象、条件、情况等的集合，是为了简化生活而汇总的。从这个意义上说，它们并不存在于现实世界中，而是人们为了简化现实世界的复杂性而创造出来的抽象概念，至少在理论上，可以让人们更容易理解和交流。

结构和概念很容易被混淆，并被错误地当作一回事使用。区分两者的一种方法是把结构看作比概念更大、更抽象的东西，或者认为结构是由范围更窄、形式更抽象的概念群组成的。另一种说法是，结构是比概念更广泛、更抽象的概括。

例如，如果我们使用"游客满意度"这样一个非常宽泛的概括性术语，可能会有相当多的因素与游客感受或体验到的满意度有关，或可能对其产生影响。其中可能包括的概念有游客获得的产品或服务的质量、游客是否认为购买的产品物有所值、产品或服务在多大程度上满足了游客的需求和愿望等。因此，结构是我们"构建"出来的，代表着其他事物的组合或集合，可以用来传达这种组合的含义。从这个意义上说，它是一种交流速记，使我们能够以经济的方式交流和分享意义。虽然概念的使用方式相同，但它们更贴近现实世界，所代表的事物范围也没那么广泛。

由于结构或概念的含义取决于它所代表或与之相关的真实、有形事物的性质和范围，因此，抽象名词的含义被共享的程度取决于不同的人对其含义的解释在多大程度上是相同的。结构和概念在多大程度上可以用来辅助交流，取决于人们对它们的定义在多大程度上是相同的。然而，在使用更具体的语言代码时，如与学术学科或特定行业或专业相关的术语，可能会有一些在日常语言和交流中并不常见的结构和概念。此外，也可能会有一些在后者中常用，但在前者中使用时，在其更有限和更具体的使用环境中具有不同的内涵或含义。

因此，在旅游目的地研究环境中，总是需要明确如何定义结构或概念，以及用它来代表什么。例如，使用调查问卷对旅游目的地发展的关键因素进行大量实证研究时，由于不同人对"关键因素"一词的含义会有不同的解释，因此，向问卷填写人员直接提出一系列有关关键因素的问题，可能会产生调查结果不聚焦的问题。为了避免出现这种情况，可以在问卷的首页列出关键因素的定义，并要求受访者在回答问题前阅读该定义，以尽可能确保他们在回答相关问题前对该词有一定的理解。

三、理论基础和研究框架

理论本质上是一套概念和相关命题，这些概念和命题是有逻辑、有系统地组织起来的，用于解释和预测现象。简言之，理论帮助我们理解、解释和预测已经发生、正在发生和将要发生的事情。理论可以帮助我们解释现实世界，指导我们的思考和行动，是我们对所观察或经历的事物，以及它们之间的联系或关联所做的概括，以便理解、决策和预测。

人们可能倾向于将理论与事实视为对立的力量，但这种观点并没有认识到两者之间的相互依存关系。理论要发挥作用，就必须能够解释和预测。它越能做到这一点，就越有实用价值。同样，要在实际情况中发挥有效作用，就必须了解基本力量是如何运作的，也就是说，我们需要从理论上了解这些力量及其关系。如果一种理论不能充分解释现实世界中的情况或环境，也不能为行动提供坚实的基础，这并不意味着理论理解毫无价值，只是需要发展出更好的理论。

随着我们对周围世界认识的不断深入，新的理论会取代旧的理论，或者现有的理论会得到修正和改进，以更好地适应现实世界——通常是通过使它们更具普遍性或一般性，而不是局限于特定的时期或背景。事实上，最有用的理论是那些不局限于特定条件的理论。这些理论通常被称为一般理论或普遍规律，因为它们在时间上和空间上同样有效及适用。那些适用性较为有限的理论往往被称为特定环境或特定条件理论，它们的价值仅限于特定环境或特定条件的存在。

研究框架或框架有时会与理论混淆。虽然两者有联系，但并不相同。理论的作用是解释，而研究框架的作用是表述解释的逻辑。对理论的表述可以是描述性的，也可以是解释性的，还可以是为了模拟理论所涉及的过程而设计的。而框架可能相对简单，它揭示了其各组成部分之间的结构关系，或对这些结构关系的性质进行解释。

四、概念可操作化

在编制概念框架时，我们需要确定制订框架所需的关键结构、概念和变量，并考虑作为框架逻辑结果的假设，这些假设将在研究的实证部分进行检验。我们需要将抽象和无形的结构及概念转换或转化为更具体和有形的东西，以帮助我们收集实证数据，从而对其进行衡量。这就是所谓的概念可操作化，也就是为概念创建一个可操作的定义或一系列定义。无论操作定义采取何种形式，其基本目的都是一样的：确定明确无误的含义，并协助对相关概念进行实证测量。

思考这个问题的一个方法是考虑你需要做些什么来将某人向你表达的想法或概念"可操作化"（即付诸实践）。这个想法或概念可能比较笼统，缺少细节。它就像一个没有血肉的骨架。因此，要将想法或概念付诸实践，就必须将原则转化为实际术语。概念不同的地方很容易理解，但概念相似的地方就不那么容易理解了；但即使是相同的概念，不同的人也会以不同的方式解释其在操作上的含义。这意味着，不能假定每个人都会以与你相同的方式来操作一个概念。对于不同的人、组织或文化，与概念相关的含义也不能假定是恒定和一致的。简言之，当使用或提及某个特定概念时，如何确定其他人会以同样的方式来解释这个概念的方法之一是使定义明确，也就是说，提供一个可操作的定义。

五、制订良好的测量方法

无论使用哪种量表来开发测量变量的工具，所使用的测量方法都应尽可能准确或有效、精确和可靠。准确性和有效性是指测量数据的真实性。这就意味着，它们应该能够提供数据，测量它应该测量的东西，并准确反映现实。精确度与测量所包含的细节数量有关，精确度很高的量表能够提供非常精细的细节。可靠性是指测量方法在不同时间或不同环境下使用时的一致性。如果一种测量方法的可靠性很高，那么它就可以在各种情境和时间段内使用，因为它能产生"稳定"的测量结果。然而，可靠的测量方法不一定准确或有效。有可能获得一致的测量结果，但也有可能一直不准确或无效。同样，一种测量方法可能是有效的，但并不可靠，因为它可能测量准确，但无法在不同的情境或时间段内始终如一地实现这一点。因此，不应将有效性和可靠性视为一回事。

在使用前设计测量方法时，应该考虑如何使测量有效且可靠，以及如何选择适当的精确度；在收集数据后，还可以使用其他方法来检验测量方法的有效性和可靠性。就有效性而言，基本原则是尽量确保测量方法能够实际测量其设计要测量的内容。要做到这一点，就必须在逻辑上与变量的操作定义相一致，并涵盖所要测量的概念的所有方面。选择和使用有效可靠的测量方法的一个途径是采用以前研究中使用过的测量方法，这些方法被认为既有效又可靠，可以是原始的，也可以在必要时进行修改。

（一）确定有效性

为了证明一项测量是有效的，可以使用不同的效度检验方法，从较为主观的方法到较为客观的、以证据为基础的确认方法。最简单也是最薄弱的论据就是"表面效度"，它可以用来说服他人某项测量是有效的。这类似于"表面价值"的概念——看起来或似乎没有问题。但这是一种主观判断，因此其他人可能不会以同样的方式看待事物，这也意味着任何关于测量有效的说法都无法得到任何客观证据或测试的支持。

"内容效度"解决的是逻辑一致性和覆盖面的问题。要确定一项测量具有内容效度，需要证明该测量能够一致、完整地代表所测量的概念，并涵盖该概念的全部含义。

"结构效度"取决于研究设计中使用的操作定义的质量，即定义的充分性（就覆盖范围而言）和适当性（就价值而言）。这可以通过收敛的方式来确定，这一过程被称为"收敛效度"。这可能涉及将测量结果与之前从另一个已确立的测量中获得的相同构成要素的结果进行比较。如果两组结果相同或具有足够的收敛性，那么可以证明你的测量具有收敛有效性。

另一种建立测量建构效度的方法是"区分效度"。这是指在多大程度上可以将所测量的概念与其相关理论中的其他概念区分开来。该测量方法并没有因为包含了测量其他概念方面的项目而混淆了对该概念的测量——只测量了它想要测量的内容，没有测量其他内容。在收集数据之前，可以通过逻辑论证来证明这一点；或在收集数据后使用适当的统计检验。例如，可以使用因子分析的检验方法。

如果测量试图使用标准来区分已知不同的群体，或预测某种假设它应该能够预测的东西，则可以使用"标准相关效度"。与这两种情况相对应的标准相关效度有两种类型。首先，"同时效度"用于验证旨在区分已知不同群体的测量方法。这需要使用另一种已有数据的独立测量方法，将你的测量结果与另一种测量方法的结果进行比较，以确定它们之间是否有足够的相关性。其次，"预测效度"用于声称你的测量方法能够有效预测标准在未来的影响，也就是说，标准是在一段时间后测量的。

（二）确定可靠性

在使用测量之前，可以通过以下两种主要方式来确定测量的可靠性。首先，如果以前进行过研究，而且相关研究人员能够证明他们所使用的测量方法是可靠的，那么就可以说你的测量方法是可靠的，因为已有证据表明该测量方法是可靠的。其次，可以在实际使用该措施为旅游目的地项目收集数据之前对其进行测试或试用。这主要是指在一系列测试或试验中重复使用测量方法，以确定其行为是否一致。无论你是有幸找到了可以使用的现有测量方法，还是有时间对新设计的测量方法进行测试或试验，都只能在使用后才能真正确认在特定研究环境中使用的测量方法的可靠性。

可以通过各种程序和测试来确定测量方法的可靠性。如果该测量方法用于收集定性数据，并旨在帮助你根据对视听材料、文字或图片等的观察做出判断，那么如果只有你一个人做出判断，就会存在明显的主观偏差。其他人使用相同的测量方法分析相同的数据，可能会得出不同的结论。这就是所谓的"等效性"问题，解决这一问题的方法之一就是使用所谓的"评分者间可靠性"测试。简单地说，就是使用一个以上的人独立进行测量，得出结果或进行评级。如果两个或两个以上独立评分者得出的结果相同，那么就可以认为该测量方法是可靠的，反之则相反。要确定一项测量指标的可靠性，就必须在一段时间内重复测量。这就是所谓的试用法。

与上述使用前测试或试用过程类似，但这里是在研究项目本身的背景下进行，而不是作为操作试验。这种方法通常用于实验室试验，但在其他情况下可能更难使用。例如，重复进行邮寄问卷调查可能非常费时费力，而且无法保证同样的人会第二次做出回应。在确定多项目测量（使用与每个概念相关的多个项目供被试回答的测量）的内部一致性时，一种广泛使用的技术被称为"分半信度"（Split-half reliability）。这种方法适用于定量数据，旨在确定对一组特定项目的反应模式的相关程度——一组项目之间的相关程度越高，这组项目的内部一致性或信度就越高。最广泛应用的测试方法是克朗巴赫 α 系数（Cronbach's alpha coefficient）。鉴于两个或两个以上项目之间的完美相关性的值为 1.0，而不相关的项目的值为 0，不难看出，该值越接近 1，相关性就越接近或越好，因此，项目的内部一致性就越大。

第五节　采集与分析研究数据

一、网络文本数据采集

随着信息技术的发展，互联网普及率稳步提升，在线网络成为信息的重要载体，海量网络文本为旅游目的地研究者提供了丰富的研究数据。

网络文本数据采集指通过 Python 编码对计算机进行编码指令，由计算机进行自主的数据采集。随着计算机科技的不断发展，具有网络数据采集功能的计算机软件已经被广大用户关注并使用，其中八爪鱼采集器最为受到广大网友的青睐。使用八爪鱼采集器，可以通过添加判断条件设置采集步骤进行数据采集。

网络文本数据采集常采用网络文本挖掘分析法，它是内容分析法中的一种，具体指将不同网络端口平台收集的文字信息，借助分析工具转化为系统化数据分析资料的研究方法。运用这一方法可以充分挖掘网络信息数据，对互联网信息的变化趋势进行描述，由此获取互联网信息发布和传播者的感知态度，测评互联网的传播效应。由于互联网技术持续进步，互联网普及率持续上升，互联网逐渐成为大众信息共享的重要载体。

简言之，应用八爪鱼采集器等文本挖掘与分析软件定量分析旅游目的地研究问题相关的网络文本数据，其中的高频词分析、情感倾向分析、语义网络分析、中心性和凝聚子群分析，能够比定性分析和手工编码更为准确、科学地把握文本数据的内涵。

二、统计数据采集

统计数据采集是实现数据汇总和数据分析的重要前提，对于科学决策有着重要意义。统计数据采集所涉及的概念相当广泛，一般所收集的数据仅为各类数字、文字、图片等媒体数据。数据采集的内容存在多种类别，且会随着时间的推移而发生改变。统计数据采集工作通常具有以下 3 类特点：①动态性。信息的采集方式会受到多方面影响，即便是对于同种信息，在不同时期可能会应用到不同的采集方法。②准确性。统计数据采集一次所收集的数据量十分庞大，想要确切地获得某一特定信息需要经过大量的筛选和甄别；与此同时，通常采集数据都是为了给接下来的研究或是决策提供依据，因此数据的真实可靠就显得十分重要。③及时性。一般来说，采集数据的过程中大多需要进行跨地域的数据统计，涵盖范围相当广，在这种情况下，要确保数据信息能够及时汇总也并非易事。

旅游统计数据能够使相关人员从中看出地方旅游行业服务水平的高低，其精确性更是为地方政府旅游决策的推行提供了有力的数据保障。在旅游目的地研究中，常使用统计年鉴等公开文件来采集统计数据，以保证所得数据的精确性和权威性。

三、声像数据采集

声像数据主要包括图像、音频与视频数据。随着旅游数字化转型的推进，原有信息化平台的数据输出和人工录入能力已经远远满足不了旅游及其相关企业内部组织在数字化下的运作需求。旅游企业需要构建数据感知能力，采用现代化手段采集和获取数据，减少人工录入。

图像数据采集是指利用计算机对图像进行采集、处理、分析和理解，以识别不同模式的目标和对象的技术，是深度学习算法的一种实践应用。

语音识别技术也称为自动语音识别（automatic speech recognition，ASR），可将人类语音中的词汇内容转换为计算机可读的输入，如二进制编码、字符序列或文本文件。目前，音频数据采集技术在业界也有较为成熟的解决方案供应商，可以很便捷地通过解决方案供应商的技术，完成技术的部署和数据的采集。采集来的声音作为音频文件存储。音频文件是指通过声音录入设备录制的原始声音，直接记录了真实声音的二进制采样数据，是互联网多媒体中重要的一种文件。音频获取途径包括下载音频、麦克风录制、MP3 录音、录制计算机的声音、从 CD 中获取音频等。

而视频是动态的数据，内容随时间而变化，声音与运动图像同步。通常视频信息体积较大，集成了影像、声音、文本等多种信息。视频的获取方式包括网络下载、从 VCD 或 DVD 中捕获、从录像带中采集、利用摄像机拍摄等，以及购买视频素材、屏幕录制等。

四、调查问卷设计及实施

（一）问卷设计

在使用问卷收集数据之前，需要考虑一些基本的设计和准备问题，并做出决定。需要明确的一个关键问题是问卷要收集哪些信息。这不仅是定性或定量数据的问题，也是为什么需要这些信息以及这些信息在旅游目的地研究项目中的作用的问题。要解决这个问题，需要明确研究问题、目的和目标，以及可能需要检验的假设。其他需要考虑的关键问题是如何实施问卷调查，以及样本中目标受访者的性质。如果问卷是在面对面访谈的情况下由你自己直接实施，那么在问卷中加入说明的重要性就会大大低于由不同人员组成的团队进行访谈，或者通过前面讨论过的分布式实施方案进行远程实施的情况。同样，采用不同的分发策略时，问卷的格式或风格会有所不同。

　　一方面，如果是直接与受访者进行访谈，那么随着访谈的进行，可以直接与受访者讨论问卷；另一方面，如果是通过电话实施问卷调查，那么在面对面的情况下所做的"谈话"就需要以脚本的形式写入问卷中，因为你看不到受访者，也无法向其展示问卷和你希望提出的问题。同样，当通过邮寄、传真或电子方式向受访者发送问卷时，需要在问卷中写入"说明"，告诉受访者你希望他们做什么以及他们应该如何回答问题。当你不在场时，最重要的是在调查问卷中纳入实施过程中的这一要素，就可以清楚地表达问题，并显示或解释你希望受访者如何回答。其中的原则是能够控制实施过程，使所有受访者尽可能保持一致，这反过来又有助于避免或减少出错的可能性。

　　在考虑受访者的性质，以及这可能会如何影响你设计问卷和编写问题的方式时，需要试着设身处地地将他们视为问卷的接受者。如果他们是忙碌的管理者，有其他更重要的优先事项要处理，那么设计问卷的方式就应该反映这一点。这意味着需要尽量确保问卷的填写简单快捷——否则，他们可能会认为自己没有能力花费时间来完成问卷，这可能会大大降低问卷的收回率。但这并不意味着应尽量缩短问卷的问题数量或页数。问卷的总长度或问题数量本身并不能使问卷更快或更长、更容易或更难完成。就问题和页数而言，问卷可能相当长，但完成起来相对较快、较容易，反之亦然。与实际长度或问题数量相比，更重要的是问题的性质。一般来说，封闭式问题比开放式问题更快、更容易回答，因为问卷中已经包含了答案，受访者无须考虑如何措辞，只需在方框内打钩、圈出数字等。因此，包含大量封闭式问题的较长的问卷可能比主要包含开放式问题的较短的问卷更快、更容易完成。这并不是说应该选择封闭式问题而不是开放式问题，仅仅因为封闭式问题更快、更容易完成就选择封闭式问题，无异于舍本逐末。不过，有些问题既可以采用封闭式提问，也可以采用开放式提问，而不会对所获得的数据产生任何影响。在这种情况下，明智的做法是选择前者而不是后者。例如，你可以用开放形式询问受访者的性别，如"请在下面说明您的性别"，受访者必须写出男性或女性。或者，你也可以在提供这两个答案的同时，在相应的方框内打钩，然后问："请在下面相应的方框内打钩，说明您的性别"。这样做可以为受访者提供方便，也会对受访者产生积极影响。

如果问卷设计不合理，没有考虑到被调查者可能对旅游目的地项目及其问题并不特别感兴趣，很可能会导致回复率低于预期或期望值。因此，除了努力使问卷填写尽可能简单快捷，更重要的是要努力激发被调查者的兴趣、热情和愿望，让他们通过填写问卷来帮助你。要做到这一点，可以认真考虑问卷的导言。导言不仅可以让受访者了解问卷调查的性质和目的，还可以向受访者推销问卷调查，从而激发他们的兴趣，促使他们以更高的热情参与问卷调查。此外，还需要在介绍性说明中加入其他重要信息，以解释问卷中使用的某些可能会引起受访者的不同理解的术语。

同样的原则，也可以通过问卷的风格、外观、布局和结构来确保以下几点：

①易于理解——问题和指示明确；

②易于完成——适当时采用封闭式问题而非开放式问题，采用简单的回答记录技术，由易到难，由一般到更具体；

③引起足够的兴趣，使受访者坚持到最后——通过适当的引言和多种问题形式来实现；

④采用适当的章节结构。

所有这些都有助于提高问卷被填写和回收的概率。最后，在问卷的末尾附上感谢声明也可能有助于提高回复率。为方便起见，在收回填妥的问卷后，还可以考虑在问卷上输入编码编号，对封闭式问题的回答选项进行"预先编码"。例如，如果你的问题使用了预先确定的量表，如 1~5，那么输入数据分析软件的数字就已经存在，但是如果问题没有使用这样的量表，那么就存在将类别或回答转换成数字的问题。例如，如果包含上述性别问题，受访者会通过书写或在相应的方框内打钩来表明自己的性别，但在数据分析软件中输入数字会更方便、快捷，并有助于其他计算；可以选择将"男性"的回答编码为数字 1，将"女性"的回答编码为数字 2。关于这种编码，需要注意的一点是，不要使用零作为编码数字。例如，如果想计算平均值或百分比，零会使计算失真。如果不想在问卷上包含代码号，你仍然可以预先对回答进行编码，方法是在编码表中包含代码号，以便日后输入数据时使用，或者将这些代码号放入问卷的主编码副本中，用于从填写的问卷中输入数据。

近年来，随着互联网速度的加快、连接性和功能的增强，通过这种电子媒介设计和分发问卷变得更加可行。目前，在学术期刊上有大量通过互联网或"在线"进行旅游目的地调查研究的实例。

（二）问卷评估与实施

完成问卷草案后，需要对问卷进行评估，这一过程被称为问卷试用或实施前测试。目的是找出问卷中可能存在的缺陷、遗漏、错误等，并在用于收集实际数据之前将其消除。

实现这一目的的方法有多种，但最合适的方法通常被认为是对将成为实际受访者的同类人进行试点测试。如果这种小规模的测试表明没有问题，那么在类似人群中进行更大规模的测试就很有可能产生类似的反应，反之亦然。在试点测试中，受访者被要求像填写真实问卷一样填写问卷，同时指出他们遇到的任何困难——问题和回答选项是否清晰明确，说明或指示是否清楚有用，是否有任何问题的措辞具有引导性，是否有任何问题具有双重性（两个问题合二为一），是否有任何问题的措辞具有攻击性或不敏感性等。

问卷调查是项目报告或学位论文中的一个章节，因为它有助于表明你已经通过一个过程来确保数据收集工具（问卷调查）尽可能不出现错误，因而所收集到的数据是可信的。

五、数据分析方法

（一）定量分析

定量分析是指基于数量化数据，使用统计方法和工具进行数据分析与研究的过程。它是一种科学性较高、精准度较好、结果可视化的分析方法，被广泛应用于社会科学、自然科学、医学和工程技术等领域。

定量分析的主要特点分为以下几个方面：

①量化：利用数学模型将问题表达成数字形式，以便于分析和比较；

②可重复性：同样的数据在相同环境下可以得到相同的结果，保证了研究的可靠性和有效性；

③客观性：定量分析可以消除主观因素的影响，让决策更加科学，并且可以用数据证明一个结论；

④渐进式：通过对数据的不断积累和分析，研究者能够逐步深入理解问题的本质。

常见的定量分析方法有描述性统计分析、推断统计分析、回归分析、聚类分析、主成分分析等。描述统计分析包括数据展示、数据中心化测度和数据离散程度测度，常见的测度有均值、中位数、众数、标准差和变异系数等。推断统计分析是指通过数据样本来推断总体的情况，这种类型的分析工具包括置信区间、假设检验、方差分析等。回归分析是通过建立一个函数模型，预测因变量受自变量影响的程度；回归分析可以帮助理解各个因素间的关系、预测未来的趋势和规律。聚类分析可以通过将数据样本分成不同群组，找出它们的相似特征，帮助我们识别出一些共性、差异性和潜在影响，更好地了解和分类问题。主成分分析是指通过对多个变量进行降维处理，从原始数据中提取较少且更有代表性的变量；它可以保留大多数信息，同时避免不必要的重复变量，加快计算速度。

了解了定量分析的特点和分类后，要进行定量分析，必须遵循一些必要的步骤。第一，如前所述，确定旅游目的地研究的目的和问题：明确研究的目标和范围，制定合理的研究问题，为后续的数据采集和分析打下基础。第二，定义和测量变量，确定旅游目的地研究所需的各个变量，并设计问卷调查、实验或观察等方式进行数据收集。第三，数据清洗和整理，需要对采集到的原始数据进行分类、排序、筛选、转换等基本的处理，以确保数据的质量。第四，进行描述统计分析，了解数值分布的规律和趋势特点，包括中心位置、离散程度、对称性等。第五，推断统计分析，需要通过样本数据对总体数据进行推断，使用一系列假设检验、方差分析等方法来协助分析。第六，进行结果解释和应用，针对平均数、标准差、相关系数等考虑统计学意义，对研究结论进行正确的解释，并为决策提供支撑。

（二）定性分析

定性分析就是对研究对象进行"质"的方面的分析。具体地说是运用归纳和演绎、分析与综合以及抽象与概括等方法，对获得的各种材料进行思维加工，从而去粗取精、去伪存真、由此及彼、由表及里，认识事物本质、揭示内在规律。

一般来说，定性数据分析往往比定量数据分析更具挑战性。这主要是因为定量数据得益于既定的技术和程序，这些技术和程序可以以标准的方式应用于数据。尽管如此，定性数据分析也有相当成熟的技术，可以作为基础或框架，帮助指导和组织分析过程。然而，定性数据分析的主要问题在于其固有的可变性。不仅定性数据的类型可能比定量数据更加多变——可以是文本、图片等，而且这些类型所采取的形式也非常多变。这意味着对定性数据的分析必须比对定量数据的分析更具灵活性和解释性。一般而言，定性研究分为分析综合、比较、抽象和概括3个过程。定性分析需要通过这3个过程解决有效性和可靠性问题，以确保分析和相应的解释性结果是可信的。

第六节　成稿与交流

一、研究成果的表达

（一）学术性质

通常情况下，你的读者将是一位或多位负责审稿的学术导师。你可能已经从导师那里获得了有关研究工作的教育目的的信息，也可能获得了他们打算用来评分的标准的说明。还可能获得其他信息，以了解导师对最终报告或论文的要求内容和偏好风格的期望。

如前所述，不同的教育机构会有不同的具体指导，因此这里不提供此类信息的例子。更有用的做法是考虑将阅读你文献的学术界人士的性质，以及什么可能对他们很重要。当然，这仍然是一种概括，因为每个学者都有自己独特的教育和经验背景、信仰和优先事项。不过，一般来说，学者都是持怀疑态度的人，怀疑精神是学者的核心。他们在接受学术培训时就已经被灌输了这种思想。这意味着他们不会轻易相信别人告诉他们的任何事情——他们需要通过论证和证据来说服自己。因此，阅读你的文献的学者不会仅仅因为你写了什么就接受或相信什么。因此，在撰写报告或研究成果时，应该牢记的一个问题是："我所写的内容和风格是否能让读者接受我所说的令人信服的内容，从而接受我的结果、结论以及获得这些结果和结论的方法？"

（二）可信性

那么，什么才是读者眼中可信的东西呢？

第一，从读者的角度来看，有许多事情需要考虑。这是否是一个有价值的主题，它是否有可能为已有的知识增添新的内容？重点是否恰当，是否过于笼统？是否提供了开展研究的令人信服的理由？是否有明确可行的研究问题要回答，或是否有要实现的目的和目标？对所有这些问题的回答都应该是"是"，因为这些问题都应该在工作开始之前得到解决。

第二，学者可能会提出以下问题："该文章是否对同一领域中与该问题或议题相关的前人（以前的）工作表现出良好的批判性知识？换句话说，你是否充分了解前人的研究成果，是否以批判的方式对其进行了评估，是否认识到其中存在明显的差距或遗漏，文献综述是否包含逻辑论证和实质性证据，以支持对这些问题做出'是'的回答？文献综述是否为所做决定奠定了坚实的基础？是否有力证明了为设计实证研究而使用的概念框架方面的决定？"简单地说，这项工作的基础是否足够牢固，是否有信心从这个基础上衍生或建立起来的东西可能是一致和牢固的？如果基础被视为薄弱，那么很可能导致人们认为建立在基础之上的东西也是薄弱的。反过来，这又会增加学者的怀疑指数，很可能使其对论文的其余部分持更加批判的态度。

第三，如果作为读者，我对实证工作的基础感到满意，那么下一个问题就是，这项工作是否适当地借鉴了其背后的概念思维，是否采用了适当的数据收集和分析方法与程序，以使研究人员能够回答研究问题或实现目的或目标？也就是说，对问题的概念看法与如何在现实世界中进行调查之间是否存在逻辑联系，还是这两个要素互不关联，生活在不同的世界中？概念框架和相关的方法论应该是连接研究工作的概念和实证方面的要素。这是从文献综述中衍生或建立起来的，然后用作设计实证调查的基础。因此，无论谁在阅读和批改你的作品时，都希望看到这一框架是对所研究问题的现有知识的合乎逻辑的综合，而且用于研究这些问题的方法已得到清楚的解释和证明。为了让读者对你的实证研究设计有信心，不仅需要充分说明你选择了哪些方法和程序，以及这些方法和程序是如何使用的，而且还应该提供证据，让读者相信这些决定是有逻辑基础的、前后一致的，并且有证据证明这些决定是正确的。这就是研究报告或学位论文中的方法论部分如此重要的原因，这是说服持怀疑态度的读者的过程的另一个方面，让他们相信你获得的结果是有效和可靠的，且获得这些结果所使用的方法和过程是合理的。

第四，结果及其意义是整个调查的关键部分，读者会对获得了哪些结果以及你认为这些结果说明了什么或意味着什么非常感兴趣。读者很可能会提出这样的问题："结果是什么、是否清楚地介绍了这些结果、我能否理解这些结果、作者是否解释了为获得这些结果、使用了哪种类型的数据分析以及产生了哪些结果？是否提出了任何关于它们的意义的看法？"在这方面，最重要的是必须如实说明研究结果是什么，如果你的研究结果不支持你先前的假设或假说，那么研究工作就会被认为是不真实的。但不应该认为，如果你的结果不能证明你想证明的东西，研究结果就是失败的。事实上，情况很可能恰恰相反。在这里，实事求是永远是基本的原则，因为审稿人会看你是否意识到你的结果所带来的影响，无论这些影响是否有利——如果你如实地评价这些影响，你的可信度就会提高。

第五，在论文的结论部分，读者会希望看到你能否"画上句号"。这是指将调查的概念部分和经验部分结合起来，找出并反思任何在调查之后才显现出来的错误，并强调任何在研究完成之后才显现出来的遗留问题或新问题、不一致之处、问题等。因此，读者会提出这样的问题："结论是否合理，是否有足够的证据支持这些结论，这些结论是否合理，是否已经认识到任何遗漏或错误，并对其进行了适当的评论，以及是否有合理的建议，需要根据这项工作的结果开展后续工作？"一般来说，读者在这里寻找的是一个明确的迹象，表明你不仅对结果及其显示的内容进行了适当的深入分析，还对从实际开展研究的过程中学到的东西进行了深入分析。研究项目很少会完全按计划进行，而且事后看来，设计和实施项目的决定并不总是正确的，因此，要勇敢承认遇到的任何问题或错误，因为如何处理这些问题或认识到它们，是反思性洞察力的具体表现。

（三）学术风格

关于使用何种写作风格以及文件格式和表述的技术性问题，由于各地的要求不尽相同，因此对此类问题进行规范性评论似乎也不太明智。不过，有一个方面值得进一步评论，因为它具有普遍适用性，这就是要求文件以"学术风格"撰写。这在实践中意味着什么？

对许多人来说，用学术文体写作并不是一件直观的事情，因为它不是人们通常说话或写作的方式，而是正式和客观的。换句话说，它是基于证据的论述，而不是主观意见或猜测。这就意味着，你必须以一个独立的、不参与其中的观察者的身份来写作。你不需要发表个人主观意见，只需要客观、合乎逻辑地使用和分析证据，无论你个人是否同意。因此，不要使用"我认为"或"我相信"等短语，而应使用"证据表明"或"根据现有的证据，清楚地表明了"等短语。同样，应避免使用"我的结果"或"我的结论是"等短语，而应使用"结果"和"结论"。

学术写作风格还要求语言明确、准确和精确，因此切忌含糊不清和不精确。例如，"一些研究人员发现……"这个短语很可能会让审稿人写"他们是谁、他们什么时候发现的、他们的方法合理吗"等。另一个不恰当的做法是不规范地使用标准术语。学科中的许多术语都有非常特殊的含义和用法，与我们在日常用语中的用法可能有所不同。

对自己的主张和使用的语言保持谨慎也是学术写作的一个特点。这通常被称为"对冲"。"对冲"的意思是"避开赌注"，不要采取过于极端的立场。因此，举例来说，与其说"这证明了 X 是造成 Y 的原因"，这是一个非常明确的说法，不如说得更谨慎一些，"这构成了相当有力的证据，表明 X 可能是造成 Y 的主要原因"，或者"从现有的证据来看，X 可能是造成 Y 的主要原因"。

在撰写研究报告时，冷静、客观的方法有：说明研究目的，提供开展研究的理由，对文献中已有的证据进行比较、对比和评论，解释和说明最终结论及实证研究方法、研究设计和程序，说明结果及获得这些结果所使用的分析技术和程序，以及从这一过程中得出的结论。

二、研究内容的设计

（一）研究背景意义与理论基础

这应是论文的第一章或第一节。其目的是描绘旅游目的地研究的总体背景，即在更广泛的背景下确定所研究的具体问题。在这一章需要试图解释从哪里出发，从更广泛的背景中得出具体的研究重点。这有时被认为是开展旅游目的地研究的理由——为什么这项研究很重要、它会带来什么益处、谁会对研究结果感兴趣、它会为已知研究增添什么内容。在引言中通常还包括研究的重点——要解决的研究问题或要达到的目的或目标，以便让读者清楚地了解研究的目的。

文献综述总是在引言之后，尽管有些学者认为方法论部分应在引言之前。不过，笔者认为，方法论部分应放在文献综述之后，因为只有在对现有知识状况进行了分析之后，才能真正回答应采用何种方法论的问题。无论倾向于哪种顺序，或者实际上要求哪种顺序，文献综述都是展示自己了解并批判性地思考了与研究课题或问题相关的知识现状的机会。文献综述不会逐字逐句地复制原始资料中的文字，因此会包含大量对原始资料的总结和转述。在综述的末尾，需要有一个总结或结论部分，对讨论进行归纳，并突出实证研究所聚焦的关键问题和疑问。这也是下一章"方法论"的有用桥梁。

（二）开展核心问题研究的方法论

在本章中，将开始从已知信息过渡到未来采取的补充措施。在文献综述的基础上，将获得实质性和方法论方面的投入，以帮助制订概念框架和假设，并通过参考文献对其进行解释和论证。此外还必须解释在研究的实证数据收集和分析阶段所使用的方法和流程，并说明这些选择的合理性。这是让读者相信论文结果和发现值得认真对待的机会，因为这些结果和发现是以系统、可信的方式获得的。

（三）结果与结论分析

这一章的格式因机构而异。在某些情况下，这一章纯粹是报告实证调查的结果或结论，然后再用另一章解释和讨论这些结论的意义和影响。不过，有些机构可能倾向于将这两方面合并为一章。无论采用哪种形式，都会对如何组织和处理这两个方面产生影响。如果所发布的指南中规定了单独的章节，那么结果章节就纯粹是对结果的陈述。从这个意义上说，它是对经验数据分析结果的如实陈述，无论是定量分析还是定性分析。结果章节之后是讨论章节。

讨论章节应力求说明这些结果的含义及其影响。如果倾向于使用单一的结果或讨论章节，则可以更灵活地处理结果及其影响。在这种情况下，可以选择将这两部分内容分开，模仿两章模式，在开头介绍结果，然后在其后进行讨论。或者，也可以随着章节的进展，将这两个要素交织在一起。

（四）学术价值分析与建议

在这一章中，可以结束工作，并说明是否回答了最初的问题，或是否完全、部分或完全没有实现目的或目标。换句话说，现在可以评论旅游目的地研究项目的相对成败，反思哪些决策是好的，哪些决策是坏的，遇到了哪些问题，以及还有哪些不确定因素。

三、参考文献的使用原则

参考文献是论文中不可或缺的一部分，不仅反映作者的科学视野、学术态度以及占有相关文献的程度，而且在一定程度上能够反映论文的质量水平。因此很多审稿人在浏览一篇论文时，最先关注的除了论文的选题、结构、观点，还有参考文献。下面介绍期刊论文参考文献使用的几个原则和标准。

（一）以权威为核心，兼顾一般文献

在引用参考文献时，首选权威文献，权威论著意味着学科的前沿性和学术观点的代表性，在文献综述部分使用权威文献，能够体现出对学科研究前沿的关注；在论证观点过程中引用权威文献，则会在很大程度上反映对观点的深度理解，体现较好的理论深度。所以，权威文献在参考文献中是必不可少的。但对待权威需敬重而不盲从，发展的动态可变性决定了权威只能是某一领域、方向或某一时段的相对权威，而其他非权威文献并不代表着就一定没有参考价值，要兼顾其他文献的收集。由此需遵循"以权威文献为核心，一般文献为辅助"的原则。

（二）近期文献为主，追溯过往文献

在引用文献时，时效性是需要着重考虑的一个重要因素。学科研究不断进行，不断有人在学科领域有较新的议题，较新的研究成果，所以在写作时，要注意查看近 10 年，尤其是近 3～5 年的期刊文献，注意了解学科领域的前沿研究成果。在引用文献时，要注意引用时效性较强的文献，这代表论文注重学科前沿，也处于研究前沿，相应地，论文的观点也就具备了创新的可能。当然，参考近 5 年的文献并非就是唯一的准则，只是说近 5 年的文献是一般的时间标准，对于投入较少、发展较快的学科领域来说更为适用，但对于投入较多、发展缓慢的学科领域则可灵活放宽时限。

（三）各类文献皆有，注重层次均衡

参考文献引用的另一原则是要注意文献引用的层次性与均衡性。最好可以兼顾各类文献，层次要丰富。除期刊论文、学术著作以外的文献，你也可以适当添加作为引用，例如，学术论文集中的文献、报刊、电子资源、学术报告等，若是与论文内容有较大的相关性，完全可以加入参考文献。当然，这并不代表着写论文一定非要把所有类型的文献都要兼顾到，仍然需要视学科情况尤其是相关研究情况而定。这里所说的这一原则，只是提醒你在引用时，能够使得论文各类文献都兼顾到固然最好，若为了兼顾而兼顾使得所引用的文献相关性较弱，则会适得其反，得不偿失。

（四）注意"内外"结合，体现论证深广度

参考文献中的"内外"结合可以有两种理解。第一，要注意国内和国外文献的结合。第二，注意本学科与其他相关学科的结合。针对前者，在搜索文献时，你可能会忽略国外文献，而只呈现国内文献。但这实际上便是局限了自己的思考，结合国外的前沿文献，更能够体现自身论文的前沿性思考，是凸显论文质量水平的一种显性方式。针对后者，在搜索文献时，既要重点了解学科的纵向发展，还要注意相关学科与本学科交融的可能。学科的边缘和交叉部位，更是获得重要文献资料和学术成就的关键地带，应予特殊关注。这样才能全面系统地获得既往学术成就，使研究选题站在高起点。

学术研讨题

请选择一个旅游目的地研究命题，论述其研究过程。

推荐阅读文献

（1）陈浪. 质性研究设计[M].（美）Joseph A.Maxwell 著. 北京：中国轻工业出版社，2008.

（2）风笑天. 社会研究导论 定量与定性的路径[M].（澳）基思•F. 庞奇作. 重庆：重庆大学出版社，2023.

（3）崔延强. 研究设计与写作指导 定性、定量与混合研究的路径[M].（美）克雷斯尔（Creswell，J.W.）著. 重庆：重庆大学出版社，2007.

（4）罗珉. 管理学范式理论研究[M]. 成都：四川人民出版社，2003.

（5）焦李成，刘旭，赵嘉璇，等. ChatGPT 简明教程[M]. 西安：西安电子科技大学出版社，2023.

（6）王细荣，张佳，叶芳婷. 文献信息检索与论文写作[M]. 8 版. 上海：上海交通大学出版社，2022.

（7）陈楠，袁箐. 旅游学研究方法[M]. 武汉：华中科技大学出版社，2022.

（8）Bob Brotherton. Researching hospitality and tourism（2nd edition）[M]. SAGE，2015.

主要参考文献

[1] Bob Brotherton. Researching hospitality and tourism（2nd edition）[M].SAGE，2015.

第七章　旅游目的地质性研究与计量研究

在已有的研究方法中，选择适合解析旅游目的地主要范畴、命题的方法，可形成旅游空间结构、旅游目的地营销战略、旅游目的地形象测量以及旅游需求等范畴与命题的研究方法体系，主要包括时间序列法、回归模型、德尔菲法、IPA 分形法、内容分析法、产业结构分析法、空间结构描述的数学或地理方法等。

第一节　旅游目的地空间结构的研究方法

一、地图制图与可视化

地图制图与可视化方法，可用于分析旅游目的地空间结构及其时空演变规律。在旅游目的地发展研究中，特别是空间研究，单靠数字很难简单明了地说明其背后隐藏的空间特征和变化规律，在涉及旅游目的地发展的比较分析时更是如此。首先，借助 GIS 的空间分析工具，则可以实现旅游目的地空间位置数据与空间属性数据的匹配，以及其空间属性数据的可视化表达，以进行属性数据的空间分析，发现旅游目的地空间结构特征和规律。如果将空间属性数据在旅游目的地空间上表达，则容易比较分析旅游目的地之间的差异。其次，借助 GIS 软件的运算工具，可将旅游目的地属性数据进行多种运算，再将运算结果通过空间可视化的方式表现出来，则容易比较分析旅游目的地间的空间差异及协同发展方向。最后，选取旅游目的地较长时间序列的属性数据，通过对一定时间序列属性数据的运算分析和空间可视化表达，就容易发现旅游目的地的时空演变规律。

二、GIS 空间分析方法

在旅游目的地研究中，获取的测量数据多为离散的点状数据，它不能反映测量数据在旅游目的地空间上的连续变化过程。解决这一问题，常用的方法是空间插值法，即利用已知点的值求未知点的值的一种方法，可以将离散点的测量数据转换为连续的数据曲面，以便对其旅游目的地空间结构模式进行研究或与其他空间现象的分布模式进行比较。空间插值原理的假设依据是：空间位置越靠近的点，越可能具有相似的特征值。常用的空间插值法有反距离加权平均法（inverse distance weighted，IDW）、样条函数方法（spline）、趋势面分析法（trend surface analysis，TSA）、克里金法（Kriging）。

IDW 方法（反距离加权方法）是最常用的表面插值工具。它认为与未采样点距离最近的若干个点对未采样点值的贡献最大，其贡献与距离成反比。IDW 方法的表达式为：

$$Z = \frac{\sum_{i=1}^{n} \frac{1}{(D_i)^p} Z_i}{\sum_{i=1}^{n} \frac{1}{(D_i)^p}} \tag{7-1}$$

式中，Z 是估计值；Z_i 是第 i 个样本的值；D_i 是点之间距离；p 是距离的幂；i（$i=1$，2，3，…，n）表示样本的数量。

三、其他研究方法

旅游地目的地发展变化很早就受到人们的关注，既有整体上的研究，也有对旅游地内部结构演化的研究。旅游目的地的内部结构发展变化的研究早期多在点—轴理论、增长极理论、核心—边缘理论等理论基础上进行。研究方法多采用聚集分形分析、空间分区描述、景观结构分析、空间聚类和旅游流等方法。旅游目的地的非均质空间特性及其空间结构的旅游集散规律，为区域旅游规划的制定提供了科学基础。国内外不少学者曾经对旅游目的地的空间非均质、不平衡发展进行探讨。例如，为刻画旅游目的地发展与旅游设施的空间关系，史密斯归纳了多种空间结构描述的数学或地理方法，其中包括平均中心点、标准距离、标准偏差椭圆、紧密度指数、连接性指数、洛伦兹曲线、最近邻分析、空间联系指数、高峰指数、方向偏好指数、旅游吸引力指数等[1];全华利用图论方法引入了旅游网络概念,并试图以此为工具分析区域旅游空间结构[2]。

采用分形方法研究旅游目的地空间结构始于 20 世纪 80 年代末期。布鲁斯首先在景观空间结构研究中采用了分形方法,指出分形方法能够补充完善传统的统计分析,并认为结合分形方法进行景观开发布局能够提升景观的审美价值[3,4]。Bölviken 等对北芬诺斯坎底亚 25 万 km² 的景观进行调查后,发现自然现象中自我相似性的存在[5]。Nathaniel 等研究加利福尼亚圣加布里埃尔山地区景观分布后指出气候、地质等因素导致景观分形特性的产生[6]。Isabelle 等采用分形方法对比利时瓦隆地区的景观空间形成进行了研究[7]。Andreas 采用分形方法对沿海地貌沙丘植被景观环境进行了模拟[8]。

随着分形方法在空间结构研究中的引入,我国冯淑华等分别对南京市、江西省丹霞地貌和吐鲁番等旅游目的地空间布局进行了研究[9,10]。国内学者在采用分形方法进行研究时多集中分析单一时点旅游目的地的空间结构。如高元衡等采用分形方法来对比不同时期旅游目的地的空间结构,同时采用聚集分形方法对桂林市旅游景区在 1973 年、1997 年和 2007 年的空间结构分形组团进行了研究,研究表明[11]:桂林市市区组团和阳朔组团旅游景区空间结构的演化符合聚集分形模式,其中市区组团景区空间结构演化为从点状发展模式到聚集分形发展模式,阳朔组团景区空间结构演化为从面状发展模式到聚集分形发展模式。

第二节　旅游目的地旅游需求的研究方法

自 1961 年以来,国际旅游目的地旅游需求预测领域活跃着大批学者,他们从多个角度对作为目的地的发达国家和发展中国家的国际旅游需求作出分析研究,现已形成一套以定量分析为主的预测方法体系。目前,国际上预测旅游目的地旅游需求的常用方法有时间序列法、回归模型法、德尔菲法等。

一、时间序列法

该方法认为从历史数据中观察的动态可以在未来持续一段时间,由此可根据过去递推未来。递推方法多样，主要有：

①无改变法（no change）：该方法的前提是 $t+1$ 段时间内的旅游需求与 t 段时间的旅游需求相等。尽管前提过于理想化，卫特认为该方法是所有预测方法中最准确的。

②比例改变法（proportional change）：认为旅游需求随时间有一定百分比的改变。

③趋势拟合法（简单回归模型）：这是时间序列模型法中最常用的方法，用简单回归法求出旅游需求随某因素变化的趋势，模型中的自变量可以是旅游需求影响因素中的任何一种，人们通常采用时间作为自变量。模型的形式主要有直线方程、指数方程、对数方程、对数二次方程等 10 种方程，其中对数二次方程在预测旅游者人数时最准确。

另外，还有移动平均法、Box-Jenkins 模型法、指数平滑法等。

二、回归模型法

回归模型法有三种形式：①经济模型（economic model），重点分析旅游目的地经济因素（主要是旅游收入与旅游价格因素）对旅游需求的影响；②引力模型（gravity model），重点分析客源国与目的地之间的距离、客源国人口规模、目的地吸引力及接待能力等因素对旅游需求的影响；③旅行生成模型（trip generation model），是上述两种模型的综合。

回归模型法被旅游学界频频采用，克罗奇认为原因在于该法具有其他方法无法比拟的优点：可以将旅游需求与众多因素之间的关系模型化；可实现假设预测（what-if forecasting）；可为预测者提供有关回归精确度和显著性的统计数据。另外，由于回归模型能清楚地反映变量对预测结果的影响，旅游经营者可将未来发展战略和发展计划与预测结果结合考虑，研究适应未来旅游需求的政策选择问题。克罗奇曾对 20 世纪后半期国际上 80 项旅游需求回归模型预测研究做了调查，认为预测结果的精度与环境特点（预测时间与地点）和模型本身的特点有关。环境特点是我们鞭长莫及的，所以，在此仅探讨模型特征的影响。

1. 模型的函数形式

有乘法形式（对数—线性模型）和加法形式（线性模型）两种。旅游学界普遍认为乘法形式优于加法形式，因为前者符合历史数据的内在趋势，并且能产生直接衡量需求弹性的回归函数。而乘法形式有一恒定的弹性结构，当自变量的取值超出原始范围时会导致荒谬的结论。

2. 模型采用的数据类型

大多数研究者使用时间序列数据，特别是研究从单一客源国对单一目的地国的旅游需求时均用该数据。时间序列数据的主要优势在于能形成趋势外推，主要局限在于样本容量会受到可获得数据期间的限制。

截面数据可用于调查不同目的地国家（而非不同时期）旅游需求模式的变化状况，尽管这类数据因不含时间趋势而使分析结果对预测目的的贡献减少，然而它具有时间序列数据所没有的优势，例如，它可以用于调查不同类型旅游目的地发展的影响因素。少数研究者将时间序列与截面数据合并在一起使用，目的是缓和二者的局限性，然而合并也可能会破坏回归分析关于恒定误差的假定。

3. 单一方程/联立方程的建立

大多数研究者采用单一方程模型，少数也采用联立方程。联立方程在理论上更灵活，可考虑到旅游供给与需求的同时性问题以及其他目的地或其他产品的影响，所以有些研究人员建议使用联立方程。当然，在发达的目的地国家，国际旅游者对旅游设施的需求总是远远小于国内旅游者的需求，供给大部分具有完全的弹性，所以当研究者们忽略供给与需求的同时性问题而采用单一方程模型时，并没有产生太大的偏差。但是，在重国际旅游轻国内旅游的中国研究国际旅游需求问题时，不能忽略供给与需求的同时性问题。

4. 处理多重共线性和序列相关的方法

回归模型中最普遍的难题是：如何从一组具有多重共线性的因素中，将某个决定性因素对旅游需求的影响单独分离出来。该难题至今仍未有令人满意的解决方案，过去的研究者们采用了不同的缓解方式：①将共线性变量从模型中去除。由于省略了一些重要的解释变量，这种简单的解决方式会导致不准确的模型，模型中剩余变量的回归系数也会有偏差。②将共线性变量合并，形成一个新的综合变量。由于该变量的变动是由不同原因导致的，人们难以解释回归系统的意义。③合并时间序列数据和截面数据以提高解释变量的变化性。这种方法可以部分克服共线性问题，然而，由于这两类数据反映了不同的行为方式，所以结果仍难以解释。④使用岭回归法（ridge regression）。数据的序列相关引发了更多的问题，人们通常用科奇日瓦-奥瓦特方法（Cochrane-Oruit-technique）来处理，序列相关要求人们对需求模型的动态和时滞结构做进一步的分析。

三、德尔菲法

在现有的以定量分析为主的旅游需求预测方法体系下，德尔菲法是一个有益的补充。德尔菲法建设性地、系统地利用专家在信息较充分条件下所做的直观判断，它至少具有 3 个优点：首先，该方法能将更广泛范围的不可量化的因素考虑进来。新加坡曾运用德尔菲法预测新加坡旅游业发展前景，问卷中待确定的未来影响因素包括闲暇和旅游活动的未来趋势、技术进步、未来的国际旅游环境、未来的地区间合作、旅游业培训、政治前景与旅游障碍等。这些因素是几乎不可以量化的，若采用回归模型分析法，可能只能将其省略，然而事实上，这些事件会对旅游业产生深刻影响。其次，该方法为预测结果的使用者充分参与预测提供了可能。定量分析法往往有许多复杂的技术性问题，使用者将预测过程视为黑暗，只关心预测人员提交的数据分析报告，这往往会造成预测过程中变量不合理的设置。德尔菲法可充分接受旅游专业人士（而非预测技术人员）的咨询，使预测结果更加科学合理。再次，该方法提供了综合使用多种预测方法的机会。选用德尔菲法时最重要的一点是专家组的选择。专家组的规模并没有一定之规，但达尔克认为 15～20 人是确保预测精确性的最小规模，一般专家人数应为 30～50 人。至于专家入选的资格，马提诺指出专家关于预测问题的知识与阅历是该法的最关键的因素，然而多项研究表明专家的高水平并不是高质量预测所必需的。

第三节　旅游目的地形象测量方法

旅游目的地形象测量是围绕旅游者对目的地现状、特征等的主观看法和态度倾向所开展的量化研究和调查。它是开展旅游目的地形象设计与推广前必经的步骤，测量结果则是实施旅游目的地形象推广策略的基本依据。同时，旅游目的地形象测量活动本身就是发动公共参与、加强旅游供需双方沟通的一种重要方式。

一、IPA 分析法

(一) IPA 分析法的思想与架构

IPA (importance-performance analysis) 分析法，即重要性及其表现分析法，通过问卷调查的形式，获得相关数据，具有通俗易懂、形象直观、方便诊断和决策等属性。这一分析方法有助于旅游经营者理解游客满意度并明确旅游服务质量优先改进的方向，方法简单实用，分析结果直观明了，被公认为测量旅游活动与服务的理想工具。

"重要性—表现程度"分析法 (importance-performance analysis，IPA)，由 Martilla 等提出。其基本思想是顾客对产品/服务的满意度源自其对于该产品/服务各属性的重视程度，以及对各属性绩效表现程度的评价[12]。旅游目的地研究应用 IPA 模型架构时，是将旅游重视度列为横轴，将游客满意度列为纵轴，并分别以游客对旅游目的地产品或旅游服务属性的重视度、游客满意度评价之总平均值作为 *X-Y* 轴的分割点，将空间分为 4 个象限 (图 7-1)。

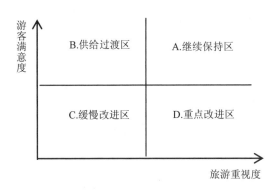

图 7-1　IPA 四象限

A 象限 (继续保持区)：游客非常重视并对旅游经营者表现的绩效感到满意的产品/服务属性；B 象限 (供给过渡区)：游客不重视但对旅游经营者表现的绩效感到满意的产品/服务属性；C 象限 (缓慢改进区)：游客不甚重视并对旅游经营者表现的绩效也感到不满意的产品/服务属性；D 象限 (重点改进区)：游客非常

重视但对旅游经营者表现的绩效感到不满意的产品/服务属性。在旅游目的地营销策略上，旅游经营者对落在 A 象限的产品/服务属性应继续保持，对落在 B 象限的产品/服务属性可以做适当削减。落在 C 象限、D 象限的产品/服务属性因游客不满意，所以需要改进。D 象限为旅游经营者亟须加强改善的重点项目，C 象限之项目因游客不甚重视，故在改进的优先次序上次于 D 象限项目。

（二）IPA 分析法的操作步骤

第一步，确定所要考核的旅游目的地观测变量和考核分值范围。

第二步，分别确立各观测变量的旅游重视度（I）及其游客满意度（P）的分值，画出标有刻度的 IP 图。

第三步，分别求出观测变量旅游重视度和游客满意度各自总的平均数或中值，并且找出以上两个平均数（或中值）在 IP 图中的确切交叉点。然后，基于该交叉点进一步画出一个十字架。横轴代表的是旅游重视度轴（I 轴），虚线纵轴代表的是游客满意度轴（P 轴），于是，IP 图的 4 个象限便清晰地显示出来。

第四步，分别将各观测变量，根据其旅游重视度和游客满意度的实际得分，逐一地定位在 4 个象限相应的位置。

第五步，基于巴勒格鲁（Baloglu）[13]等的观点，对 4 个象限的观测变量分别进行解释。

二、内容分析法

内容分析法最早产生于传播学领域。第二次世界大战期间美国学者 H.D.拉斯韦尔等组织了一项名为"战时通讯研究"的工作，以德国公开出版的报纸为分析对象，获取了许多军政机密情报，这项工作不仅使内容分析法显示出明显的实际效果，而且在方法上取得一套模式。20 世纪 50 年代美国学者贝雷尔森出版《传播研究的内容分析》一书，确立了内容分析法的地位。真正使内容分析方法系统化的是 J.奈斯比特，他主持的"趋势报告"就是运用内容分析法，享誉全球的《大趋势》就是以这些报告为基础写成的。内容分析法是一种对文献内容作客观系统的定量分析的专门方法，其目的是弄清或测验文献中本质性的事实和趋势，揭示文献所含有的隐性情报内容，对事物发展作情报预测。它实际上是一种半定量研究方法，其基本做法是把媒介上的文字、非量化的有交流价值的信息转化为定量的数据，建立有意义的类目分解交流内容，并以此来分析信息的某些特征。

（一）内容分析法的类型

1. 解读式内容分析法（hermeneutic content analysis）

解读式内容分析法是一种通过精读、理解并阐释文本内容来传达意图的方法。解读的含义不只停留在对事实进行简单解说的层面上，而是从整体和更高的层次上把握文本内容的复杂背景和思想结构。从而发掘文本内容的真正意义。这种高层次的理解不是线性的，而具有循环结构：单项内容只有在整体的背景环境下才能被理解，而对整体内容的理解反过来则是对各个单项内容理解的综合结果。

这种方法强调真实、客观、全面地反映文本内容的本来意义，具有一定的深度，适用于以描述事实为目的的个案研究。但因其解读过程中不可避免地主观性和研究对象的单一性，其分析结果往往被认为是随机的、难以证实的，因而缺乏普遍性。

2. 实验式内容分析法（empirical content analysis）

实验式内容分析法主要指定量内容分析和定性内容分析相结合的方法。20 世纪 20 年代末，新闻界首次运用了定量内容分析法，将文本内容划分为特定类目，计算每类内容元素出现频率，描述明显的内容特征。该方法有客观、系统、定量 3 个基本要素。用来作为计数单元的文本内容可以是单词、符号、主题、句子、段落或其他语法单元，也可以是一个笼统的"项目"或"时空"的概念。这些计数单元在文本中客观存在，其出现频率也是明显可查的，但这并不能保证分析结果的有效性和可靠性。一方面是因为统计变量的制定和对内容的评价分类仍由分析人员主观判定，难以制定标准，操作难度较大；另一方面计数对象也仅限于文本中明显的内容特征，而不能对潜在含义、写作动机、背景环境、对读者的影响等方面展开来进行推导，这无疑限制了该方法的应用价值。定性内容分析法主要是对文本中各概念要素之间的联系及组织结构进行描述和推理性分析。例如，有一种常用于课本分析的"完形填空式"方法，即将同样的文本提供给不同的读者，或不同的文本提供给同一个人，文本中被删掉了某些词，由受测者进行完形填空。通过这种方法来衡量文本的可读性和读者的理解情况，由于考虑到各种可能性，其分析结果可以提供一些关于读者理解层次和能力的有用信息。与定量方法直观的数据化不同的是，定性方法强调通过全面深刻的理解和严密的逻辑推理，来传达文本内容。一般认为，任何一种科研方法都包含一定的定性步骤。例如，研究开始阶段要确定主题和调查对象，明确相关概念，制订研究计划；最后阶段还要针对研究的问题，解释实验结果。但是单纯的定性方法缺乏必要的客观依据，存在一定的主观性和不确定性，说服力有限。因此，很多学者倡导将定性方法和定量方法结合起来，取长补短，相得益彰。定性与定量相结合的内容分析法应具备以下几个要点：①对问题有必要的认识基础和理论推导；②客观地选择样本并进行复核；③在整理资料过程中发展一个可靠而有效的分类体系；④定量地分析实验数据，并做出正确的理解。

3. 计算机辅助内容分析法（computer aided content analysis）

计算机技术的应用极大地推进了内容分析法的发展。无论是在定性内容分析法中出现的半自动内容分析（computer-aided content analysis），还是在定量内容分析法中出现的计算机辅助内容分析（computer-assisted content analysis），都只存在术语名称上的差别，而实质上，正是计算机技术将各种定性、定量研究方法有效地结合起来，博采众长，使内容分析法取得了迅速推广和飞跃发展。互联网上也已出现了众多内容分析法的研究网站，还提供了不少可免费下载的内容分析软件，相关论坛在这方面的讨论也是热火朝天。

（二）内容分析法的优点

1. 较为客观的研究方法

内容分析法是一种规范的方法，对类目定义和操作规则十分明确与全面，它要求研究者根据预先设定的计划按步骤进行，研究者主观态度不太容易影响研究的结果；不同的研究者或同一研究者在不同时间里重复这个过程都应得到相同的结论，如果出现不同，就要考虑研究过程有什么问题。

2. 结构化研究

内容分析法目标明确，对分析过程高度控制，所有的参与者按照事先安排的方法程序操作执行，结构化的最大优点是结果便于量化与统计分析，便于用计算机模拟与处理相关数据。

3．非接触研究

内容分析不以人为对象而以事物为对象，研究者与被研究事物之间没有任何互动，被研究的事物也不会对研究者作出反应，研究者主观态度不易干扰研究对象，这种非接触性研究较接触性研究的效度高。

4．定量与定性结合

这是内容分析法最根本的优点，它以定性研究为前提，找出能反映文献内容的一定本质的量的特征，并将它转化为定量的数据。但定量数据只不过把定性分析已经确定的关系性质转化成数学语言，不管数据多么完美无缺，仅是对事物现象方面的认识，不能取代定性研究。因此这种优点能够达到对文献内容所反映"质"的更深刻、更精确、更全面的认识，得出科学、完整、符合事实的结论，获得一般从定性分析中难以找到的联系和规律。

5．揭示文献的隐性内容

内容分析可以揭示文献内容的本质，查明几年来某专题的客观事实和变化趋势，追溯学术发展的轨迹，描述学术发展的历程；依据标准鉴别文献内容的优劣。揭示宣传的技巧、策略，衡量文献内容的可读性，发现作者的个人风格，分辨不同时期的文献体裁类型特征，反映个人与团体的态度、兴趣，获取政治、军事和经济情报；揭示大众关注的焦点等。

（三）内容分析法的一般过程

内容分析法的一般过程包括建立研究目标、确定研究总体样本和选择分析单位、设计分析维度及体系、抽样和量化分析材料、量化处理和信度分析 6 部分。

1．建立研究目标

在教育科学研究中，内容分析法可用于多种研究目标的研究工作，主要的类型有趋势分析、现状分析、比较分析、意向分析。

2．选择总体样本和分析单位

样本的选取时，需坚持符合研究目的、信息明确、内容连续完善等原则，明确总体样本。进而，可采取随机抽样、按时间抽样、按内容抽样等方法，选择和定义分析单位。分析单位是计算"量"的对象，对于文字内容，分析单位可以是独立的字、词、句、主体等。分析单位的选定要与研究目标为前提，选择定义清晰而透彻，标准明显且容易通过观察得出的单位。

3．设计分析维度及体系

分析维度（分析类目）是根据研究需要而设计的将资料内容进行分类的项目和标准。设计分析维度、类别有两种基本方法，一是采用现成的分析维度系统，二是研究者根据研究目标自行设计。第一种方法：先让两人根据同一标准，独立编录同样用途的维度、类别，然后计算两者之间的信度，并据此共同讨论标准，再进行编录，直到对分析维度系统有基本一致的理解为止。最后，还需要让两者用该系统编录几个新的材料，并计算评分者的信度，如果结果满意，则可用此编录其余的材料。第二种方法：首先熟悉、分析有关材料，并在此基础上制订初步的分析维度，然后对其进行试用，了解其可行性、适用性与合理性，之后再进行修订、试用，直至发展出客观性较强的分析维度为止。

4．抽样和量化分析材料

抽样工作包括两个方面的内容：一是界定总体；二是从总体中抽取有代表性的样本。内容分析法常用的抽样方式有来源取样、日期抽样、分析单位取样。

5．量化处理，做好评判记录

量化处理是把样本从形式上转化为数据化形式的过程，包括作评判记录和进行信度分析两部分内容。评判记录是根据已确定的分析维度（类目）和分析单位对样本中的信息作分类记录，登记每一个分析单位中分析维度（类目）是否存在和出现的频率。要做好评判记录工作，需要注意以下几个方面：①按照分析维度（类目）用量化方式记录研究对象在各分析维度（类目）的量化数据（例如，有、无、数字形式、百分比）。②采用事先设计好的易于统计分析的评判记录表记录。先把每一分析维度的情况逐一登记下来，然后再做出总计。③相同分析维度的评判必须有两个以上的评判员分别做出记录，以便进行信度检验。评判记录的结果必须是数字形式。④在根据类目出现频数进行判断记录时，不要忽略基数。

6．通过信度分析，确保推论的合理性

内容分析法的信度是指两个或两个以上的研究者按照相同的分析维度，对同一材料进行评判结果的一致性程度，它是保证内容分析结果可靠性、客观性的重要指标。内容分析法的信度分析的基本过程是：①对评判者进行培训；②由两个或两个以上的评判者，按照相同的分析维度，对同一材料独立进行评判分析；③对

他们各自的评判结果使用信度公式进行信度系数计算；④根据评判与计算结果修订分析维度（即评判系统）或对评判者进行培训；⑤重复评判过程，直到取得可接受的信度为止；⑥统计处理，对评比判结果（所获得数据）进行统计处理。描述各分析维度（类目）特征及相互关系，并根据研究目标进行比较，得出关于研究对象的趋势或特征，或异同点等方面的结论。若是研究目标为检验假设问题，则应当对分析结果与所做假设进行对比，其结论应当是明确的。若是研究目标为描述性问题，则需要对分析结果的含义及其重要性进行解释。

三、扎根理论

（一）扎根理论的产生与发展

扎根理论（grounded theory）是一种质性的资料分析方法。产生于格拉泽和斯特劳斯于 20 世纪 60 年代的一次田野观察研究过程。在这项研究中，他们观察了医务人员如何处理即将去世的病人。之后，两人于 1967 年出版了 *The Discovery of Grounded Theory*，该书中首次出现了"扎根理论"一词。扎根理论最开始被应用于医学，随后逐渐扩展到心理学、新闻传播学等学科领域。它主要强调在对原始资料分析研究的基础上直接构建理论，在核心问题研究之前，没有相关理论假设和模型构建。

那么，扎根理论具体指什么呢？斯特劳斯认为："扎根理论是用于质性资料分析的一种方法，其宗旨在于生成理论，而不预设任何特定的资料类型、研究路线或理论偏好。因此，严格来说，扎根理论并非一种研究方法或研究技术，而是一种质性分析的方式。扎根理论具有一系列独有的特征，包括理论抽样、一定的研究方法指南（如不断比较、采用编码范式等）等，用来确保理论概念的发展和密度。"[14]。他把理论抽样（theoretical sampling）定义为"不断发展的理论指导下的抽样，抽样内容为事件、活动、人口等。理论抽样用于对这些活动、人口等的抽样进行样本与样本之间的比较。"[14]

扎根理论方法不预设理论假设，理论是在研究过程中产生的（所以才称为"理论"抽样）。该方法自 20 世纪 60 年代提出以来，在几十年间经过数次调整，但其中的原理始终不变，即理论通过资料分析的方法在实际研究过程中不断发展。有部分研究者视扎根理论为一种研究方法或策略，而非一种理论，认为扎根理论的目的在于从资料中生成理论这种观点，初看一下似乎简单明了，但海斯明确指出："进行扎根理论研究的过程不仅仅是对着资料生成一个理论，而是被研究者称为"送代"的一个过程。换言之，它是一个循环的过程，理论见解从资料中出现或被发现，这些见解再受到检验，看它们如何解释资料的其余部分，而这些部分又产生了自己的理论见解，再将这些见解在资料当中加以检验，依此类推，循环往复[15]。"她还提醒我们："采用扎根理论分析法所生成的理论具有很强的情境特异性，即只适用于数量较为有限的情境之中。但由于这些理论是扎根于从真实世界所得到的资料，因此它们不仅自身是一种研究结果，也可以成为进一步研究的坚实基础。"[15]

（二）扎根理论的实施阶段与流程

扎根理论的实质是从资料中归纳建立不同于宏大理论和操作性假设的应用于特定研究问题和研究区的"专用"理论，其理论的形成是从大量事实、经验和资料中获得，经历一定量的知识积累，通过知识和形式理论相互作用，共同构建具有普适性的专用理论。扎根理论的目的在于建立能够忠实反映社会现象脉络的理论，是通过深度访谈、参与式观察等方式，对所获得的资料进行归纳推理并抽象出概念，进而建立理论的过程。一般情况下，扎根理论的主体阶段主要是资料的收集、分析以及文献的阅读，这一过程不断反复地进行，以明确和探索资料的新意义。研究人员用观察或访谈等方法步骤来收集资料。通过开放式编码、主轴编码、选择性编码进行资料分析，得到其中蕴含的逻辑结构关系。一般地，扎根理论包含研究设计、资料收集、资料整理、资料分析、回顾比较五个阶段。研究设计阶段主要是文献探讨与典型案例设定。资料收集阶段涉及多种定性资料收集方法，获取一手调研资料。第三阶段将收集的资料进行整理，按照一定规律编制，如按照时间、事件类型排列不同内容的资料并标上编号。第四阶段可以借用资料编码的手段来对资料进行深入的分析。第五阶段将第四阶段建立的理论与文献进行比较并分析其异同，以作为对理论修正或补充的依据（图7-2）。

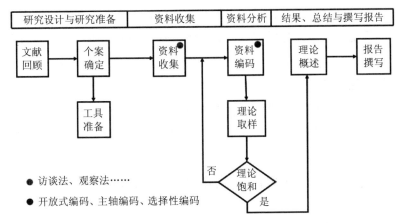

图 7-2 扎根理论的实施阶段与流程

引自：由振伟. 设计科学研究方法[M]. 北京：北京邮电大学出版社，2020。

（三）资料编码的三个阶段

在扎根理论中，一般通过资料编码的方式进行资料的初步处理。初步资料可能是个人日记、访谈笔记、访谈稿等文本形式的材料，可能是一些静态的或动态的影像，也可能是访谈录音。值得注意的是，这些资料一定是经验性证据，研究人员应当广泛使用实地观察和深度访谈的方法收集资料。

1. 开放式编码

对资料进行开放式编码的过程，要求对资料以句子为单位进行含义的分解，使用一个或多个名词作为标签对句子进行标记。通过标记工作，使大段的资料被概念化。其具体施行的步骤如下：①对资料一字一句地进行含义的分解，阅读句子并进行比较。②赋予每一个句子标签，如观察、打量。在这里，观察、打量这些词汇被称为概念化词汇。③将概念化的词汇聚合、分类，类的数量可以多一些，每一类包含多个概念化词汇，类的名称可以是试探性行为、欣赏性动作。这些概念化的词汇可以是直接使用资料中的词汇，也可以是研究者命名的词汇，或者是参考其他文献中的词汇。

2. 主轴编码

通过主轴编码，资料将形成主要的、核心的几个类。这一过程要求研究人员交替运用归纳及演绎的推理方式，了解类组之间的关系并连接不同类组。研究者依循编码的规范，依照现象发展脉络、行动互动的策略、事件的结果将资料重新组合到一起。

3. 选择性编码

先对已经确定好的主要类组进行故事线的设想与设计，并确定核心类组。然后重新将所有的资料拿过来，与确定的基础逻辑进行比较验证，形成逻辑框架。

第四节　旅游目的地发展战略研究方法

在旅游目的地营销战略管理理论的形成和发展过程中，形成了多种有效的战略分析方法。这里介绍三种主要的分析方法及其操作思路。

一、SWOT 分析法

（一）基本解释

SWOT 分析法是一种综合考虑旅游目的地内部条件和外部环境的各种因素，通过进行系统评价，以选择最佳经营战略的方法。这里，S（strengths）是指旅游目的地内部的优势；W（weaknesses）是指反映旅游目的地内部的劣势；O（opportunities）是指旅游目的地外部的机遇；T（threats）代表旅游目的地外部环境的威胁，旅游目的地内部的优势和劣势是相对于竞争对手而言的，一般表现在资源禀赋、区位条件、基础设施、旅游产品、人力资源和管理能力等方面，可以从单项评估和综合评估两个角度衡量。

旅游目的地的机会和威胁是从外部角度所做的分析。其中，机会是指外部环境中有利于旅游目的地发展的因素，如政府支持、新信息技术应用区域旅游合作关系等；威胁是指外部环境中对旅游目的地发展不利的因素，如新竞争对手的出现、市场增长率缓慢、购买者和供应者讨价还价能力增强、产品老化等因素。这些都构成影响旅游目的地市场竞争地位主要障碍。

（二）分析模型

1．优势与劣势（SW）分析

由于企业是一个整体，其竞争优势来源的广泛性，所以，在做优劣势分析时必须从整个价值链的每个环节上，将企业与竞争对手做详细对比。如产品是否新颖，制造工艺是否复杂，销售渠道是否畅通，以及价格是否具有竞争性等。如果一个企业在某方面或几个方面的优势正是该行业企业应具备的关键成功要素，那么，该企业的综合竞争优势也许就强一些。需要指出的是，衡量一个企业及其产品是否具有竞争优势，只能站在现有潜在用户角度上，而不是站在企业的角度上。

2．机会与威胁（OT）分析

如当前社会上流行的盗版威胁：盗版替代品限定了公司产品的最高价，替代品对公司不仅有威胁，可能也带来机会。企业必须分析，替代品给公司的产品或服务带来的是"灭顶之灾"呢，还是提供了更高的利润或价值；购买者转而购买替代品的转移成本；公司可以采取什么措施来降低成本或增加附加值来降低消费者购买盗版替代品的风险。

3．整体分析

从整体来看，SWOT 可以分为两部分：一是 SW，用于分析内部条件；二是OT，用于分析外部条件。利用这种方法可以从中找出对自己有利的、值得发扬的因素，以及对自己不利的、要避开的东西，发现存在的问题，找出解决办法，并明确以后的发展方向。根据这个分析，可以将问题按轻重缓急分类，明确哪些是急需解决的问题，哪些是可以稍微延迟的事情，哪些属于战略目标上的障碍，哪些属于战术上的问题，并将这些研究对象列举出来，依照矩阵形式排列，然后用系统分析的所想，把各种因素相互匹配起来加以分析，从中得出一系列带有一定的决策性，有利于领导者和管理者做出较正确的决策和规划。

二、PEST 分析法

PEST 分析法是一种系统分析旅游目的地所处的宏观环境及其对旅游目的地影响的分析方法。这里，PEST 分别指宏观环境的 4 个主要变量：P（political）指宏观环境中的政治因素，主要包括国家政局、政府政策、外贸政策、环境保护以及政府的稳定性等内容；E（economic）指经济因素，主要包括旅游目的地的经济形势，如经济周期、通货膨胀、利率、劳动力供给、旅游者收入等因素；S（socio-cultural）指社会—文化因素，包括旅游地的人口分布、教育水平、社会风俗、道德和价值观、工作习惯以及人们对工作和休闲的态度等；T（technological）指技术因素，主要分析新技术的出现、产品生命周期、技术转化速度等因素对旅游目的地的影响。旅游业作为一个全球性的产业，其发展极易受到外部环境的影响，上述因素大多是旅游目的地组织或企业所不能控制的，只有进行科学的分析和把握，才能抓住目的地发展机遇或是回避可能出现的威胁。

PEST 分析法为旅游目的地全面和系统地分析宏观环境变化及影响提供了一种简便可行的操作思路，因而受到旅游目的地组织和企业的广泛欢迎。

三、区域竞争力模型

区域竞争力模型是由著名的管理学家美国哈佛大学迈克尔·波特教授提出的。波特教授认为，在一个区域中存在着潜在的进入者、替代品、购买者、供应者及产业内部现有的竞争力量 5 种基本的竞争力量。5 种竞争力量共同决定区域竞争的强度和动利能力。这 5 种基本竞争力量的状况及其综合强度，将引发区域内部经济结构的变化，从而决定着区域内部竞争的激烈程度，决定着区域获得的最终潜力。

对于旅游目的地而言，也存在着 5 种竞争力量的制衡和发展问题。各种新兴旅游目的地构成了针对同一旅游客源市场的新进入者，必然会加大该市场的竞争力度，压缩本地旅游产品的生存空间；随着旅游产品技术和方式的不断创新，越来越多的旅游新产品和衍生产品进入旅游消费领域，产生对现有产品的替代作用，也会挤压现有旅游产品的市场空间；此外，随着旅游市场和旅游产业链的日益完善，同一旅游产业链条内部相关产品的利益关系也会不断调整，势必也会影响目的地旅游产品的市场关系；加之目的地内部产品和市场关系的动态变化，都会影响旅游目的地的市场环境变革。总之，按照波特教授的理论，旅游目的地营销战略既要关心内部市场环境的变化，也要关注其所在旅游目的地环境的变革。要从创造旅游目的地竞争力的角度调整自身的市场关系，以更好塑造旅游目的地的市场竞争优势。

学术研讨题

1. 阐述旅游目的地形象测量的研究方法。

2. 阐述旅游目的地需求预测的研究方法。

3. 阐述旅游目的地战略研究方法。

4. 请运用一种成熟的研究方法，分析一个旅游目的地研究命题。

推荐阅读文献

（1）赵西萍，王磊，邹慧萍. 旅游目的地国国际旅游需求预测方法综述[J]. 旅游学刊，1996（6）：28-32.

（2）陈楠. 旅游学研究方法[M]. 武汉：华中科技大学出版社，2023.

（3）谢彦君. 旅游学研究方法[M]. 北京：中国旅游出版社，2018.

（4）李蕾蕾. 旅游目的地形象策划：理论与实务[M]. 广州：广东旅游出版社，2008

（5）（英）朱迪丝·贝尔，斯蒂芬·沃特斯. 科研项目完全指南：从课题选择到报告撰写[M]. 7版. 林静，译. 北京：新华出版社，2021.

（6）由振伟. 设计科学研究方法[M]. 北京：北京邮电大学出版社，2020.

主要参考文献

[1] 吴必虎. 区域旅游规划原理[M]. 北京：中国旅游出版社，2001.

[2] 全华. 旅游网络及其功能研究[C]//中国科学院地学部，中国旅游协会，北京旅游协会，山东旅游协会，青岛旅游协会. 区域旅游开发研究. 武陵大学旅游系，1991（4）：79-82.

[3] Bruce T Milne.Measuring the fractal geometry of landscapes[J]. Applied Mathematics and Computation，1988，27（1）：67-79.

[4] Bruce T Milne.The utility of fractal geometry in landscape design[J]. Landscape and Urban Planning，1991，21（2）：81-90.

[5] Bölviken P R，Stokke J，Feder ect. The fractal nature ofgeochemical landscapes[J]. Journal of Geochemical Exploration，1992，43（2）：91-109.

[6] Nathaniel A Lifton Clement G Chase. Tectonic climatic andlithologic influences on landscape fractal dimension and hypsometry：implications for landscape evolution in the San Gabriel

Mountains California[J]. Geomorphology，1992，5（2）：77-114.

[7] Isabelle Thomas Pierre Frankhauser Christophe Biernacki.Themorphology of built-up landscapes in Wallonia（Belgium）：aclassification using fractal indices[J]. Landscape and UrbanPlanning，2008，84（2）：99-115.

[8] Andreas C W.Baas .Chaos fractals and self-organization in coastalgeomorphology：simulating dune landscapes in vegetated environments[J]. Geomorphology，2002，48（3）：309-328.

[9] 冯淑华，沙润，欧阳冬. 基于分形理论的江西丹霞地貌景区点空间特征及优化整合研究[J]. 江西师范大学学报（自然科学版），2007，31（3）：321-326.

[10] 李凤华，李晓东，唐伟，等. 吐鲁番地区旅游景区（点）系统的分形研究[J]. 资源与产业，2007，9（4）：50-54.

[11] 高元衡，王艳. 基于聚集分形的旅游景区空间结构演化研究——以桂林市为例[J]. 旅游学刊，2009，24（2）：52-58.

[12] Martilla J A，James J C.importance-performance analysis[J]. Journal of marketing，1977，41（1）：77.

[13] Baloglu S，Love C. Association meeting planners perceivedperformance of Las Vegas：an importance-performance analysis[J]. Journal of Convention ＆ Exhibition Management，2003，5（1）：13-27.

[14] Strauss A L. Qualitative Analysis for Social Scientists[M]. Cambridge：Cambridge University Press，1987.

[15] 林静. 科研项目完全指南：从课题选择到报告撰写[M]. 7 版. 北京：新华出版社，2021.

第四篇

管理与治理

第八章　旅游目的地管理

第一节　旅游目的地管理系统

旅游目的地管理是目的地为了处理或解决相关政策、发展战略或具体事务而设置、开发和形成的涉及所有相关机构和个体的各种规则、机制和方法，以及这一设置、开发和形成的过程。在现有文献中，绝大部分目的地管理研究都是在地方层面和社区层面上展开的，只有较少文献涉及国家层面和区域层面的管理问题。但是，国家/区域层面与地方/社区层面的目的地管理结构并不能截然分开，后者必然要受到前者的制约影响，前者也会在后者中得到具体体现。

一、旅游目的地管理主体

目的地管理比较复杂，不同于企业的管理。因为目的地各要素之间的关系既存在单向的"管理—被管理"的关系，也存在互相制约的协作关系，彼此是一个利益共同体，因此对管理主体的界定也就不同于以往的概念，管理的方法也不同于企业的管理。

由此，旅游目的地的利益相关者有可能同时兼具管理者和被管理者的角色。因此，对目的地的管理是一个"他人管理"和"自主管理"相结合的过程。他人管理——依靠来自外部力量的管理，如政府对企业的管理就属于这一类型；自主管理——互相协调，制订契约并自觉遵守，如企业之间、企业与居民以及游客之间为某种一致的目标而达成的契约就属于这种类型。

因此，目的地管理主体就不是某一个部门，而是一组性质、功能、权利范围均不同的部门、机构乃至于个人，他们互相配合，构成一个对目的地进行综合管理和协调的管理系统。在这个系统中，有居于中心地位的单元，也有居于非中心地位的单元。

管理，在一定意义上带有强制性含义。这意味着，当被管理的对象不能按照既定目标实施时，需要一个强有力的主体采取强硬的措施保证整个组织朝着既定目标的方向前进，如社会的法律法规、政府主管部门的行政管理规定等。管理，在一定意义上也具有自律性，这意味着被管理者要对目的地共同的价值追求有所认识，并在与其他利益主体协调行为中接受社会道德习俗的自觉约束，并表现出良好的自律行为。这样才能形成更为和谐发展的旅游目的地。

二、旅游目的地管理客体

管理对象也称为管理客体，是指管理者实施管理活动的对象。"管理"是一个包含着矛盾的概念。矛盾的一方是管理对象，另一方是管理者。确定管理对象是实施有效管理的前提。由于目的地中的每一个要素都是发挥整体功能不可或缺的一部分，因此在理论上每一个要素都是需要被管理的对象。但是在现实中，为了管理实践的可行，必须对这些要素依据其性质以及在整体结构中的位置进行归类，才能制订有效的管理规章和制度。归类之后的要素集合主要包括旅游企业、政府主管部门、非营利组织、公共服务供应体系、社区及其居民，形成商业服务和公共服务两条供应链。通过分析游客在目的地的活动内容，对游客的体验以及发展可持续旅游具有直接的、决定性影响的要素主要包括政府部门、各类旅游企业、目的地社区居民以及旅游者，因此它们是直接的管理对象。当然，由于它们的性质不同，管理的措施和方法也不同。

三、旅游目的地管理组织

在大部分目的地，目的地管理组织（DMO）是旅游产业最高团体，往往能对外、对内代表着旅游目的地整体利益。事实上，目的地管理组织并不是一个单一的利益相关者群体，而是目的地众多利益相关者群体的合作性机构。但目的地管理组织一旦建立并发展，就会逐渐产生自身独特的利益，因此也就成为了一个独特的利益相关者。目的地管理组织由跨越公私部门的正式网络和非正式网络所共同支持，可能包括既定部门子网络和其他基于某一地点、问题或共同价值观而形成的地方化利益子网络。

目的地旅游网络是在政府、产业、公民和社会之间产生合作行为的正式组织结构与非正式社会关系的集合。其中，旅游产业的机构与地方政府之间的联系代表了塑造地方旅游发展的最重要和最有影响力的网络。理解旅游产业的机构与地方政府之间关系的结构、动力机制和联系强度，将有助于理解旅游网络能力的性质和建立生产性公私伙伴关系的机会和约束。网络的"连接性"为知识的转移和分享提供了机会，这恰恰是旅游业开展创新和提升竞争力的重要特征。随着时间的推移，稳定的网络能够发展准制度化的结构、行为规则，并和政府一起分担政策制定和实施的责任。

Dredge 认为目的地管理组织的特征取决于目的地、现行网络，以及其中的行动者的具体特征，其有效管理关键在于处理好以下问题[1]：地方政府和产业行动者运用不同类型的权力，尤其是网络领导权的配置；广泛的社区参与；地方政府和地方旅游组织的角色与责任需要被清楚地锁定和表达；行为规则需要被公开讨论和商议；旅游资金来源是一个易引起大量矛盾的问题，并与网络的领导和控制联合在一起。概括而言，需要密切关注两个平衡：一是地方政府与旅游产业的地位的平衡；二是在政策网络中积极的网络行动者和消极的社区成员之间的平衡。

第二节　旅游目的地规划管理

旅游目的地规划简称旅游地规划，又称为旅游社区规划。它是一个国家或区域内的一个地方的旅游规划，是区域旅游规划的进一步落实。旅游目的地规划应根据现行的国家或区域旅游政策和规划框架制定，与旅游产品具体形式和旅游区功能有具体联系，包括对旅游目的地开发项目和设施建设进行的设计安排。

一、旅游目的地规划内容

旅游目的地规划是广义上的旅游规划的一个细分层次。根据冈恩对旅游规划的层次分类，旅游规划可分为区域规划（包括国家级、省级或州级）、目的地规划、景点规划 3 种。其中，区域规划的主要内容有确定主要旅游吸引物和活动，确定重点保护区或开发区，确定主要旅游市场细分，确定旅游者入境口岸、旅游区或旅游带、交通网络，确定与社会有关的主要因素。而目的地规划，包括旅游开发区、度假地和旅游吸引物的土地利用规划，城市和其他社区的旅游规划，综合考虑旅游业作为当地整体发展的有机组成部分该层次也对主要旅游吸引物和相关旅游设施进行规划。

根据目的地产品性质和景观类型、国家有关管理部门的隶属关系，以及它们的接待和服务功能，旅游目的地规划可分为风景名胜区规划、历史文化名城（镇）规划、旅游城市（镇）规划、旅游度假区规划、自然保护区规划和森林公园规划等。从规划要求和等级来看，旅游目的地规划可分为总体规划、控制性详细规划、修建性详细规划等。如果旅游地的情况比较复杂或地位重要，则需要编制规划大纲，提出发展战略。从规划的内容来看，旅游目的地规划可分为项目开发规划、旅游线路规划、旅游地建设规划、旅游营销规划、旅游区保护规划等功能性专项规划，以及专题研究等。

根据以上的层次划分结果，旅游目的地规划的主要内容包括 9 个方面：①全面分析规划区旅游业发展的历史与现状、优势与制约因素，以及与相关规划的衔接；②分析规划区的客源市场需求总量、地域结构、消费结构及其他结构，预测规划期内客源市场需求总量、地域结构、消费结构及其他结构；③提出规划区的旅游主题形象和发展战略；④提出旅游业发展目标及其依据；⑤明确旅游产品开发的方向、特色与主要内容；⑥提出旅游发展重点项目，对其空间及时序做出安排；⑦提出要素结构、空间布局及供给要素的原则和办法；⑧按照可持续发展原则，注重保护、开发和利用的关系，提出合理的措施；⑨提出规划实施的保障措施；对规划实施的总体投资分析，主要包括旅游设施建设、配套基础设施建设、旅游市场开发、人力资源开发等方面的投入与产出方面的分析。

二、旅游目的地规划编制程序

（一）任务确定阶段

首先，委托方应根据国家旅游行政主管部门对旅游规划设计单位资质认定的有关规定确定旅游规划编制单位，通常有公开招标、邀请招标、直接委托等形式。其中，公开招标是委托方以招标公告的方式邀请不特定的旅游规划设计单位投标；

邀请招标是委托方以投标邀请书的方式邀请特定的旅游规划设计单位投标；委托方直接委托某一特定规划设计单位进行旅游规划的编制工作，被称为直接委托。其次，委托方应拟订项目计划书并与规划编制单位签订旅游规划编制合同。

（二）前期准备阶段

前期准备阶段的主要任务有政策法规研究、旅游资源调查、客源市场分析、旅游竞争力分析4个方面。政策法规研究主要是对国家和本地区旅游及相关政策、法规进行系统研究，全面评估规划所需要的社会、经济、文化、环境及政府行为等方面的影响。旅游资源调查是对规划区内旅游资源的类别、品位进行全面调查，编制规划区内旅游资源分类明细表，绘制旅游资源分析图，具备条件时可根据需要建立旅游资源数据库，确定其旅游容量。调查方法可参照《旅游资源分类、调查与评价》（GB/T 18972—2017）。客源市场分析是在对规划区的旅游者数量和结构、地理和季节性分布、旅游方式、旅游目的旅游偏好、停留时间、消费水平进行全面调查分析的基础上，研究并提出规划区旅游客源市场未来的总量、结构和水平。竞争力分析是对规划区旅游业发展进行竞争性分析，确立规划区在交通可进入性、基础设施、景点现状、服务设施、广告宣传等各方面的区域比较优势，综合分析和评价各种制约因素及机遇。

（三）规划编制阶段

规划编制阶段的主要任务有：确定规划区主题。在前期准备工作的基础上，确立规划区旅游主题（包括主要功能、主打产品和主题形象）；确立规划分期及各期目标；提出旅游产品及设施的开发思路和空间布局；确立重点旅游开发项目，确定投资规模，进行经济、社会和环境评价；形成规划区的旅游发展战略，提出规划实施的措施、方案和步骤，包括政策支持、经营管理体制、宣传促销、融资方式、教育培训等；起草规划文本说明和附件。

（四）征求意见阶段

规划草案形成后，原则上应广泛征求各方意见，并在此基础上，对规划草案进行修改、充实和完善。

三、旅游目的地规划实施

旅游规划给主管部门批准后，即可组织实施。旅游规划要力求将科学性、前瞻性、艺术性和可操作性相结合，规划原则的严肃性与具体实施的灵活性相统一。规划中确定的旅游业的产业地位、发展目标、总体布局、主导产品、规划控制红线、绿线、蓝线等内容，具有指导性，必须贯彻执行；规划中的一些基本原则、发展方向和主题、格调，应该长期坚持，避免因主管领导的变更而人为改变，破坏规划的严肃性，确保旅游规划区始终沿着既定目标，日臻完善。但在具体项目的实施和预期指标的测算等方面，不具有指令性。在市场经济条件下，规划为旅游行政主管部门的宏观调控和旅游企业的自主经营确定了目标，建立了法规，规范了秩序，并留有充分的余地。旅游详细规划实施的宏观、微观条件变化较快，在具体实施过程中，还会根据具体地形、地物的变化做相应调整，旅游发展总体规划的时空跨度大，在执行过程中不确定因素和不可抗力的因素甚多，规划实施过程中的调整是不可避免的。

由于旅游业涉及面广、敏感度高、依托性强，因此，旅游规划实施一段时间后，由于相关条件的变化，可按法定程序做必要的修订或调整。

由于受到控制论的影响，近年来，规划界已经逐渐注意到将规划视为一个持续不断的过程。这主要是由于以往的规划已不合时宜或者规划不够完善和恰当在中国还经常出现规划区域领导变更，指导思想发生变化的现象，需要修编或重新规划。连续的旅游规划的功能可以看作是一个相互关联的系统。规划的各组成部分并不受制于规划权威机构和各级政府。各部门可以根据自己的利益和兴趣与其他相关部门进行交流和联系，并从中获取收益。对预期的未来给出具体的描述，并确定达到这些预期结果所需要的时间的规划，常常需要修编。有学者认为，这种规划方法主要是由建筑设计和景观设计学衍生过来的，通常的建筑设计就是对某个规划场地上未来的建筑形式和外观进行详细的描述，并确定完成的工期等。而如今，越来越多的学者和规划师认识到，规划除了对这些事物进行描述和计划，还应当包括后续的调整规划。

第三节　旅游目的地开发管理

一、旅游目的地资源开发

旅游目的地资源开发是指以旅游资源开发为核心，促进旅游业全面发展的社会经济活动。它是一项全面、综合性的系统工程，包括旅游资源的调查与评价、旅游项目开发的可行性研究、旅游景区（点）的规划与设计、旅游目标市场的选择与营销、旅游景区（点）建设经营和管理、旅游景区（点）企业文化的建设、旅游地形象的建设与推广、旅游基础设施与服务设施的建设以及旅游社会氛围的营造等方面的内容。

（一）旅游目的地资源开发的目标

1. 保护旅游资源

我国虽有丰富的旅游资源，但是不合理地开发旅游资源不但起不到无烟工业的作用，而且还会对生态环境造成巨大破坏。旅游资源一旦遭到破坏就会形成不可估量的损失，可持续发展理论要求我们提高资源的利用率，以可持续发展观为指导，以资源利用的永续性为目标，尽可能推迟其枯竭时间。旅游资源破坏的原因有自然灾害，如地质灾害（如地震、火山、水火灾害等）、气象灾害（如风蚀、水蚀、日照等）和生物灾害（如鸟类、白蚁等），也有人为因素破坏，有时人为因素会超过自然力的破坏程度，甚至是毁灭性的。近年来，历史文化名城、历史文化名街区的开发使这些历史建筑和文化遗址得到一定程度的修缮和保护，这些历史文化遗产随着旅游活动的开展又获得了新生。因此，通过对旅游资源的合理开发利用与保护，可以提高旅游资源对旅游市场的吸引力，提高旅游资源的使用效益，保护旅游资源不被破坏。

2. 满足游客需求

游客需求是旅游目的地资源开发的前提条件，旅游目的地资源只有满足游客需求，才能产生旅游后续效应。现代社会工作节奏快、强度高，人们需要利用闲暇时间出去旅游，以达到休养生息、弥补消耗、恢复体力和脑力的目的，这一点需求主要是针对参与社会工作的旅游者而言的，而旅游活动为人们在闲暇时间获得全面、综合发展开辟了广阔的天地。旅游目的地资源开发必须满足人们的发展性需求、补偿性消费需求，以及娱乐、锻炼等方面的需求。

3. 获得经济效益

旅游目的地资源的开发有助于当地发展旅游产业，促进当地产业结构的优化调整。旅游业作为第三产业的先导产业，将大大带动第三产业的发展，进而调整第一产业、第二产业、第三产业的比例构成。而旅游活动的开展能带来外来经济注入，有利于增加政府税收，进而增强经济实力。此外，旅游产业的关联度比较大、链条比较长，所以旅游业的发展可带动和促进许多相关行业的发展。旅游活动的开展可增加就业机会，大量吸纳社会闲散劳动力，为当地居民带来福利。

（二）旅游目的地资源开发的原则

1. 立足长远规划，明确阶段目标

在旅游目的地资源开发过程中，要立足长远发展，综合考虑长远效益。旅游规划的制定要着眼于高标准、高起点、长远性，在保证规划合理性的基础上，充分考虑规划的可行性，明确各开发阶段任务，详细安排近期任务，寻求切合实际的开发策略、发展指标与阶段目标，保证规划兼顾现实，适度超前。防止超负荷发展，防止旅游消极影响的扩大，量力而行地进行旅游开发，将开发规模和旅游接待量控制在环境容量允许的范围之内。

2. 凸显资源优势，打造旅游品牌

鲜明的特色是旅游资源的生命力所在，开发利用旅游资源的实质就是要寻找、发掘和利用旅游资源的特色，因此，在旅游目的地开发与规划中必须凸显当地的资源优势，必须有特色，才会有注意力。旅游经济本身就是注意力经济，要注意旅游景点之间的差别性，体现人无我有的特色，经过开发的旅游资源，不仅应使其原有的特色得以保持，还应使其原有特色更加鲜明并有所创新和发展，最重要的是避免在开发过程中使原有的旅游资源特色遭到破坏。

3. 生态保护，可持续发展原则

旅游资源具有脆弱性、不可再生性、不可恢复性等特点，在旅游目的地资源开发的过程中要坚持维护生态环境，保护原生资源，多用自然材料建设，减少人

为设施，力求开发与生态平衡。科学规划，稳步推进，对于适宜发展的地区要有重点、有步骤地推进，做到有序发展，避免各地一哄而上，低水平盲目发展，开发与保护相结合，生产、生活、生态相统一，实现可持续发展。

4. 政府引导，市场运作原则

在旅游目的地资源开发的过程中，要正确发挥政府与市场的作用，政府要加强统筹协调和引导扶持，积极引入市场机制，统一规划旅游景点、项目布局，体现层次化、多样化，在实施规划时应根据情况的变化行使有效的控制，善于发掘利用当地旅游资源的优势和特点进行有效开发，突出观光功能、科普功能、教育功能、环保功能、经济功能、休闲功能，注重整合资源，加大当地旅游基础设施建设，坚持以旅游市场需求为导向，以旅游产品开发为核心，根据市场设计产品，利用产品开拓市场，打造当地旅游品牌。

二、旅游目的地形象塑造

国外学者认为旅游目的地形象的概念是从形象（image）的基础上延伸而来的，在最初的旅游目的地形象研究中，一般被理解为人们对非居住地的个人的、主观的印象和理解。在国内外相关研究中，对于旅游目的地形象的定义也不尽相同，Markin 较早地将其定义为我们对某一目的地主观的、内在的、概念化的理解[2]；Stylidis 认为旅游目的地形象是旅游者对旅游地各种景观、文化、服务、氛围等属性的信念和知识的感知；李蕾蕾将其定义为目的地对游客最具吸引力的信息特征集合与抽象概括[3]；王红国等认为旅游目的地形象是个人或集体对某一目的地持有的感觉、理解、想象、印象、情绪以及偏见的体现，是游客对旅游目的地各个方面认知的集合[4]。

借鉴国内外相关学者的众多研究成果，笔者认为旅游目的地形象可以从两方面理解：一是从市场需求角度理解，即旅游目的地形象是一种表示旅游者个人态度的概念，它是指个体对旅游目的地的认识、情感和印象。二是从市场供给角度来理解，即旅游目的地或旅游经营商企图在潜在旅游者心目中树立的形象。

对于旅游目的地而言，形象是旅游目的地引起消费者注意的关键，只有形象鲜明的旅游目的地才能更容易被消费者所认知。面对如此激烈的竞争市场，形象策划战略已经成为旅游目的地提高自身吸引力的重要途径。旅游形象设计的作用就在于展现旅游目的地的魅力，引起人们的注意，增强旅游目的地的知名度，从而达到被选择的目的。形象塑造对于旅游目的地来说一直是一个重大的挑战。在将企业识别系统（CIS）引入区域形象研究的基础上，国内旅游理论界开始关注旅游形象的塑造。尤其是旅游目的地形象设计等问题。自20世纪90年代以来，以陈传康教授为代表的研究者抓住地方据地理文脉进行旅游目的地形象的导入。陈传康提出风景旅游区和景点的旅游形象策划和定位问题，强调了地理文脉的重要作用[5]；李蕾蕾总结国内研究从一开始就关注旅游形象的策划和设计，提出了"人—地感知系统""人—人感知系统"以及旅游形象系统策划的统一模式并在此基础上出版了国内第一本系统探讨旅游形象的专著[3]。吴必虎在《区域旅游规划原理》中对旅游目的地形象进行了探讨，他将形象设计分为基础性工作和后期显示性研究，在基础性工作的"地方性分析和受众调查"之外，又增添了"形象替代性分析"。

旅游目的地形象塑造，首先，要与地理文脉相结合，结合地方的自然地理基础、历史文化传统、社会心理积淀方面的因素，体现其地方特色；其次，要将区域文化生动地表达于产品主题、景观设计、服务理念与管理方式、市场营销等中，实现文化与产品的有效结合；再次，要更加了解替代性竞争对手的形象设计和传播主题，这样有助于旅游目的地避开同质形象塑造，根据自身的独特性优势，构建区别于替代性竞争对手的旅游形象；最后，要对市场进行细分，针对不同的客源市场群体进行差异化形象塑造与传播。

旅游目的地形象主要从理念形象、视觉形象和行为形象3个方面进行塑造。

1. 理念形象塑造（MI）

旅游目的地的理念形象塑造主要有三点：一是突出旅游目的地的形象理念，在形象塑造时把旅游资源摆在首位，凸显资源的重要性，体现崇尚自然、返璞归真、自由自在的意境；二是文化的诠释，各地的旅游资源都赋予一定的文化载体，文化给了旅游资源一定的特色，给了旅游资源以灵魂；三是综合以上二者，在旅游目的地形象塑造时应采用"1+1"塑造理念，并可以针对不同的媒体和目标市场，在不同阶段塑造不同的宣传口号，以完善和强化目的地的旅游形象。

2. 视觉形象塑造（BI）

视觉形象是理念形象的静态体现，容易被大众接受，视觉形象塑造可以从以下几个方面进行塑造：①旅游目的地的标志。标志是形象塑造的核心，能将旅游目的地的精神面貌都体现出来，旅游目的地也应该有自己的标志性建筑等作为特色和名片。②旅游商品。旅游商品不仅是对旅游目的地的一种留念，而且能够起到宣传甚至是文化传承的作用。③旅游目的地基本要素和应用要素的塑造。基本要素包括旅游目的地的标志，标准色、标准字体、辅助图案等；应用要素包括政府办公用品、公关礼品、各种宣传品、工作人员服饰、室内外标识系统。④旅游广告宣传。通过运用各种媒体手段，广泛宣传和推广旅游产品，展现旅游目的地的风貌。

3. 行为形象塑造（VI）

（1）旅游相关行业形象塑造。主要包括旅游景区的服务、旅游从业人员的素质、其他服务行业的服务等。在这方面，要强化对旅游从业人员的培训，引进优异的旅游人才；制定相关的政策法规予以衡量和考核；对于其他服务行业的从业人员也应该加强培训，提高其素质。如珠海御温泉将服务定位为"情字风格，御式服务"，并把这种服务理念落到每一个细节上，加大人力资源投入并由此发展到"十个一"服务。举个很简单的例子，如在珠海御温泉，无论客人入池时鞋子是如何放置的，当客人走出温泉池的时候，拖鞋都会摆在右手边向内 45°的位置，这一角度是经反复证明最方便也最合乎人体工程学原理的位置。这样一个细微的服务，成为吸引回头客的重要手段。

（2）居民形象塑造。居民形象反映了一个城镇的整体素质，从言谈举止、待人接物上都能反映城镇的整体精神风貌。对此，应该加大宣传力度，加强居民对形象的认识，将居民的整体形象纳入旅游形象塑造的环节，使其朝着更文明、更先进的方向发展。

（3）政府形象塑造。政府行为可以作为一种榜样。政府部门应该加强旅游节事活动的策划与组织、旅游活动的宣传与推广、旅游政策的制定与实施等。做到高效、公平、公正，促进旅游业的蓬勃发展，协调各部门的工作，共同为本城镇的形象建设创造良好的环境。

三、旅游目的地品牌管理

（一）旅游目的地品牌定位原则

品牌定位是品牌运营的基本前提和直接结果，是确立品牌个性的策略设计。

旅游目的地的品牌定位直接影响着该区旅游业的发展，因此，其品牌定位要从整体上把握并综合分析历史、风俗、文化、宗教等要素，深入挖掘旅游者对本地旅游资源内在的、深层的本质需求，树立起具有吸引力的独特价值形象。成功的品牌定位应满足以下4个原则。

（1）区域性原则。在进行旅游目的地品牌定位时，要充分考虑旅游目的地的地理资源环境、历史传统、经济发展状况、文化特征等诸多因素，从而使品牌具有不可替代的地域特性。

（2）资源性原则。资源禀赋是旅游目的地品牌形成和定位的基础。有形资源如自然资源等所表现出来的特征共同造就了旅游目的地形象定位的"地脉"；无形资源如传统历史、文化等共同构成了旅游目的地形象定位的"文脉"。因此，应立足旅游资源，充分发掘具有市场开发潜力且特色明显的唯一性资源。

（3）系统性原则。系统性原则要求旅游目的地在进行品牌定位时，必须树立系统整体的观念，能针对不同的发展阶段、不同的市场需求，体现旅游资源的多样性和旅游客源市场的多层次性特征，力求从多层次、多侧面来反映旅游目的地的整体特征。

（4）竞争性原则。旅游目的地的品牌形象不仅要受上一级区域旅游的影响，还要与同类品牌定位的旅游目的地竞争，因此，旅游目的地首先要对区域内的资源要素有全面的认识与了解，然后在区域对比的基础上，找出特色鲜明且具有唯一特性的资源或者产品来进行品牌定位，最大限度地发挥竞争优势，从而在竞争中取胜。

（二）旅游目的地品牌塑造的主要步骤

参照美国旅游营销学家 Morrison 提出的 5Ds 模型，旅游目的地的品牌塑造主要有以下4个步骤[6]。

（1）识别需求或利益。这一阶段主要是通过分析对旅游者最切实的需求与最看重的利益进行识别。游客出游的目的除了享受自然风光，还有精神层面的需求。所以，如何将游客的需求与旅游目的地的资源较好地融合以形成独特的品牌诉求是品牌定位成功与否的关键。

（2）形成差别化的旅游产品体系。这里的"差别化的旅游产品体系"是以游客需求为前提的。旅游目的地在充分了解需求的基础上，通过对旅游资源进行整合来选择旅游吸引物，这是差别化旅游产品体系形成的关键所在。

（3）塑造品牌核心价值和品牌形象。旅游目的地结合游客的需求以及旅游吸引物之后，就要向市场推出其品牌形象和品牌核心价值。因此，旅游目的地的品牌核心价值要能清楚地表达旅游目的地发展的长远目标。

（4）对品牌价值与形象进行传递上的设计。这就要求将那些有区别于其他竞争对手的优势与旅游目的地的产品和服务开发相结合，并较好地运用营销手段传递给目标市场。

四、旅游目的地营销管理

（一）旅游目的地营销新诉求

随着旅游业的深入发展和旅游市场竞争的日益激烈，旅游目的地营销受到越来越多的关注，许多旅游目的地不仅在思想上认识到了营销的必要性，而且将营销新诉求融入其目的地营销创新中，从而树立旅游目的地的品牌形象。

1. 来自需求端的诉求

旅游信息的有效性。在信息爆炸的时代，旅游消费者既希望不要受到垃圾信息的骚扰，又能快速便捷地获取有效的旅游信息。

信息内容的多元性。随着游客需求个性化趋势加强，单调乏味的内容展示已无法吸引他们的注意力。因此，旅游营销信息从获取途径、表现手法、表现形式、展现位置等方面都需要更加多元化。

旅游消费的保障性。很多旅游企业尚未建立完善的消费保障服务体系，对游客在游览过程中遇到的问题不能做出及时、快速的反馈，导致游客满意度降低。旅游是体验型消费，保障服务的缺失严重阻碍了旅游行业的可持续发展。

2. 来自供给端的诉求

完善的营销战略规划。从供给端来看，旅游目的地需要制订符合市场趋势的营销计划，从而实现长远发展目标，那么就要完善长远营销战略规划，把握旅游产品策略、旅游价格策略、旅游销售渠道策略、旅游产品促销策略之间微妙而又复杂的关系，从而根据消费者需求制定适合的推广对策。

提升旅游营销的精准性。旅游业是信息依赖型产业，旅游信息的传播和流通成为沟通旅游者、旅游批发商和旅游代理商的重要方式。旅游营销是推送旅游信息的重要方式，如何精准有效地将目的地信息推送给有出游需求的消费者，是营销需要解决的首要问题。

降低旅游营销成本。在新的市场环境下线上营销面临高额的点击付费推广，线下营销需要更多元的推广活动和高昂的地推费用。如何降低营销成本，获取精准客户资源，是旅游企业面临的普遍问题。

多样化的营销手段。在互联网时代下，旅游目的地不仅要注重以资源展示、产品销售和体验为主的多元品牌营销，还要应针对不同的节事活动形成多元的营销主题，并利用娱乐营销、新媒体营销等多种营销手段让旅游者从多角度了解旅游目的地的品牌理念，使旅游目的地的营销走向多元化。

（二）旅游目的地营销新方向

1. 品牌创新

旅游目的地品牌创新与线下社交空间功能定位一致，以线下社交空间为品牌内涵属性，不断利用最新的理念和科技塑造旅游目的地自身品牌。同时，旅游目的地品牌创新注重游客体验升级，通过融入互动体验项目，实现品牌与游客之间的互动，并通过提升品牌的顾客关联度和忠诚度，提高旅游目的地重游率和游客的消费水平。

2. 观念创新

互联网O2O线上线下互动思维传递的是增加与消费者接触机会，精确把握消费者需求，提高消费者感受体验，实现消费者品牌忠诚的观念。在互联网大数据时代下，旅游目的地营销具备了实现上述观念的基本硬件，即大数据信息。立足大数据库，旅游目的地可准确掌握游客需求爱好的个体信息，从而基于游客信息开展客户行为分析，面向不同群体客户制订不同营销计划，开展精准营销，于细微处增强不同客群在意的细节体验，增加游客的品牌黏性。

3. 渠道创新

旅游目的地要改变单一线下销售模式，建设线上销售平台，建立"线上+线下"并行的销售渠道系统。旅游目的地线上销售渠道主要包括两大方面：一方面是建立线上官方平台，包括官网、官微（微博、微信），注重线上推广和销售到线上服务执行体系建设的投入；另一方面是建立与第三方平台机构的合作，借助影响力大、覆盖面广的第三方平台实现集中销售和品牌合作的延展机会。在完善系统建设的过程中，注重线上订购服务与线下享受服务的无缝对接，实现从线上到线下的 O2O 互动。

4. 组织创新

旅游目的地营销需要政府、行业协会、企业和当地居民共同参与。其中，政府需要协调各方利益关系，为目的地提供官方平台，拓展旅游目的地的营销推广，推动区域社会经济发展；行业协会作为非营利性组织，联合各利益相关者之间的资源，为旅游企业提供交流平台，使目的地实现集体营销并分享成果；企业是旅游目的地对外营销的主力，通过商业化的营销推广和优质产品的组合，为旅游目的地吸引更多的旅游者；当地居民是利益共同体中不容忽视的一环，通过培养主人翁意识，使其对旅游目的地的发展产生责任感，在旅游发展中让旅游者感受当地良好的环境和文化氛围，提升游客的体验感和满意度。

（三）旅游目的地营销新体系

1. 文创 IP 营销

文创 IP 是以旅游目的地文化为灵魂，以旅游商品为载体进行的创意性设计。它作为旅游目的地的形象代表，通过展览展示、产品化及销售等一体化推进，可以增加旅游收入，同时更是目的地形象获得有力推广的重要渠道。2015 年，国务院办公厅发布的《关于加快发展生活性服务业促进消费结构升级的指导意见》提出，要积极发展具有民族特色和地方特色的传统文化艺术、加强旅游纪念品在体现民俗、历史、区位等文化内涵方面的创意设计，推动中国旅游商品品牌建设，体现了我国对旅游文化创意产业和旅游商品品牌建设的重视。目前有很多景区在做文化 IP 推广的尝试，并取得了较好的成绩。例如，故宫在传统文化从简单商品到创意的过程中，搭建起自己的文创商业版图和一个坚守 IP 价值与开放互动的产业链。睡衣、口红、彩妆、钥匙扣、明信片、故宫娃娃、对联、文具、书画、瓷器……故宫不断开发创新迭代文创产品，使 600 多岁的故宫以一种前所未有的姿态变得年轻。有数据显示，仅在 2017 年故宫文创产品收入就达 15 亿元，到 2018 年

12 月，故宫的文化产品研发超过 1.1 万件。

2."客创"营销

"客创"营销，即通过游客对旅游目的地的创新，激发市场对目的地旅游的关注从而达到宣传推广的目的。在自主旅游时代，游客的自主选择性更强，这种以游客为中心的创新方式能够更好地激发旅游主体的积极性，主要途径有旅游公约、旅游口号征集活动、最喜欢的旅游目的地投票活动、旅游调查问卷填写等。

例如，2016 年 5 月，河北省推出"河北旅游口号，你来定！"的旅游主题口号及标识全球有奖征集活动。在征集过程中，通过举办旅游达人体验活动、全媒介推广、专家对话等策略进行持续宣传，共收到公众投稿作品 4 万多条（件），最终评选、确定"京畿福地，乐享河北"为河北省旅游形象口号。这次征集活动，把征集的全过程通过创意策划打造成一场与世界游客共谋共享、同策同力的创意营销，对河北旅游资源和形象的传播产生了积极的带动作用。

3. 大数据精准营销

自主旅游时代，游客的旅游需求更加个性化，如何更准确地定位旅游客源地，如何挖掘游客的旅游消费偏好、如何升级旅游产品、如何为游客提供更加满意的旅游服务、如何实现旅游目的地的良性发展，都是旅游市场精准营销的重要功课。如今，随着互联网科技的发展，大数据已经成为实现市场精准营销的有效手段。首先，旅游目的地可以通过游客手机信号及 MAC 地址精准定位客源地，从而对旅游客源市场实现更加精准的分析。其次，在搜索引擎、社交网络中，涵盖用户的个人信息、产品使用体验、商品浏览记录、个人移动轨迹等海量信息。在旅游目的地营销中，这些数据的作用主要表现在两个方面：一是通过获取数据充分了解市场信息，掌握竞争者的商情和动态，知晓产品在竞争群中所处的市场地位；二是通过积累和挖掘旅游行业消费者档案数据，分析顾客的消费行为和价值取向，从而更好地为消费者提供服务。

4. 虚拟现实体验营销

旅游产品具有无形性，导致传统的文字图片营销无法充分展现旅游目的地魅力。VR/AR 技术使旅游产品呈现形式独特，打破了时间与空间的限制，为用户带来了极强的全景沉浸感，让人们不仅能够在线上了解与目的地相关的文字、图片或者视频，而且能够在三维立体环境中提前获得虚拟的游览体验。结合 VR/AR 技术在线预住、360 度全景景区预游览等体验式营销手段正在成为市场的热门。

5. 直播营销

在旅游领域，"直播 +旅游"不仅为旅游带来了流量变现的新商业模式，也带动了行业消费的升级，其中，借助网红的直播营销方式受到目的地追捧。例如，2017 年 4 月，《龙船调》在湖北省恩施大峡谷景区公演，来自主流直播平台的 10 名旅游类主播，用手机全程直播了整台演出，并在线给粉丝们解说。直播间最高峰涌进的观看人气近 70 万，全程观看及播放总量突破 300 万，对旅游目的地起到了极大的宣传推广作用。

6. 综艺营销

综艺营销是通过与娱乐媒体的跨界合作，借助娱乐的元素或形式，利用其较高的收视率，在目的地与客户之间建立感情联系，从而打造培育品牌效果的营销方式。这种营销方式以真人秀节目的形式为主，重点在于特色产品的包装和后期的品牌延续。例如，大型亲子互动节目《爸爸去哪儿》的热播带动了一系列的景区景点线路走俏；方特主题乐园强势合作《奔跑吧兄弟》《极限挑战》，成为两大现象级户外真人秀节目唯一指定主题乐园，利用"旅游+娱乐"的跨界式户外综艺来进行娱乐营销。

7. 节庆营销

随着旅游业的快速发展，旅游吸引物的数量和种类也日益增多，旅游节庆活动作为一种旅游营销产品，以其巨大的形象传播聚集效应、经济收益峰聚效应、关联产业带动效应受到旅游企业及旅游目的地的高度关注。一个成功的节庆活动的举办，既可以提升旅游目的地的形象、传播旅游目的地文化，又能刺激游客消费，形成良好的经济效益和社会影响力。1983 年，河南省洛阳市创办了中国最早的旅游节庆——牡丹花会，之后全国各地以政府为主导，纷纷举办各式各样的旅游节庆活动；进入 20 世纪 90 年代，中国旅游节庆更紧密地与当地特色经济结合起来，产业类节庆和产品类节庆悄然兴起；到 21 世纪，旅游节庆在思路、内容、形式、运作方式和组织机构方面都有了进一步的调整，目前全国每年举办上千个旅游节庆活动，吸引着海内外的广大旅游者。

第四节　旅游目的地智慧管理

近年来，随着科学技术的进步与发展，信息化越来越体现在人们生活的方方面面。旅游业作为人们现代生活的一部分，在信息化的浪潮下，也展现出新的生机，旅游目的地信息化正是旅游信息化的一个显著表现。在此大环境中，智慧旅游发展成为新的旅游方式，并以其人性化、智能化的服务，受到越来越多旅游者的喜爱。

一、旅游信息化

旅游产业是一个信息密集化的产业，谌利等认为旅游信息化是指应用计算机技术、信息技术、数据库技术和网络技术，整合各类旅游信息资源，使之成为旅游业发展的生产力，成为推动旅游业发展、提高旅游业管理水平的重要手段[7]。邓宁等认为旅游信息化是数字旅游的基础阶段，它通过对信息技术的运用来改变传统的旅游生产、分配和消费机制，以信息化的发展来优化旅游经济的运作，实现旅游经济的快速增长[8]。

我国旅游信息化已经发展多年，但旅游信息化建设水平仍待提高。改革开放初期是我国旅游信息化建设的起初阶段，以外资合资酒店为代表的旅游企业将酒店管理系统应用于酒店管理和营销。21世纪初，国家旅游局"金旅工程""智慧旅游年"等项目和活动的举办，标志着我国旅游行业信息化建设进入了2.0时代。2015年，12301国家智慧旅游公共服务平台进入试运行阶段，标志着我国旅游信息化建设进入新的阶段。《"十三五"全国旅游信息化规划》旨在推动信息技术在旅游业中的应用，进一步满足游客和市场对信息化的需求，助力旅游业蓬勃发展，规划明确了"十三五"时期我国旅游信息化工作的十个主攻方向：一是推进移动互联网应用，打造新引擎；二是推进物联网技术应用，扩大新供给；三是推进旅游电子支付运用，增加新手段；四是推进可穿戴技术应用，提升新体验；五是推动北斗系统应用，拓展新领域；六是推动人工智能应用，培育新业态；七是推动计算机仿真技术应用，增强新功能；八是推动社交网络应用，构建新空间；九是推进旅游大数据运用，引领新驱动；十是推进旅游云计算运用，夯实新基础。

二、智慧旅游目的地体系架构及建设

移动化、互联化是未来旅游目的地发展的必然趋势，融合新科技的创新是旅游发展过程中的必然发展路径。在智慧旅游体系搭建过程中，技术提供方是保障者，应基于快速通信、物联网、大数据、"3S"〔卫星定位系统（GPS）、遥感（RS）、地理信息系统（GIS）〕等技术的创新研发和应用，完成旅游目的地管理、服务和营销平台的建立和全域分布式布局；政府部门是倡导者和支持者，应提供旅游智慧化建设过程中的政策支持及资金支持，打通企业与目的地的沟通渠道，构建旅游目的地的智慧化良性发展路径；旅游规划单位作为旅游发展的未来创建者，需要把智慧旅游建设纳入规划之中，与技术部门、目的地、政府通力合作，从而实现智慧化引领的旅游目的地建设和发展。

（一）智慧旅游目的地体系架构

智慧旅游管理体系旨在建立面向游客和企业的智慧目的地一站式旅游体验平台，以及面向管理机构的目的地监管系统。

1. 一站式旅游服务平台架构

基于游客在行前、行中、行后不同的需求，旅游目的地需要与技术类企业合作，建立 PC 端和移动端的一站式旅游服务体系。智慧目的地一站式旅游服务平台包括基于移动互联技术和 AR 技术建立线票务系统、电子地图系统、内容发布系统、旅游社交平台、导游导览系统、AR 游戏系统、创客管理系统、共享交易平台、GPS 定位系统、AR 导航系统等。

在这个架构中，旅游目的地应理顺投融资渠道，寻找合适的技术提供方和搭建方增加节点建设，加大服务人员投入，实现商家串联，在全域范围内形成智慧化体系。技术提供方应充分理解游客的多元化需求，针对不同旅游目的地的区位、自然资源、文化特征，研发因地制宜的技术工具，完成旅游目的地票务系统、智能导览系统、大数据系统的建立和后台服务的优化，建立起属于当地、服务当地、服务游客的一站式旅游服务平台。

2. 目的地监管系统

目的地监管系统是基于 GIS、LBS 等技术实现监控、门禁、网络、LED、车辆识别车辆调度、操作控制、信息发布、统计分析、呼叫接警中心等监管工作，包括营销推广系统、客流监控系统、大数据挖掘系统、停车管理系统、环境监测系统、安全监控系统、统计分析系统、呼叫调度系统、物联网平台、权限管理系统等。为了实现智慧旅游体系的构建，旅游目的地要实现 Wi-Fi 的全覆盖，在客流集中区环境敏感区、旅游危险设施区设立视频监控、人流监控、位置监控、环境监测，并建立基于互联网门户、WAP 门户和手机客户端的智慧系统和大数据中心，最终形成旅游新智慧体系。

（二）智慧旅游目的地的建设思路

智慧旅游的创新服务于旅游产业的参与主体，即消费主体（游客）、市场主体（目的地企业）和政府主体（政府），包括智服务创新、智慧营销创新和智慧管理创新。

1. 智慧服务创新思路

游客是旅游目的地发展的核心参与群体与推动力量，智慧服务创新的目标在于为游客提供快捷、便利的一站式旅游服务，使游客能够随时随地了解旅游信息，从而提升决策效率、简化出行流程、完善途中服务，实现"一机在手，说走就走，说游就游"。

（1）行前智慧服务。在游客出行之前，智慧服务创新的层面包括旅游目的地选择和旅游目的地信息两个方面。游客通过旅游门户网站、官方微博、移动 App、电话咨询、官方微信等渠道选择旅游目的地，并获得美景、美食、交通、购物、娱乐、天气等目的地信息，进而通过在线渠道实现票务、酒店等的预订与支付。

（2）行中智慧服务。旅游的实质是一种异地生活方式。游客到达目的地后，不仅需要了解景区的旅游信息，还要涉及城市的旅游信息。游客到达目的地后通过下载城市旅游 App，获取精准的商业信息。这些 App 不仅能够整合旅游信息资源并推送给游客，还能收集游客反馈信息构建旅游信息生态链。旅游目的地智慧服务包括景区电子门票、智能导览导游和景区电子自助导游。

（3）行后智慧服务。旅行结束后，游客会抒怀感想、分享评价。一方面是通过打分点评来总结分享，主要方式有服务点评、回顾总结、图片视频分享和朋友圈分享，形成间接的圈层效应；另一方面是遗留问题的处理，如投诉处理和满意度评估。智慧服务的创新可以根据游客的反馈，提升目的地的整体服务质量。

2. 智慧营销创新思路

目的地智慧营销的创新基于电子商务系统、诚信商家联盟和消费大数据 3 个层面通过搭建平台和精准营销来促进智慧旅游产业升级。

（1）旅游电子商务系统。旅游电子商务系统是基于互联网商业模式的产品销售系统，为游客提供旅游预订服务，包括门票、交通、酒店、旅游线路等产品的在线预订。旅游电子商务系统的入驻企业通过网站、App、微信等渠道进行在线直销，实现信息到利益的转化。

（2）组建商家联盟。组建诚信商家联盟，提供 B2B、B2C 平台，为用户、商家提供互通平台，打造网上商品街区。

（3）基于大数据的精准营销。通过采集餐饮、酒店、票务文化等数据信息，实现多路径推广扩大企业名气，通过精准营销增加企业营收。

3. 智慧管理创新思路

目的地智慧管理创新的目标是实现高效管理、科学决策，其创新路径载体主要有智慧旅游管理中心、旅游联票（年票）系统、目的地旅游大数据系统、规范旅游行业市场 4 种。

（1）智慧旅游管理中心。智慧旅游管理中心依托智慧旅游云平台，提供交通监控、景区监控、游客数量统计、客流监控预警、游客行为数据、应急调度、信息发布等服务。通过管理统计分析、智能监控、应急指挥、部门协作，实现实时监控协作联动；通过数据获取、云计算、大数据分析、管理决策等，实现科学管理、有效决策。

（2）旅游联票（年票）系统。旅游联票（年票）系统服务于城市主要客源、本地市民，通过整合区域内景区、酒店、旅游特产、餐饮、娱乐等旅游资源，提供一定的优惠折扣，引导游客持卡消费。对于本地市民主要提供多景区年卡，惠民的同时促进居民消费；对于外地游客，提供多景区单次卡，扩大游客旅游范围，延长游客滞留时间，提高产业收入。一般来说，旅游管理部门根据旅游行为采集及智能分析、旅游资源整合、景区人流数据采集等，发行联票，通过旅行社、酒店、网络销售、咨询中心发售等途径打折促销，吸引游客，刺激消费。旅游联票系统在为游客提供多重便利和优惠的同时，也提高了目的地旅游管理效率和游客满意度。

（3）目的地旅游大数据系统。大数据可广泛运用于旅游资源规划、宏观调控和精准促销等领域。大数据基本分析功能包括各个旅游景区实时入园总数统计、实时在园人数统计、实时旅游用户总数推算，各个景区热度排名，各省（区、市）旅游热度排名，旅游线路归类、旅游线路比较等。大数据增强分析功能包括各个景区流量预判分析、旅游用户餐饮与住宿偏好分析、旅游景区交通流量分析。大数据增强服务功能包括景区流量实时监控提醒、景区 LED 流量引导系统、景区视频监控、景区 GIS 集成、区传感数据采集及监控。大数据挖掘的亮点在于可以改变事后统计用户量的情况，提升实时反应能力，进而加强服务和管控能力。

（4）规范旅游行业市场。智慧管理创新能够规范旅游行业市场，打造良好的旅游品牌形象，包括建立完善的游客投诉处理系统和反馈追溯机制；通过旅游数据库平台加强审核机制以确保旅行社的规范运作；建立商家信誉情况发布系统，向游客推介更好的旅游路线和购物点；建立 GPS 车辆管理系统。

学术研讨题

1. 旅游目的地管理系统的主题和客体分别是什么？
2. 旅游目的地规划的主要内容包括哪些方面？
3. 旅游目的地规划编制需要哪些阶段性程序？
4. 旅游目的地资源开发的原则是什么？
5. 旅游目的地品牌定位原则有哪些？
6. 供给端和需求端分别有什么样的旅游目的地营销新诉求？
7. 举例说明互联网高新技术在旅游目的地管理中的应用。

推荐阅读文献

（1）徐虹，路科. 旅游目的地管理[M]. 天津：南开大学出版社，2015.

（2）全华. 旅游规划原理、方法与实务[M]. 上海：格致出版社，2011.

（3）黄安民，马勇. 旅游目的地管理[M]. 武汉：华中科技大学出版社，2021.

（4）林峰. 旅游开发运营教程[M]. 北京：中国旅游出版社，2019.

主要参考文献

[1]　白长虹. 旅游与服务研究[M]. 天津：南开大学出版社，2012.

[2]　Markin R J.Consumer behavior：A cognitive orientation[J].Annals of Tourism Research，1974，2（3）：4-8.

[3]　李蕾蕾. 旅游地形象策划[M]. 广州：广东旅游出版社，1999.

[4]　王红国，刘国华. 旅游目的地形象内涵及形成机理[J]. 理论月刊，2010（2）：98-100.

[5]　陈传康. 城市（包括各级城镇和市域）旅游开发规划研究提纲[J]. 城市发展研究，1995（6）：49-52.

[6]　黄安民. 旅游目的地管理[M]. 武汉：华中科技大学出版社，2021.

[7]　谌利，杨丹卉. 我国旅游信息化建设存在的问题及对策[J]. 网络财富，2008（12）：52.

[8]　邓宁，牛宇. 旅游大数据[M]. 北京：旅游教育出版社，2019.

第九章　旅游目的地治理

随着国家旅游治理创新实践的持续涌现，旅游目的地治理成为旅游研究领域的焦点问题。众多学者通过引入利益相关者理论、社区参与理论、组织间合作理论、公共政策理论、网络理论、公司治理理论和产权理论等进行多维度研究，形成了丰富的研究成果。

第一节　旅游目的地治理机制与模式

最初，Kooiman 将治理定义为"社会、政治或行政行动者为了指导、驾驭、控制和管理特定社会部门或事务，有目的进行的一种活动"[1]。治理也被理解为"为了保护所有利益相关者的利益而在行为主体内部和外部建立的包括权利、程序和控制方法的一整套系统"[2]。因此，Beriteli 等将旅游目的地治理可被定义为"目的地为了处理或解决相关政策、发展战略或具体事务，设置、开发和形成的涉及所有相关机构和个体的各种规则、机制和方法，以及这一设置、开发和形成的过程"[3]。在现有文献中，绝大部分目的地治理研究都是在地方和社区层面上展开的，只有较少的文献研究国家层面和区域层面的治理问题。但是，国家/区域层面与地方/社区层面的目的地治理结构并不能截然分开，后者必然要受到前者的制约和影响，前者也会在后者中得到具体体现[4,5]。

一、旅游目的地战略管理

旅游目的地战略是在目的地计划目标的基础上，进一步选择目的地为实现目标的重点发展方向，并进行资源调配实现目标的一系列过程。

（一）内涵阐释

旅游目的地战略管理是对目的地在一定时期内全局的和长远的发展方向、目标、任务和政策，以及资源配置做出的决策和管理过程[6]。它是根据目的地外部环境和内容条件设定的，为保证目的地发展的战略目标的落实和实现，而进行的全局谋划，并依靠目的地内容资源和能力将这种谋划和决策付诸实施，以及在实施过程中进行控制的一个动态管理过程。其核心问题[6]：一是目的地的现实发展状况；二是目的地的未来发展方向；三是目的地应采取的竞争行动和策略。

（二）步骤和过程

1．战略分析

目的地的战略分析主要是评价影响目的地发展的关键因素，并确定在战略选择步骤中的具体影响因素。首先，明确旅游目的地的发展使命和预期目标。这是目的地战略制定和评估的基本依据。其次，目的地的外部环境分析。要了解目的地所处的宏观环境（包括世界或全国范围内的自然环境、经济环境、社会环境等）和微观环境（包括当地的生态环境、行业环境、政策环境、技术环境等）的现状及变化趋势，这些变化将给目的地带来什么样的发展机遇，或隐藏着什么样的发展威胁。最后，目的地的内部条件分析。要了解目的地自身在旅游业内部所处的相对地位，目的地本身具有哪些优势旅游资源以及战略发展能力；还需要了解目的地利益相关者的利益期望，在战略制订、评价和实施过程中，这些利益相关者会有哪些反应，这些反应又会对目的地的发展产生怎样的影响和制约。

2．战略选择

上一阶段的工作过程使我们明确了目的地的目前实际状况，第二个步骤就是要解决"目的地将走向何处"的问题。

首先，需要制订旅游目的地的战略选择方案。在制订战略的过程中，目的地可以从理论界的专家、行业界的精英、有责任心的公众等，或者目的地旅游业各组成部门机构等多角度征集选择方案，也可以选择自上而下的方法、自下而上的方法或上下结合的方法来制订战略方案。

其次，评估战略备选方案。评估备选方案通常使用两个标准：一是考虑所选择的战略是否发挥了目的地自身的资源和能力优势，克服了突出的劣势，是否利用了旅游业的发展机会，将威胁降至最低限度；二是考虑所选择的战略能否被目的地发展的利益相关者所接受。需要指出的是，因为诸多利益相关者之间价值取向的必然矛盾性，实际上可能不存在最优的发展战略方案，政府管理层或旅游经营者的价值观和期望值在很大程度上影响目的地战略的选择。

最后，选择战略，即最终的战略决策，确定准备实施的战略。如果由于用多个指标对多个战略方案的评价产生不一致时，最终的战略选择可以考虑以下几种方法：①根据目的地目标选择战略；②聘请外部专家机构，即聘请外部咨询专家进行战略选择工作，专家们凭借其广博和丰富的经验，能够提供较客观的看法；③提交上级管理部门审批，即提交上级管理部门，能够使最终选择的方案更加符合旅游业的整体战略目标；④战略政策和计划，即制定有关研究与开发、资本需求和人力资源方面的政策和计划。

3. 战略实施

战略实施就是将战略转化为行动。这个过程主要涉及以下一些问题：如何在目的地内部各部门和各层次间分配及使用现有的资源；为了实现目的地目标，还需要获得哪些外部资源以及如何使用这些资源；为了实现既定的战略目标，需要对组织结构做哪些调整；如何处理可能出现的利益再分配问题，如何进行目的地的旅游影响管理，以保证目的地战略的成功实施等。

4. 战略评价和调整

战略评价是通过评价目的地的旅游发展业绩，审视战略的科学性和有效性。战略调整就是根据目的地情况的发展变化，即参照实际的发展事实、变化的旅游业外部环境、新的政策和新的机会，及时对所制订的战略进行调整，以保证战略对目的地管理进行指导的有效性。

二、旅游目的地治理过程：合作与竞争

（一）合作的性质

在旅游目的地管理过程中，应该让受旅游发展影响的所有人都积极参与，并通过合作性努力共同管理旅游系统[7]。事实上，旅游目的地管理过程中存在公私

部门合作和社区成员参与，并且逐渐成为主流趋势[8,9]。这种合作是"多个组织构成的社区旅游领域内，重要利益相关者之间形成的一个联合决策过程，其目的是解决特定范围内的规划问题或管理与特定地域规划和开发相关的问题"[10]。这种合作是指一定数量的利益相关者通过正式的跨部门方法，就一个共同问题或"问题域"进行互动性工作，通过整合知识、专业技能和资本资源，形成一致性意见和创造性协同，产生新的机会、创新性的解决办法和更好的效果[7]。因此，合作为地方或区域层面解决规划问题和协调旅游发展提供了一个动态过程机制。

根据组织间合作理论，当面临超越任何单个组织解决能力的、具有相互依赖、复杂性和不确定性的社会层面的问题时，战略管理过程就需要采用"组织间域"（inter-organizational domain）的视角并开发合作战略，优化该领域中利益相关者的支付和减少该领域的动荡[11]。这一理论说明了在目的地层面通过多边合作管理旅游发展及其相关问题的可能性，因为目的地社区存在诸多对旅游发展抱有差异化观点但又相互依赖的利益相关者[12]。合作安排的多样性可以围绕地理尺度、法律基础、控制点、组织多样性和规模、时间框架 5 个基本维度来展示。这些维度的多样化组合展示了合作在处理大量问题领域时构建目的地治理能力的潜力和弹性。

（二）合作的利益与阻碍

Bramwell 等概括了旅游合作的潜在利益[13]：一是降低解决对抗性矛盾的成本；二是合作如果使利益相关者获得了对与自己生活相关决策的更大影响力，会被认为更具政治上的合法性或正当性；三是合作促进了政策及相关行动的协调，增强了对旅游的经济、社会、环境影响的考虑，会导致更具可持续性的结果；四是合作通过增强目的地利益相关者的知识、见识和能力而形成"价值增值"，导致对问题更丰富的理解和更具创新性的政策；五是合作会形成最终决策的"共同所有权"，为联合实施或合作生产提供动力。

虽然旅游合作的潜在利益推动了旅游合作实践的广泛发展，但旅游合作也存在某些局限，并面临着实施上的困难。例如，旅游合作中的协商往往只能导致"部分共识"，从而可能导致无法形成最终决策，延误目的地发展或问题解决；资源配置、政策理念和根植于地方社会的制度实践都可能导致利益相关者在合作安排中的权利通常是不平等的，现有不平等的权利关系在合作期间和之后都保持不变，无法保证所有利益相关群体都能获得最优利益，这会阻碍部分利益相关者的参与[13]。在发展中国家，由于多数情况下民主还没有完全制度化，支持民主的政治文化还处在形成阶段，缺乏鼓励多元性和参与性的文化，旅游合作可能面临更多的困难[4]。这说明旅游伙伴关系具有脆弱性，需要特别技能来培育和维护。

Jamal 等指出，"获得政府部门之间、公私部门之间、私人企业之间的协调是一个挑战性的任务，需要发展能够整合旅游系统内多样化成分的新机制和新过程"[7]。同时，他们提出了促进社区旅游合作的 6 项建议：①认识到旅游规划和管理中的高度相互依赖性；②认识到合作过程所带来的更多个人利益和共同利益；③认识到合作过程所形成的决策能够被实施；④需要包含以下重要利益相关群体，包括地方政府及其他直接影响稀缺资源分配的公共机构、各级旅游主管机构和商务主管机构、旅游产业协会、社区居民组织、社会机构、特殊利益团体等；⑤需要有一个具有合法性、专业技能、资源和权威性的召集人来发起和推进；⑥形成旅游发展的愿景陈述、总体目标和具体目标、合作性组织并辅之以随时的监管和修订。

（三）合作有效性的影响因素

在 Jamal 等的研究[7]基础上，Bramwell 等仔细研究了可能影响合作行动实际有效性的因素[13]。他们基于组织间合作理论、规划中的沟通方法和社区居民参与理论 3 个来源，提出了一个框架来评价地方合作性旅游政策制定是否为包容性的，是否涉及集体学习和合意达成，并试图回答如何改进地方合作性安排问题。这个框架主要考虑合作的范围、合作的强度和合意的程度 3 个问题。

Vernon 等在归纳合作理论、合作项目有效的评估标准、合作行动方案及其管理的实践指南等发展演进基础上，通过案例研究了合作组织、潜在利益相关者的参与程度与结果的有效性[11]。他们得出了以下 4 个结论[2]：①在一个碎片化产业中，企业通常不会自动对日益增长的环境优先性作出反应，公共部门在提供战略方向和推进创新方面扮演的领导角色极具重要性，这为公共部门在这类活动的启动、组织和资源获取中占主导地位提供了正当理由，这也显示了在治理方法中推进企业从依赖性文化向自立性文化转变的挑战。②由于意愿、能力和资源的差异，在合作中保证公平的投入和参与是困难的，贯穿项目期间的持续性公共关系运动对提高参与者对合作目标与过程的知晓程度是十分重要的。③合作伙伴的作用不是静态的，而是会随着时间变化而减弱或增强，这与不同利益相关者影响任务的能力有关，时间维度为确立合作项目的评估标准增加了另外的复杂性。④尽管在项目合作过程中会存在某些问题，但合作项目将推动公共部门为实现可持续旅游而开发创新性和有价值的方法。

（四）被忽略的竞争

Dredge 指出，许多目的地治理研究的问题在于不加质疑地运用合作或网络战略，没有考虑到利益相关者的合作是暂时的，而利益相关者的斗争是真实发生的，它们会不断重新定义各自行为的性质[14,15]。因此，目的地创新不是沿着一个源于利益集团联合的简单轨迹出现，而最好将其看作利益集团之间斗争的一个社会和文化构建的结果。这说明，目的地治理过程中的竞争行为虽然被严重忽略，但同样是全面理解这一过程的重要方面。

三、旅游目的地治理模式创新

旅游发展相关的机构、制度和政策，努力寻求在各级政府机构、私人部门、非政府组织、专业协会和志愿者组织之间形成新的职能分工和合作，各种目的地治理创新实践持续涌现[4]。作为一种对实践的回应，自 20 世纪 90 年代以来，许多学者开始关注目的地治理问题，治理模式创新是其中一个重要关注点。

在旅游目的地的日常运行及发展过程中，旅游业涉及的所有主体之间存在或多或少的治理关系，这些治理关系形成了空间范围的治理架构，对旅游目的地的运行效率及发展路径产生较为明显的影响。随着从传统情境向大数据情境转变，包括政府-旅游供应商、旅游供应商-旅游供应商、旅游供应商-旅游者等在内的诸多治理关系一定会发生某种形式上的变化，其制度安排的合理性对旅游目的地的竞争力提升具有十分重要的意义。

在新制度经济学里，一个重要前提假设是信息不对称及由此产生的交易费用和机会主义行为，笔者认为，大数据的出现有助于增强旅游目的地各个利益相关者的"透明度"，改变彼此之间的讨价还价能力，削弱机会主义行为发生的可能性，降低各方之间的交易费用，进而对旅游目的地原有的治理架构产生严重的冲击。

维克托·迈克-余恩伯格在《大数据时代》一书中提出，大数据的精髓在于分析信息的"三个转变":第一,不是随机样本,而是全体数据;第二,不是精确性,而是混杂性;第三,不是因果关系,而是相关关系,用数据变量间的相关性代替因果。与智慧旅游相辅相成的大数据,其"对旅游学术研究来说是具有颠覆性的"[16]。大数据将会对旅游价值链演变过程产生影响。由旅游供应商、旅游运营商、旅行社和旅游者所构成的旅游价值链表现出同质企业的竞争关系及横纵向整合关系[17]。与具有明显上下游特征的制造业价值链相比,旅游价值链上下游企业间沿链条的彼此信息流动要少得多,这种实际的信息不对称使旅行社在联结旅游者与旅游供应商的过程中占据极其重要的位置。引入大数据后,旅游价值链必然会发生一定程度的变化,甚至是重构。那么,未来大数据情境下的旅游价值链将会呈现何种形态,本书试图给出理论解释,即在彼此间信息透明度更高的情况下,旅游运营商甚至是旅游供应商的谈判地位将明显提高,其在价值链条中所能够分享到的收益也会相应增加。此外,从当前的旅游价值链形态向未来形态进化的过程中,将会表现出 3 种可能的演进路径,对不同类型的旅游供应商、旅游运营商而言,在这个变化过程中应该采取何种应对策略,本书都试图给出回答。

这里借助进化论的研究方法,利用网络治理等理论对大数据情境下旅游目的地治理模式的演变过程进行详细剖析,沿时间轴绘制出旅游治理架构在不同时期的表现形式,找到旅游目的地治理架构演变的路径及其影响因素,将解释大数据对旅游目的地治理架构影响的内在机理。

考虑到上述情境变化,旅游目的地中的各治理主体的角色也会出现相应的变化,大致可以总结为以下几种情况:

第一,以云平台为纽带,提升集群企业的嵌入性。搭建云平台之后,旅游供应链企业可以利用这个平台低成本地建立自己的管理系统,以及开展电子商务营销与服务,还可以借助这个平台与其他企业形成产品组合和建立战略联盟。在上述过程中,集群企业会形成越来越多与集群密切相关的专用性资产,一旦离开集群的话,这些专用性资产将会发生大幅度贬值。因而,其退出成本大幅提高,与此同时,嵌入性水平也相应提升,有利于推动旅游集群内企业间合作性竞争行为的增加。

第二,以云计算为支撑,提升弹性专精和协同创新。引入云计算后,以海量的旅游者信息为基础进行更加全面和准确的数据分析,将有助于企业更好地理解旅游者的个性化和差异化需求，并会形成若干准确界定的细分市场。企业可以结合自身的能力与优势，寻找到适合自己的利基市场，开发出有针对性的旅游产品和服务，从而形成产业集群内的差异化竞争格局。这样可以推进旅游产业集群内企业与企业间劳动分工细化和专业化程度，势必会提高弹性专精水平，而产业集群内弹性专精的生产方式和组织结构以及弹性劳动力，可以对不稳定、不确定的外部环境变化做出快速反应[18]，旅游产业集群则有利于帮助旅游目的地更为迅速地应对多样和持续变化的旅游者需求。以云计算为核心的大量旅游应用能够加强旅游供应链不同环节上的企业之间以及企业与政府部门、其他机构的联系，提升它们彼此间数据信息与知识的分享，逐步打造成依托旅游目的地的区域创新网络，促进产业集群内的协同创新。

　　第三，以云服务为依托，强化了政府的角色与作用。引入云服务之后，政府在旅游业发展中的角色和作用不再局限于前期参与和后期监管，而是要成为云服务体系中旅游业数据与服务的重要供应商。

　　结合此前所讨论的旅游目的地各组治理关系，将其大数据情境对已有的治理关系进行分析，并尝试提出一些可能出现的新的治理关系。首先，政府—企业。大数据资源导致的另一个结果就是，政府对企业的数据掌握得越来越多，其监管的力度和准确性也会相应增强。在强调生态环境保护和可持续发展的大背景下，这必然会产生良好的外部经济性。也就是说，企业的寻租空间也被大大压缩，其经营行为也趋向于市场化和理性化，借助关系来谋求发展的关系机会主义行为会大大减少。其次，大数据企业—其他企业。在大数据情境下，某些企业依靠其所具有的核心能力和资源，在获取大数据上可以取得先发优势，这将有利于其利用大数据谋取更为有利的市场地位。最后，企业—企业。传统的企业与企业之间的治理关系并不会发生明显的变化，不过那些与拥有大数据资源的企业存在更为良好的合作关系的企业，或者处于大数据企业合作网络中的那些企业，尽管其自身并不拥有大数据资源，但其可以借助战略联盟与合作，获得大数据的一定能力，从而在治理关系中获得一定的优势地位。

　　总之，大数据对旅游目的地治理架构的优化具有极为显著的正面效应，政府应积极推动旅游目的地引入大数据，旅游目的地的旅游业相关企业则应当在大数据情境下重新定位，以便确立新的竞争优势。

第二节　旅游目的地环境行政管理

旅游目的地环境行政管理是随着旅游发展实践和现代信息科学技术的进步而出现的一项政府治理活动，是旅游目的地开发运营的重要部分，是体现旅游目的国家意志的政府行为。其目的是要解决旅游目的地的发展秩序、环境污染和环境破坏所造成的各种环境问题和治安卫生问题，且可协调旅游目的地的经济、社会发展和环境保护间的关系，维护社会环境秩序和环境安全，实现区域社会的可持续发展。

一、旅游目的地环境行政管理的对象

自 20 世纪 70 年代以来，环境行政管理的范畴逐渐扩展，目前涉及对自然资源、文物古迹、风景名胜、自然保护区和野生动植物的保护，不少国家已将协调环境保护与经济发展、土地利用规划、生产力布局、水土保持、森林植被管理、自然资源养护等内容纳入环境行政管理的范畴。

旅游目的地环境治理是可持续发展的关键，目前世界范围内执行的环境管理体系国际标准为 ISO 14000。此外，不同国家和地区，有地方性环境管理标准，如美国的《1969 年国家环境政策法》《1990 年国家环境教育法案》，日本的《公害对策基本法》等。旅游目的地环境治理，是指政府运用法律、经济、行政、科技、教育等手段，对一切可能损害旅游环境的行为和活动施加影响，协调旅游发展与环境保护之间的关系，使旅游发展既能满足游客的需求，又能保护旅游资源，实现经济效益、社会效益和环境效益的有机统一。同样，需要执行 ISO 14000。

旅游目的地环境治理的研究对象包括人、物、资金、信息和时空 5 个方面。人：管理过程是人与人之间发生复杂作用的过程，人是旅游环境管理的主体，同时也是旅游环境管理的主要对象和核心，包括游客、社区居民、旅游开发者、旅游经营者和政府管理者等利益相关者。物：旅游环境管理可以认为是为实现预定环境目标而组织和使用各种物质资源、合理开发利用旅游资源的全过程，因此物质资源也是旅游环境管理的对象之一。资金：是管理系统赖以实现其目标的重要基础。从社会经济角度出发，旅游为社会创造了就业机会，增加了经济总量，其

所创造的资金又可以为保护环境提供支持。信息：是指能够反映管理内容、传递和加工处理的文字、数据或符号（如报表、报告和数据等）。管理中的物质流、能量流，都要通过信息来反映和控制，只有通过信息的不断交换和传递，把各个要素有机地结合起来，才能实现科学的管理。时空：按照一定的时序来管理和分配各种管理要素是旅游环境管理中的一个重要问题，同一管理活动处在不同的时空区域，就会发生不同的管理效果，因此需要因地制宜进行科学的管理。

二、旅游目的地环境规划管理

旅游目的地环境规划管理是优化利用旅游目的地环境资源的前提条件，是旅游目的地通过制定旅游环境规划，使之成为经济社会发展规划的有机组成部分，然后利用规划指导具体的环境保护工作，并根据实际情况不断地调整环境规划的过程。旅游目的地环境规划是旅游目的地的环境决策在时间、空间上的具体安排，是规划管理者对一定时期内的环境保护目标和措施所作出的具体规定，是一种带有指令性的环境保护方案。在旅游目的地环境管理实践中，规划具有越来越重要的作用。它不仅是实施环境保护战略的具体手段，也是协调经济社会发展与环境保护关系的重要手段，还是各级政府和生态环境部门开展生态环境保护工作实施有效管理的基本依据。

旅游目的地环境规划管理的内容主要包括规划方案的编制和审批，以及规划方案的实施。按照法定程序，审查批准的旅游目的地环境规划，方可进入实施阶段。因此，在实施旅游目的地环境规划时，需要采取一定措施。例如，将旅游目的地环境规划纳入区域国民经济和社会发展计划中；区域政府确保旅游目的地环境保护的资金投入，提高环境治理效果；编制年度实施计划；通过环境监测、环境统计和跟踪调查、环境审计与财务审计等方法全面了解规划（计划）的执行情况，用考核、打分等办法，定期公布规划目标、任务和各项指标执行及完成的进度。总之，旅游目的地区域政府要认真组织环境规划的实施，建立目标责任制；要把项目列入基本建设、技术改造计划中；保证规划目标和任务的完成；保护年度计划的检查应与保护任期目标责任制、综合整治定量考核和执法检查相结合。

三、旅游目的地环境标准管理

（一）旅游目的地环境标准

旅游目的地环境标准是为保护目的地游客及从业者的健康和社会财富，促进旅游环境秩序和生态良性循环，对旅游目的地的污染物（或有害因素）水平及其排放源规定的限量阈值或技术规范。旅游目的地环境管理可以参考的标准种类繁多，主要有环境质量标准、污染物排放标准以及基础标准和方法标准。

环境质量标准是以保护人群健康、促进生态良性循环为目标而规定的各类环境中有害物质在一定时间和空间范围内的允许浓度，包括国家环境质量标准和地方环境质量标准。国家环境质量标准由国家制定，按照环境要素或污染因素分为大气、水质、土壤、噪声、放射性等环境质量标准。地方环境质量标准是地区根据国家环境质量标准的要求，结合当地的环境地理特点、气象条件、经济技术水平、工业布局、人口密度、政治文化要求等因素。

污染物排放标准是国家为实现环境管理目标、确保环境质量标准的实现，而对污染源排放污染物的允许水平所做的强制施行的具体规定，包括国家排放标准和地方排放标准。国家排放标准是国家对不同行业或公用设备制定的通用排放标准。地方排放标准是由于当地的环境条件，当执行国家用排放标准还不能实现地方环境质量时，而制定的地方控制污染源的标准，一般在重点城市、主要水系（河段）和特定地区制定。"特定地区"是指国家规定的自然保护区、风景游览区、水源保护区、经济渔业区、工业城市和经济特区等。

基础标准与方法标准是环境标准体系的附属部分或指导部分，为环境标准的制定提供统一的语言和方法。基础标准的内容有：名词术语、符号代号、标记方法、标准编排方法等；方法标准的内容有：分析方法、取样方法、标准制定程序、模拟公式、操作规程、工艺规程、设计规程和施工规程等。

（二）旅游目的地环境标准的行政管理

国家环保总局于 1999 年 4 月 1 日颁发的《环境标准管理办法》明确规定：环境标准由国家环保总局统一归口管理，县级以上地方人民政府环境保护行政主管部门负责本行政区域内的环境标准管理工作，负责组织实施国家环境标准、行业环境标准。同时，各省、自治区、直辖市和一些重点城市也应设置专门机构或生态环境部门设专人管理。

旅游目的地环境标准管理机构的职责是：编制标准制订、修订的规划和计划，组织好标准的制订和修订工作；制订环境标准管理条例，按条例进行标准的日常管理；负责环境标准的宣传、解释和协调工作；积极开展国际交流工作，加强与国际标准化组织（ISO）中的空气质量委员会（TC146）、水质技术委员会（TC147）及环境管理技术委员会（TC207）的联系。

四、旅游目的地环境监督治理

旅游目的地环境监督管理是指运用法律、行政、技术等手段，根据国家或地区环境保护的法律法规、标准、规划的要求，对旅游景区的环境保护工作进行监督，以保证各项活动符合规定。旅游目的地环境监测的主要内容应包括：监视解释反映旅游目的地环境质量变化的要素；监督控制对旅游目的地环境造成污染或危害的行为；为旅游目的地环境管理提供技术支持、技术监督和技术服务。

旅游目的地环境监测管理可实施制度化，主要体现在两个方面：一是监测质量的保证管理。监测质量保证是重要技术基础和管理工作。为了保证监测数据资料的准确可靠，应把监测质量放在第一位。具体办法可参考我国《环境监测质量保证管理规定（暂行）》等行政规章的规定：各环境监测站要开展创建和评选优质实验室活动，强化实验室管理，推动实验室的质量保证工作；各实验室应建立健全监测人员岗位责任制、实验室安全操作制度、仪器设备管理制度、化学试剂管理使用制度、原始数据管理制度等各项规章制度；环境监测人员实行合格证制度经考核认证，持证上岗，按监测规范监测，无合格证者不得单独报出数据；监测系统实行质量保证工作报告制度。二是监测报告的管理。定期发布旅游目的地环境状况公报，是让广大客源市场了解旅游目的地环境状况的一项重要措施。为了确保监测数据信息的高效传递，及时提出各种监测报告，为管理提供有效、及时的服务，需编写旅游目的地环境质量报告。质量报告书是环境监测的综合成果，是管理的重要依据。一般由各级文化和旅游主管部门组织，以监测站为主要力量，协调有关部门共同编写。报告书按内容和管理的需要，可以划分为年度质量报告书和五年质量报告书两种。未经主管部门许可，任何个人和单位不得引用和发表未经正式公布的监测数据和资料。

学术研讨题

1．如何理解旅游目的地战略管理？

2．阐述旅游目的地合作与竞争的治理过程。

3．结合实际谈谈旅游目的地环境行政管理。

4．假如你是家乡旅游目的地行政决策人员，请为你的家乡拟定一份旅游目的地治理方案。

推荐阅读文献

（1）徐虹，路科. 旅游目的地管理[M]. 天津：南开大学出版社，2015.

（2）白长虹. 旅游与服务研究（2012）[M]. 天津：南开大学出版社，2013.

（3）复旦大学旅游学系. 复旦旅游学集刊——旅游发展与社会转型[M]. 上海：复旦大学出版社，2015.

（4）欧祝平. 环境行政管理学[M]. 北京：中国林业出版社，2004.

主要参考文献

[1]　Kooiman J. Socio-Political Governance[G]//Kooiman J.ed，Model Governance；New Govermment-Society in Ractions[M].London：Sage，1993：1-9.

[2]　白长虹. 旅游与服务研究[M]. 天津：南开大学出版社，2013.

[3]　Beritelli P，Bieger T，Laesser C. Destination governance: using corporate governance theoriesas a foundation for effective destinationmanagement[J]. Journal of Travel Research，2007，46（1）：96-107

[4]　Goymen K. Tourism and governance in Turkey[J]. Annals of Tourism Research，2000，27（4）1025-1048.；

[5]　Yuksel F，Brawell B，Yuksel A. Stakeholder interviews and tourism planning at Pamukkale，Turkey[J]. Tourism Management，1999，20（3）：351-360

[6]　徐虹，路科. 旅游目的地管理[M]. 天津：南开大学出版社，2015.

[7]　Jamal T，Getz D. Collaboration Theory and Community Tourism Planning[J].Annals of Tourism Research，1995，（22）：186-204

[8]　Murphy PE.Community driven tourism planning[J]. ourism Management，1988，9（2）：96-104.

[9]　Selin S，Chaacez D.Developing an Ecolutionary Toxirism Partnership model [J]. Annals of Tourism Resesrch，1995，22（4）：844-856.

[10]　Selin S.Developing a Typology of Sustainable Tourism Partnerships[J]. Journal of Sustainable Tourism，1999，7：260

[11]　Vernon J，Essex S，Pinder D，et al. Collaborative policymaking：Local sustainable projects[J].Annals of Tourism Research，2005，32（2）：325-345.

[12]　Scott N.，Cooper C.，Baggio R.Destination Networks：Four Australian Cases[J]. Aannals of Tourism Reseach，2008，35（1）：169-188.

[13]　Bramwell B，Sharman A，Collaboration in Local Tourism Policymaking [J]. Annals of Tourism Research，1995，26（2）.

[14]　Dredge D. Place change and tourism development conflict：evaluating public interest[J]. Tourism Management，2010，31（1）：104-112.

[15]　Dredge D. Policy networks and the local organisation of tourism[J]. Tourism Management，2006，27（2）：269-280.

[16]　张凌云. 理论的贫困：旅游学术研究的"规范"与"创新"[J]. 旅游学刊，2014，29（1）：12-13.

[17]　刘亭立. 旅游价值链研究综述：回顾与展望[J]. 旅游学刊，2013，28（2）：60-66.

[18]　王缉慈. 关于在外向型区域发展本地企业集群的一点思考——墨西哥和我国台湾外向型加工区域的对比分析[J]. 世界地理研究，2001（3）：15-19.

第五篇

案例分析

第十章　旅游目的地案例分析

第一节　旅游目的地发展总体规划案例

一、桂林市旅游发展总体规划

《桂林市旅游发展总体规划》由桂林市人民政府委托中山大学旅游发展与规划研究中心于 2000 年 11 月完成[1]。规划编制工作组组长由时任中山大学保继刚教授和时任桂林市旅游局局长钟新民联合担任，副组长为中山大学徐红罡博士、时任桂林市旅游局副局长李志刚，成员有李蕾蕾、戴光全、陈浩光等 13 位专家，咨询专家为桂林工学院旅游学院程道品。另有桂林市旅游局工作人员参加规划。

（一）规划背景

桂林是我国旅游发展最早的地区之一，1973 年，国家批准桂林市正式对外开放，自此拉开了桂林旅游发展的帷幕。从某种意义上讲，桂林的旅游发展就是中国旅游发展的缩影。

20 世纪末，中国旅游业的产业地位得到提高。按照 WTO 的预测，2020 年中国将成为世界第一大旅游目的地，旅游的总需求量会大幅度地增加；我国旅游业的发展正在由"旅游大国"向"旅游强国"转变，旅游业的产业地位将得到加强；桂林旅游业的发展有着良好前景。与此同时，1998 年 9 月 8 日，经国务院批准桂林市和桂林地区合并，组建成新的桂林市，给桂林旅游发展带来新机遇。

国家政策优势使桂林在国际旅游业的起步阶段占尽先机，海外游客接待量仅次于当时的几大口岸城市，但是，改革开放后，桂林逐渐失去政策优势，有竞争力的旅游目的地的急剧增加，一些新兴旅游城市（如昆明、大连、厦门等）的崛起以及一些老牌旅游城市的实力稳步上升均对桂林旅游市场造成威胁。

在此背景下，中山大学旅游发展和规划研究中心，受桂林市人民政府委托，于1999年10月开始着手编制《桂林市旅游发展总体规划》。规划组于2000年1月两次进行实地考察，并于2000年6月在桂林召开了中期成果研讨会，来自美国和中国香港、北京、上海、湖南、广西等地区的专家学者和桂林市的相关领导参加了研讨这次研讨，为规划的进一步深化奠定了基础。规划成果于2000年11月通过评审。

（二）规划述评

1. 规划的核心问题

从历史的顺序分析，桂林旅游发展至今，无论是国内旅游还是国际旅游已经经历了初创期、发展期、停滞巩固期，目前面临二次发展期。

考虑到国内旅游统计数据方面的缺陷，在判断桂林国内旅游发展所处阶段时选择了桂林最具吸引力的两大景点（漓江和芦笛岩）作为典型的研究对象。1989年是桂林国内旅游起步后的首个转折点，1992年达到接待量的峰值，然后下落，1997年后再度反弹，目前表现出较好的上升势头。如果将20世纪80年代早中期作为林国内旅游的起步阶段，90年代早期则为第一次发展的鼎盛时期，那么在经历了相当长一段时间的曲折反复之后，已成为我国较早对外开放的旅游城市之一，桂林旅游业的发展定位一直以海外游市场为核心。

2. 规划思路

针对桂林规划需要解决的问题，规划的思路是：通过桂林旅游发展不同历史时期的资料进行纵比、桂林与其他旅游城市进行横比、划分桂林旅游发展的阶段，找出桂林旅游在全国市场的竞争力动态变化趋势以明确桂林旅游发展规划中需解决的主要问题。

通过大量的市场调查和研究，了解旅游者的行为、态度，找出桂林旅游发展中的问题，指导规划的方向，传统上，桂林对海外游客市场的研究较多，基础较好。规划组除了对海外市场的进一步研究外，还认识到桂林国内客源市场一直稳步增长。整个20世纪80年代是桂林市国内旅游高速增长的黄金时期，游客数量从1980年的180万人迅速上升到1990年的750万人。进入90年代后，增长速度虽然有所减缓，但是势头仍较强，1999 年游客人数为 838 万人。国内游客市场在桂林旅游业发展中起到举足轻重的作用。但是，长期以来，缺乏对国内游客的系统统计和分析，对国内游客市场把握不准。为此，规划组不仅通过对游客和当地居民作上千份的实地抽样问卷调查、对资深旅游从业人员访谈等方法了解游客的行为和态度，还对桂林市泰和饭店、南园饭店、桂湖饭店和丹桂饭店一个年度（1998 年 11 月至 1999 年 10 月）的 91 607 份住客登记表作的统计数据进行分析。充分的客源市场调查为桂林旅游发展规划奠定了基础。

利用利益相关者分析、系统动力学分析的方法对桂林旅游业发展中的相关利益群体进行分析，确认政府、社区、景点景区投资商、服务商、非法服务商为桂林旅游业中主要的人群（利益相关者），通过研究他们的行为、决策过程和相互关系寻找桂林旅游发展的内在结构。通过对桂林发展内在规律的分析，规划小组进一步明确漓江旅游资源和品牌是桂林旅游发展的关键，漓江旅游资源和品牌是公共资源，能否正确地认识到公共资源的特点，避免"公共悲剧"资源使用模式的出现，是旅游发展能否持续的根本。通过分析，规划组明确了社区的参与是桂林旅游中必不可少的一部分，在旅游发展中，通过制订社区利益分配机制，保证社区居民的社区参与发展并从中获益不仅可以避免旅游发展与社区冲突带来的负面效益，同时也培育了新增长点，促进旅游的再发展。对桂林旅游业进行产业定位是确定桂林旅游发展战略的基础，只有弄清楚旅游业的产业规模、对桂林经济增长、解决就业问题上的贡献，才能制定桂林旅游业的产业政策。虽然旅游对经济的贡献在国际上都没有公认的计算方法，国内的投入产出表也比较粗糙，但是规划组依旧尝试计算旅游增加值，并对桂林市旅游作出投入产出的分析，为桂林旅游发展产业科学定位提供依据。作为成熟的旅游目的地，桂林旅游业的发展经过20 年后，景点的开发已初具规模，许多产品也已经成熟，桂林旅游产品的规划，需要在产品类型结构、质量结构和空间结构上作进一步的调整。促进旅游产品的结构转型与升级，借助观光型旅游产品的市场吸引力，培育和发展跨国旅游、会议、修学、乡村、度假、科考、保健康复等专项旅游产品，构建以桂林山水为核心、以观光度假型为主导的复合型旅游产品体系。控制低劣产品的"搭车"，确保桂林旅游产品在全国的精准地位。

城市旅游的后续发展动力不足是桂林的城市旅游存在的最大问题。规划组认为在新产品的开发、建设和发展上，应该着重开发桂林城市旅游。通过提升桂林的城市旅游形象，建设城市旅游吸引体系，调整市区旅游产品的结构，改变单一观光型的游览模式，增加旅游内容，通过环城水系、中心城核心保护区、城市游憩商业区（RBD）、城市景观通道，购物街、美食街、城市文化活动及设施等的规划，建设桂林城市旅游吸引体系。实现以山水观光为基础，集观光休闲度假、历史文化、民俗风情、会议商务、康复保健等项目于一体的新型旅游产品格局，丰富市区的旅游功能，改变市区作为交通集散地并附带进行简单的山水观光活动的传统地位，使桂林城市旅游成为桂林旅游发展的突破口。

3. 规划内容大纲

《桂林市旅游发展总体规划》的内容主要包括桂林旅游发展的基本条件分析；客源市场分析与预测；桂林旅游发展战略；桂林旅游形象塑造；桂林旅游产品空间布局；桂林市区域城市旅游的发展；主要旅游目的地概念规划；旅游产业发展规划；旅游资源保护性规划。

（三）规划提要

《桂林市旅游发展总体规划》的成果包括文本、研究报告和图件3个部分。

1. 文本

《桂林市旅游发展总体规划》的上卷基础篇从桂林旅游业发展的历史、现状和市场需求入手，分析了桂林市的旅游资源、旅游产品、产业的潜力和存在的各种问题。上卷的市场篇对桂林旅游的市场潜力，以及各细分市场的规模进行了分析和预测。在上卷的基础上，《桂林市旅游发展总体规划》的下卷战略篇采用系统分析方法找出桂林旅游业发展中存在的主要问题和导致问题的原因，并从21世纪旅游业发展的大趋势出发，结合桂林旅游发展的外部环境、所面临的机遇和挑战，提出桂林旅游业发展的战略思路。下卷的规划篇，在桂林旅游发展战略的指导下，针对上卷基础篇中提出的各种问题，对旅游资源的保护和发展、旅游产品的结构调整和空间布局、旅游基本产业、相关产业进行专项规划。

2. 研究报告

桂林旅游资源综合研究报告；桂林旅游产业定位分析研究报告；桂林旅游形象战略研究报告；桂林旅游发展系统动力学模型研究报告。

3. 图件

桂林旅游发展规划（2001—2020）旅游区位图、桂林旅游发展规划（2001—2020）旅游资源分布图、桂林旅游发展规划（2001—2020）国内客源市场划分图、桂林旅游发展规划（2001—2020）海外客源市场划分图、桂林旅游发展规划（2001—2020）旅游交通图、桂林旅游发展规划（2001—2020）旅游产品空间布局规划图、桂林旅游发展规划（2001—2020）城市旅游现状及规划图、桂林旅游发展规划（2001—2020）漓江游览道规划图。

（四）评审意见

2000 年 11 月 11—12 日，在林湖饭店举行了工作领导小组主持的《桂林市旅游发展总体规划》（以下简称《总体规划》）评审会。应桂林市人民政府邀请，出席评审会的有来自北京、上海、杭州、南京、广西以及美国等地的有关学科专家评审委员听取了《总体规划》编制组负责人的汇报，审阅了规划文本及相关图件，对《总体规划》进行了认真评审，意见如下：

> 《总体规划》在国家发展旅游产业的方针政策和国家旅游局有关旅游规划的要求指导下，对桂林旅游发展阶段的界定科学准确，在对桂林旅游发展所存在问题的科学诊断与揭示主导旅游资源优势的基础上，准确把握市场需求趋势与面临的机遇和挑战，提出了规划期内全市旅游发展战略与目标，确立了桂林旅游的新形象战略，对桂林旅游业发展有重要指导意义；围绕旅游发展战略和目标所作的旅游资源开发与保护规划、旅游产品的结构转型与空间布局、旅游产业及相应支撑系统的规划，符合桂林旅游发展的客观条件，符合国内、国际旅游发展的大趋势，体现了规划的前瞻性、科学性与可操作性。
>
> 《总体规划》在旅游产品结构调整与空间布局、城市旅游、社区旅游、旅游利益相关群体的确定和行为分析、以人为本的旅游环境建设等方面提出了一系列创新观点；规划在注重经济效益的同时，高度重视旅游发展的生态环境和社会效益，符合旅游发展的可持续性原则。
>
> 《总体规划》整体结构合理，技术路线正确；采用系统动力学、投入产出 SWOT 分析、利益相关者分析以及比较研究等方法，对比国内外一些旅游发达地区的同类规划，在技术路线和方法领域有所创新，对区域性旅游发展规划的编制具有示范作用。

　　评委会认为，《总体规划》在国内已完成的区域旅游发展规划中居一流水平，一致同意通过评审。希望规划课题组根据评审会上专家和有关部门提出的意见和建议对规划作进一步修订、完善，并上报审批。

评审委员会主任：吴传钧

评审委员会副主任：王大悟

2000 年 11 月 12 日

二、北京市旅游发展总体规划

（一）规划简介

　　《北京市旅游发展总体规划》是北京市旅游事业管理局根据市委、市政府要求，委托北京大学旅游开发与规划研究中心编制的，规划范围为整个北京市的行政辖区，包括城八区（东城区、西城区、崇文区、宣武区、石景山区、海淀区、朝阳区和丰台区）和远郊十区县（通州区、顺义区、密云县、怀柔县、平谷县、延庆县、门头沟区、昌平区、房山区和大兴县）[2]。规划年限从 2000 年起，到 2010 年止，划分为两个阶段：前期 2000—2005 年，后期 2006—2010 年。规划的主要依据是《北京市城市总体规划》和《北京市国民经济和社会发展"九五"计划和2010 年远景目标规划纲要》及中华人民共和国国家旅游局、建设部和北京市政府颁布的有关法律、法规和规章。

　　规划从旅游系统的角度出发，贯彻"大旅游、大发展"的发展思路，以市场需求为导向，以旅游资源为基础，以旅游产品设计和旅游时空布局为核心，力争突出规划的可操作性。具体内容按照区域旅游规划的"1231"模式排列，即先确定 1 个发展目标；然后进行客源市场和旅游资源两个方面的调查分析；接着在旅游产品与项目、接待设施与服务、城市环境建设 3 个板块进行具体规划安排；最后从规划方案的实施和保障方面着眼构建 1 个较好的旅游发展支持系统。整个规划本着经济效益、社会效益与环境效益相统一的原则和可持续发展的思想，为北京市向具有东方特色的一流国际旅游城市迈进提供具体切实可行的思路。

为编制此规划，北京市旅游局聘请了多学科的专家成立了专家顾问组，其成员来自国家和市委市政府相关部门及部分科研院所。此外，市属各区县政府、旅游局（办）也协助规划编制组进行了实地考察并参与讨论。

（二）规划述评

北京市旅游规划是一个比较典型的区域旅游发展的管理规划，编制时间长达一年半，在收集大量室内资料基础上，还进行了市场问卷调查和野外实地考察，多次召开座谈会、论证会，对规划文本进行了十多次修改完善，最后提出了《北京市旅游发展总体规划纲要》《北京市旅游发展总体规划文本》《北京市旅游发展总体规划说明书》《北京市旅游资源数据库和图集》等系统文件。

《北京市旅游发展总体规划》从旅游系统的角度，贯彻"大旅游、大发展"的思路，面对北京市旅游发展已经历了 20 余年，基本形成自己特色的框架结构这样一种现状条件，由过去侧重开发规划的做法转变为侧重管理规划的研究编制，以市场需求为导向，以旅游资源为基础，以旅游产品设计和旅游时空布局为核心，以旅游支持系统的构建为支撑，实践了区域旅游规划"1231"工程的理论模式（图 10-1）。规划内容将为今后北京市旅游业的发展提供宏观思路和行动指南。

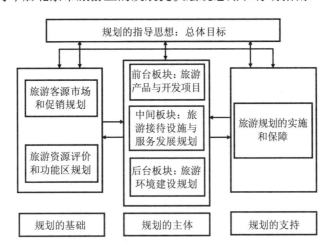

图 10-1　区域旅游规划的"1231"模式

引自：陈家刚. 旅游规划与开发[M]. 天津：南开大学出版社，2006。

由图 10-1 可知，北京市旅游规划的内容和格式，依其间的逻辑关系，可以区分为若干个组群。基本上由规划的目标、规划的基础、规划的主体以及规划的支持系统 4 个部分构成。这些部分的内容可以随各区域情况的不同有所调整、增减，不一定完全依照"1231"工程所指的七个章节进行文本的布局，但其基本内容及总体框架是比较稳定的。

（三）规划程序与技术手段

1. 规划程序（图 10-2）

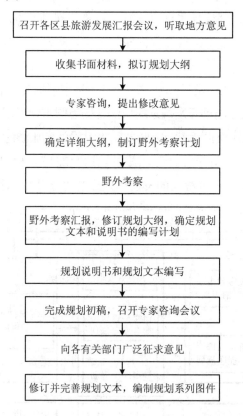

图 10-2　北京市旅游发展总体规划程序

引自：陈家刚. 旅游规划与开发[M]. 天津：南开大学出版社，2006。

2．技术手段

（1）总体要求：技术先进性、方案可操作性、目标可达性、适度超前性。

（2）采用目前国内最为先进的技术手段，包括 GIS、多媒体系统和国际互联网，建立旅游资源信息数据库。

（3）采用规范化旅游抽样抽查技术，包括来京游客、当地居民和异地问卷调查方法，收集旅游市场的有关信息，并通过 SPSS 软件包和灰色系统 GM（1，1）预测方法，力求数据来源可靠、分析方法得当、分析结果科学实用。

（4）规划系列图纸采用 ARCINFO、CORELDRAW、PHOTOSHOP 等制图软件，内容丰富，可视性高。

（5）专家咨询"智力风暴法"。

（6）实施参与性规划，培养地方实施人才。

（四）规划大纲

1．产业分析与发展目标

（1）北京市旅游发展 20 年综述

（2）旅游业现状

（3）发展目标与发展指标

2．客源市场分析与促销规划

（1）市场背景分析

（2）客源市场分析

（3）旅游市场预测

（4）旅游形象构建

（5）旅游形象的宣传与推广

3．旅游资源评价与功能区规划

（1）旅游资源形成的区域背景

（2）旅游资源的功能分类和评价

（3）旅游功能分区规划

4．旅游产品与开发项目规划

（1）旅游产品总论

（2）观光旅游规划

（3）会展旅游规划

（4）其他专项旅游规划

（5）旅游项目开发中的政策控制

5．旅游接待设施与服务发展规划

（1）旅游住宿设施规划

（2）旅游者的餐饮服务规划

（3）旅游者出行服务规划

（4）旅游商品开发与旅游购物服务

（5）文化娱乐业发展规划

6．旅游环境建设规划

（1）改善软环境，提高好客度

（2）旅游环境建设

（3）旅游环境建设目标

7．旅游规划的实施与保障

（1）旅游发展的组织保障

（2）旅游发展的法律保障

（3）旅游发展的资金保障

（4）建立现代企业制度、扩大对外开放

（5）旅游发展的人才保障

（6）旅游发展的科技保障

（五）北京市人民政府关于同意《北京市旅游发展总体规划》的批复

市旅游局：

你局《关于送审〈北京市旅游发展总体规划〉的请示》（京旅文〔1993〕033号）收悉。现就有关事项批复如下：

一、原则同意《北京市旅游发展总体规划》（以下简称《旅游总体规划》），请你局会同有关部门认真组织实施。

二、旅游业是符合北京城市性质、适合首都特点的重要产业，是首都经济的新的增长点。加快旅游业发展，对推动全市经济增长，提高市民生活质量，保护古都风貌和历史文化资源，建设现代化国际城市具有重要意义。各区县政府、各有关部门要加强协作，密切配合，积极支持旅游业的发展，保证《旅游总体规划》的顺利实施。

三、市旅游局要认真履行职能，依照《北京市旅游管理条例》，全面加强旅游行业管理，规范旅游市场，创造良好的旅游环境，促进本市旅游健康协调发展。

四、市旅游局要根据《旅游总体规划》要求，制订2000年至2005年及本届政府任期内的旅游发展规划目标。各区县政府要根据《旅游总体规划》，制订本行政区域的旅游业发展规划，征得市旅游、规划等行政管理部门同意后组织实施。

五、各地区、各有关单位开发本市旅游资源，要按照统一规划、合理开发、严格保护、可持续发展的原则进行。开发建设旅游项目要进行充分论证，符合《旅游总体规划》，避免盲目建设。

北京市人民政府

1999 年 12 月 23 日

三、贵州省旅游发展总体规划

（一）规划编制过程

《贵州省旅游发展总体规划》（以下简称《总规》），是一部凝结着贵州省人民政府、国家旅游局、联合国旅游组织、世界银行、国际国内专家以及贵州省各有关单位和部门心血和智慧的著作。1993 年 3 月，贵州省政府决定利用世界银行软贷款制定《总规》。经过多次与世界银行磋商，2000 年 1 月，《总规》项目被列为世界银行第四期软贷款"贵州特色产业规划"子项目，国家旅游局、联合国旅游组织先后同意与贵州省人民政府联合编制《总规》。贵州省人民政府于 2000 年 8 月成立了"贵州省旅游发展总体规划编制工作领导小组"，负责《总规》编制工作的组织领导[3]。2001 年 4 月，世界银行同意将《总规》正式作为世界银行第四期软贷款项目运作，使贵州《规划》项目成为联合国旅游组织与世界银行第一次合作的示范性项目。在国家旅游局、联合国旅游组织和世界银行的指导下，通过国际招标，最终选择爱尔兰国际旅游发展公司为项目编制单位。公司根据联合国旅游组织的推荐，选派了爱尔兰、英国、新西兰和中国的旅游规划相关专业资深专家共8人，组成国际专家组，相应的中方专家组与之配合，具体负责规划的编制工作。

2002 年 4 月 15 日《总规》编制工作正式启动。在为期 6 个多月的编制过程中，中外专家先后深入贵州省 9 个市（州）的 62 个市（县）200 余处景区、景点进行考察调研，并与各地各有关部门和部分旅游企业的负责同志、技术人员进行座谈，获取了大量的第一手资料。2002 年 7 月，《总规》的中期报告编写完成。在国家旅游局、联合国旅游组织的指导下，省规划领导小组各成员单位、省内旅游规划咨询顾问、中方专家组成员先后 4 次对中期报告中关于《总规》的框架结构、内容进行了评估，并向国际专家组反馈了评估意见。2002 年 9 月 13 日，《总规》英文文本评审稿的编撰全面完成，9 月 20—23 日，省旅游规划领导小组办公室分别邀请省人大、省政协和省直相关部门、各民主党派，以及科研单位、高等院校的有关负责同志和省内相关学科的专家学者，对《总规》（评审稿）进行了论证。2002 年 9 月 28 日，贵州省人民政府在北京召开了《总规》专家评审会，由中国科学院吴传钧院士任组长，国家计委、国家旅游局、中国证监会、中国社会科学院、上海市社会科学院、清华大学、北京大学、中山大学、北京第二外国语学院、首都经贸大学等单位的 14 名相关专业和学科的资深专家为成员评审组对《总规》进行了终期评审。评审组认为《总规》内容翔实、观点突出、结构新颖，是一项集科学性、创新性、可操作性于一体的高水平的旅游发展总体规划，在我国省级旅游发展规划中居一流，一致同意规划通过评审。

评审通过后，国际专家组根据评审意见对《总规》进行了修改、补充和完善，并形成了英文版本报告。2002 年 11 月 15 日《总规》交接仪式在贵阳举行，联合国旅游组织秘书长弗朗西斯科·弗朗加利先生向时任贵州省人民政府包克辛副省长递交了《总规》英文文本。2003 年 1 月 24 日国家旅游局发布《关于对〈贵州省旅游发展总体规划〉的意见》（旅办发〔2003〕7 号），对《总规》作出正式批复，指出《总规》在规划项目的组织形式和运用方式上为我国省级旅游发展规划的编制，提供了一次成功的范例，也为规划成果的高水平奠定了良好的基础。

（二）规划编制的主要内容

第一卷　规划与开发方案

1.1 发展背景概要

1.2 旅游发展政策

1.3 规划方针

1.4 总体规划的目标体系

1.5 旅游发展的理念与基本思路

1.6 有利条件和不利因素分析

1.7 行动方案

2.1 市场发展趋势分析

2.2 增长预测

2.3 游客数量预测

2.4 市场细分

2.5 市场营销战略总体框架

2.6 战略性营销计划

3.1 综合旅游区和特色旅游区的定义

3.2 综合旅游区 A：贵阳旅游区结构规划

3.3 综合旅游区 B：安顺旅游区结构规划

3.4 综合旅游区 C：凯里—镇远旅游区结构规划黎平—从江—榕江旅游区结构规划

3.5 综合旅游区 D：荔波旅游区结构规划

3.6 综合旅游区 E：兴义—安龙旅游区结构规划

3.7 特色旅游区

3.8 区域间的联系

3.9 省际联合

4.1 定义

4.2 环境旅游发展战略

4.3 民族文化遗产旅游发展战略

4.2 战略实施方案

5.1 背景

5.2 巴拉河区域

5.3 巴拉河乡村旅游发展规划（RTDP）

5.4 机构问题

5.5 后续研究

6.1 背景

6.2 遵义历史胜地

6.3 遵义会议会址区域改造计划

6.4 后续研究

7.1 游客中心

7.2 畜牧观光旅游中心

7.3 住宿示范项目

7.4 社区培训中心

8.1 性质与目的

8.2 投资计划

8.3 实施方案

9.1 投资计划

9.2 投资计划的组成

9.3 编制投资项目一览表

9.4 吸引投资

9.5 投资者论坛

10.1 背景

10.2 短期市场营销行动方案（2003—2005 年）

10.3 中期市场营销行动方案（2005—2010 年）

10.4 远期营销目标（2010—2020 年）

10.5 营销投入

11.1 基本分析

11.2 消除培训中的不平衡

11.3 社区培训中心

12.其他实施方案

（三）专家评审意见

贵州省人民政府于 2002 年 9 月 28 日在北京国宏宾馆主持召开《贵州省旅游发展总体规划》（以下简称《总规》）专家评审会。出席会议的有时任贵州省人民政府包克辛副省长，时任国家旅游局规划财务司魏小安司长，时任规划项目协调机构联合国旅游组织官员徐京，规划编制领导小组副组长、时任贵州省旅游局局长杨胜明。评审专家组由来自国家旅游局、国家体改委、国家计委、中国证监会、中国科学院、中国社会科学院、上海市社会科学院、清华大学、北京大学、中山大学、中国旅游学院、首都经贸大学等单位 15 位有关家组成。项目规划组中外专家、规划办工作人员、贵州省有关厅局的领导也出席了会议。

评审专家组听取了规划组关于《总规》内容要点的汇报，审议了《总规》文本及图件，经认真讨论，形成如下意见：

1.《总规》站在世界旅游业发展的前沿，从新的视角认真分析、评估了贵州省旅游资源和旅游业发展的现状，按照国内外旅游市场的需求及发展趋势，构筑了贵州旅游业未来 20 年发展的框架和蓝图；从建设旅游大省和实施可持续发展的高度提出了贵州省旅游业未来发展目标和政策，在全面提出各项发展战略的同时，制订了示范项目和近期的行动计划，并就总体规划的实施拟订了具体的方法和措施。

2.《总规》的指导思想新颖而明确，尤其是可持续发展思想、社区参与的思想，在《总规》中都有较好的反映，《总规》对贵州旅游业的市场定位、产品开发、营销策略、政策措施等重大问题提出了许多新的观念和思路，特别是注重了贵州文化资源的开发和对旅游资源的保护。《总规》既重视入境旅游，也重视国内旅游，强调了现代旅游业发展所要求的市场导向意识，并在此基础上以市场营销为线索，较好地整合旅游发展中的人力、自然、文化等方面的要素，把旅游形象塑造作为市场营销的重要策略。

3.《总规》中对空间发展战略采取划分综合旅游区和特色旅游区的方式，是一种新的方法。《总规》的空间发展战略布局合理，重点突出，与贵州省的市场区位、旅游资源等方面的现实情况相吻合，所提出的政策措施得当。符合贵州省旅游业发展实际，具有现实的指导性和可操作性。

《总规》内容翔实，观点突出，结构新颖，是一项集科学性、创新性、可操作性于一体的高水平的旅游发展总体规划，在我国省级旅游发展规划中居一流水平。鉴此，评审专家组同意《总规》通过评审。

为进一步完善《总规》，评审专家提出，一些修改意见和建议（具体意见和建议见会纪要），评审专家组建议规划组按评审专家意见和建议对《总规》文本作进一步修改、完善后，按规定程序呈报。

评审专家组组长：吴传钧

2002 年 9 月 28 日

第二节　旅游目的地开发案例分析

一、美国主题公园带开发案例[4]

（一）主题公园产业群的形成与发展

在经济学中，产业集聚强调单一产业内各企业在地理上的集聚，强调不同产业的相互配合和分工合作，即区域内的企业以相关产业为依托和互动，形成长期、稳定的竞争和合作关系。虽然主题公园从字面意思来看是单一性质的企业，但其发展、运营也涉及旅游各要素及城市基础设施、其他行业发展的配套，因此在此可称为"集群"，并将奥兰多此集群现象形成的结果称为"主题公园产业群"。

从某种意义上讲，主题公园集群是一个产业集群，集合了服务业的众多行业，甚至包含绿色农业。然而，依照以上分析，该产业集群有 3 层含义：一是主题公园与主题公园以及其他景区景点在空间上的集聚，这与原来的单体乐园形式相对，在这种情况下，不区分乐园是否属于同一家企业，任何一个具有多主题的、迎合不同年龄段的或满足具有不同偏好的游客需求的乐园都可构成这一形式的载体。二是主题公园与周边住宿、餐饮、娱乐、购物等配套设施的集聚，在这种情况下，也不区分乐园是否属于同一家企业，由于融合了其他行业，可以称为集群。三是第二种形式与不同企业的结合，即现有的大型主题公园呈现出的一种新的发展模式，乐园的建设建立在对客源市场进行分析、对目的地进行评估的综合背景下，多家不同的主题公园在一定地域上进行组合，并与住宿、餐饮、会展、商业等产业融合，以促进旅游流在空间上的高度集中，这不仅会对主题公园产生正外部性，还有助于打造区域旅游休闲娱乐中心。

显然，奥兰多属于第三种类型。奥兰多主题公园产业群的形成经历了一定的发展阶段。奥兰多的发展最初起源于种植柑橘，从 20 世纪 50 年代起，航空航天业在该地区开始取得较大发展，著名的洛克希德·马丁公司即位于此地。随着经济的发展，该地区后来又吸引了诸多旅游资源的配置，近半个世纪以来，奥兰多也一直在极力打造一个集居住、娱乐、旅游、休闲、度假和会展于一体的现代休闲旅游度假区，其中主题公园群的形成有其地理位置优越性的因素，有促进地区服务业联合发展的因素，也包含企业联合追求正外部性效应的考虑。综合来看，该地区主题公园集群的形成主要基于以下几个因素。

（二）主题公园构成及门票

1. 华特迪士尼世界度假区

度假区包括：4 个主题公园和 2 个水上乐园，主题公园有神奇王国、未来世界、迪士尼好莱坞影城、迪士尼动物王国，水上乐园有暴风雪海滩和台风湖。另外配有酒店，度假俱乐部，一个零售、餐饮和娱乐的综合体，一个体育综合体，会议中心，露营场地，高尔夫球场，以及其他吸引游客长期停留的娱乐设施。每个主题公园的部分吸引物是由签订长期协议的其他公司来赞助的。

2. 乐园门票设置

华特迪士尼世界度假区设有水上乐园门票、1～10 天的乐园门票、年票及其他票务选项，如乐园蹦蹦跳、水上乐园及其他、乐园蹦蹦跳+水上乐园+其他。

奥兰多环球影城设有单个乐园门票（1～4日游）、两个乐园的联合门票（1～4日游）、"两个主题乐园+水上乐园"通票、"一个主题乐园+水上乐园"通票、年票等。奥兰多海洋世界设有工作日票、平日票、奥兰多海洋世界+坦帕布施乐园门票、海洋世界公园年票、水上乐园年票、布施乐园年票、水上世界+海洋世界公园+布施乐园年票及总年票。除单个度假区的门票以外，奥兰多环球影城与奥兰多海洋世界联合推出"自由门票组合"（orlando flex ticket package）：包括在海洋世界合作酒店入住的第五天免费，在海洋世界乐园、水上乐园、佛罗里达环球影城、冒险岛、潮野公园不限制停留时间，享受海洋世界表演的座位预订服务和一杯CUP THAT CARES。

（三）产业链支撑体系

主题乐园群的发展离不开规划完整的产业链支撑体系，主要包括其他旅游资源的补充和交通、住宿、商业、会展等配套设施。

1. 交通

交通建设的发达与否对主题乐园群的发展产生重要的影响，其建设的完备性一方面可以方便游客，使游客以较少的时间、财力成本增加在目的地的停留时间，提高城市旅游发展的竞争力；另一方面，有助于人流、商品流、信息流集聚，增强主题乐园群的竞争优势。奥兰多区域水陆空交通发达，可进入性强。

2. 住宿和餐饮

奥兰多住宿类型多样，包括豪华高尔夫度假村、主题酒店、新奇客栈。除了酒店和度假村，还提供度假屋租赁、露营地和房车营地。在乐园集群内，华特迪士尼世界度假区根据游客的不同需求提供桌餐、快餐、自助餐等不同形式，并设有家庭聚会、会议、演出等特定主题的就餐场所。奥兰多环球影城则根据不同的区域主题为游客提供不同就餐氛围的饮食场所。以哈利波特魔法世界区域为例，斜角巷餐饮为游客提供书籍和电影中的饮食场景，如传统的英式酒吧和黄油啤酒。海洋世界提供餐饮形式多样化，包括各类餐厅、咖啡馆、比萨店、可口可乐售卖机及游客特殊体验（如与虎鲸共餐、鲨鱼水下烧烤等）。

3. 会展

奥兰多作为著名的旅游城市，由于会展旅游具有消费档次高、停留时间长、经济效益高、季节性弱的特点，会展业的不断发展也极大地促进了当地旅游业和住宿业的发展。奥兰治县会展中心是全美第二大会展中心，2012—2013 财年共举办了 207 项活动，其中包括 103 次行业展览、78 次会议和 26 次公众活动，共吸引了 126 万人次前来参展/会。

在奥兰多大都市区的乐园度假区内也分布着集餐饮、住宿和会展于一体的会议场所。华特迪士尼世界度假区共有超过 5.58 万 m^2 的现代会议空间，主要的功能区域分布在迪士尼科罗纳多泉度假村、迪士尼现代度假村、迪士尼佛罗里达州的度假酒店及水疗中心、迪士尼游艇俱乐部度假村、迪士尼海滩度假村、迪士尼大道酒店、迪士尼世界海豚酒店、迪士尼世界燕子酒店、美景皇宫假日饭店、希尔顿酒店、皇家广场酒店、君威阳光度假村。

4. 综合体建设

华特迪士尼世界度假区零售、餐饮和娱乐综合体——"迪士尼商业区"华特迪士尼度假区拥有一个 4.86 万 m^2 的零售、餐饮和娱乐综合体，即"迪士尼商业区"（downtown disney），该综合体是 4 700 m^2 迪士尼零售商店的所在地，此外还向第三方提供设施租赁，第三方需要向华特公司支付租金和许可费用。该区域包括市场（marketplace）、曼哈顿西区（west side）和欢乐岛（pleasure island）3 个部分。其中欢乐岛包括波多贝罗市集、罗伦路爱尔兰酒吧和饭店及富尔顿蟹屋；市场包括迪士尼商店、餐饮设施、一个史前的家庭探险项目；曼哈顿西区是一个集餐饮和娱乐于一身的区域，包括太阳马戏团魔动之旅、迪士尼探索、电影院、蓝调小屋、古巴餐厅、Wolfgang 咖啡馆、好莱坞星球餐厅、分离豪华车道等。2013 年，华特公司宣布了一个 3 年的扩张计划，以便为游客提供更多的购物、餐饮和娱乐选择。

华特迪士尼世界体育综合体——ESPN 体育大世界。ESPN 体育大世界于 1997 年开放，是一个占地 93 万 m^2 的体育综合体，提供各类专业的训练、竞赛、节日、锦标赛和交互性的体育活动。这个综合体每年主办超过 200 场的业余和专业赛事，服务于多类型的体育赛事，包括棒球、网球、篮球、垒球、田径、足球和英式足球。该综合体有一个可容纳 7 500 人的棒球场和一个可容纳 5 500 人的室内体育场馆。

奥兰多环球影城夜间娱乐综合体——Universal Citywalk。该综合体占地 12 万 m^2，是奥兰多最火热的夜生活场所，综合体内包括3家酒吧和夜间俱乐部、餐饮店、商店、一个24厅的电影院等，有现场音乐表演、家庭娱乐项目。该综合体门票类型包括普通票、年票、佛罗里达当地居民票、蓝人乐团门票等多种类型。

5. 其他休闲娱乐设施

奥兰多是购物者天堂，既有代表性的顶级百货商场内曼·马库斯商店、萨克斯第五大道精品百货店、布鲁明代尔百货公司，也有美国东南部最大的零售点，商品类别多种多样，可以满足游客的多层次消费。每个主题乐园内也都设有购物场所，其中最有特色的是乐园内纪念品的销售，如迪士尼内有迪士尼卡通形象纪念品，海洋世界内有海洋生物形象的毛绒玩具，环球影城中则是带有经典影片标志的纪念品，经典形象包括哈利·波特、小黄人、变形金刚等。

奥兰多休闲娱乐设施多样，设有水疗馆和170多个高尔夫球场、20多所高尔夫学院、世界级网球设施，以及数百个可进行划垂钓、划船、滑水和其他水上活动的湖泊。华特迪士尼世界度假区拥有4个高尔夫球场，共63洞，其中3个锦标赛高尔夫球场、1个小型高尔夫球场；两个全方位服务的温泉设施；迪士尼婚礼馆；网球、航行、水上滑冰、游泳、骑马和大量其他非竞争性的体育活动和休闲活动。奥兰多环球影城的洛斯·波托菲诺海湾酒店、洛斯皇家太平洋度假村、硬石酒店也提供婚礼服务。此外，著名的迪士尼邮轮停靠港口卡纳维拉尔港离度假区只有1h的车程，从该各主题乐园可以乘坐邮轮前往加勒比海、巴哈马、阿拉斯加和欧洲等地。

（四）集群效应

1. 主题乐园集群效应

（1）主题乐园的互补与竞争

奥兰多大都市区每个乐园主题鲜明、风格迥异，加之大多数游乐项目不限制年龄和身高，适合不同需求的游客游玩，如迪士尼多以迪士尼经典卡通形象和电影为主题，环球影城多以电影场景为主题，而海洋世界公园则以海洋、生物和水元素为主题。在主题的交叠上，各个乐园也显示出了不同的特色，如迪士尼好莱坞影城与奥兰多环球影城，前者以迪士尼品牌电影为主线，后者以环球影城电影和第三方热门电影为主线；迪士尼动物王国和奥兰多海洋世界公园，前者侧重于各地区动植物的探索，并辅之以较强的娱乐功能，后者则是通过观赏与娱乐的结合，起到较强的教育意义，其中与动物互动活动也是特色之一；对于几个水上乐园，暴风雪海滩和台风湖是以迪士尼打造的故事为主线，在此基础上展开具有特定情境与氛围的娱乐活动，潮野水上乐园的游乐设施多样化，无明显特色，奥兰多水上乐园的游乐设施结合了海洋生物与水元素两方面，探索湾则强调人与动物的互动。此外，集群内乐园以文化融入为核心，不同于国内的大多数为游客单纯提供游乐设施的乐园，其乐园取材多为电影、电视或具有某一鲜明主题，每个项目也有不同的文化定位，这奠定了乐园产业群的发展基础。

（2）正外部性

主题乐园集群可以产生多种正外部性，如服务网络共享、游客共享和品牌联合。服务网络共享即企业通过相互联系降低了信息成本，其发挥的成效要远远大于单个企业成效的简单相加。如在公共服务提供方面，地域上的集聚可以使政府对该区域给予格外关注，不仅能够及时了解集群内企业的需要，还能帮助集群内企业不断推出政策优惠、免费宣传等措施。游客共享则是基于地理位置的邻近性，尤其是对于国外游客，闲暇时间、交通成本等因素的限制使得他们往往将几个乐园列在一次行程计划中，在许多游记网站上我们看到的也多是奥兰多主题乐园攻略、奥兰多7大主题乐园攻略（暂不包括水上乐园）或是单乐园攻略的连载集合篇。

品牌联合的外部性使得主题乐园有良好的声誉和影响力，单个公司或单体乐园减少了宣传成本，而品牌联合的形成与不断加强也会使地区品牌逐步发展为该区域的"准公共产品"或"公共产品"，区域内的乐园不仅可以享受其带来的外部性，品牌的维持也具有一定的持久性和稳定性。当然，在一般的集群演化和形成过程中，也不可避免地会出现一定的负外部性，如创新惰性、恶性竞争等，但由于主题乐园的特殊性，其文化的融入、主题的多元化和不断创新的动力使得负外部性基本可以忽略。

2. 产业群效应

（1）产业群结构完整，有效衔接

由本案例乐园介绍及产业配套设施部分可以看出，在奥兰多主题乐园产业群中，主题乐园是核心，其他旅游资源、休闲娱乐设施和会展是补充，住宿、餐饮、交通、购物、金融、医疗、保险、通信等是配套服务设施，以旅行商为代表的旅游服务供应商、门票代售点与其构成合作者的关系，政府、协会、组织等则是这以产业群有效运转的保障和指导者（图10-3）。对于休闲度假型游客来说，主题乐园是吸引他们前来的核心吸引物，一系列配套服务设施对他们的行程安排也是必不可少；对商务旅游者来说，虽然会展可能是核心吸引物，但久负盛名的主题乐园可能是吸引他们选择奥兰多的理由，在这种情况下两者是互动的关系。

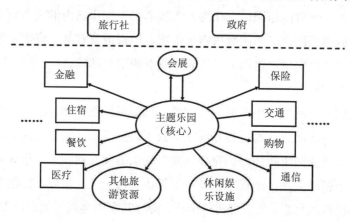

图 10-3　奥兰多大都市区主题乐园产业群结构

引自：张凌云，王静，张雅坤. 世界著名旅游目的地开发与管理[M]. 北京：旅游教育出版社，2015。

（2）充满娱乐、活力和创新的有机体系

周边主题乐园的集聚使奥兰多成为一个极具生机和活力的城市，曾有人将这样的城市定位和规划设计称为"城市公园化"，多层次、多主题的产品和服务构成了奥兰多休闲旅游城市的完整有机体系。除旅游业外，科技产业是奥兰多大都市区的第二大产业，拥有超过5 000家的科技公司，其中包含航空、信息技术、电影和数字媒体等公司，这些都为乐园集群的发展和乐园内的设施建设提供了必要的科技支撑，为区域经济注入新鲜的活力。此外，奥兰多大都市区人口结构和劳动力趋于年轻化，这在一定程度上会促进地区创新，提高企业在全球市场中的竞争力。

二、武夷山国家公园[5]

（一）武夷山简况

武夷山国家级风景名胜区位于福建省西北部，总面积 70 km²，是国务院首批公布的国家级重点风景名胜区，1999 年 12 月，被联合国教科组织列入《世界遗产名录》，成为世界 23 处、中国 4 处世界自然与文化双重遗产地之一。武夷山风景秀丽，历史悠久，人文荟萃，素有"碧水丹山"之誉。武夷山具有独特、稀有、绝妙的自然景观，属罕见的自然美地带，是人类与自然环境和谐统一的代表。武夷山自然风光独树一帜，是一个以丹霞地貌为特征、自然山水为主景、历史文化积淀为内涵的集观光旅游、休闲度假旅游和商贸旅游于一体的景区。

武夷山是海西纵深推进的"桥头堡"，是南接北联、拓展内陆的战略通道。它北接江西的三清山、婺源、龙虎山，西靠邵武和平古镇、泰宁金湖、将乐玉华洞，东连宁德白水洋、太姥山，南邻省会福州。随着高速铁路、高速公路、机场等现代立体交通基础设施的不断改善，武夷山将形成 1 h 的闽北交通圈，对接长三角、沿海中心城市和港口 2~3 h 的交通圈，区位优势十分明显，从而真正发挥好海西服务中西部发展的对外综合通道和前锋平台作用，打造以闽浙赣交界地区为腹地的旅游集散地。

武夷山位于的武夷山市拥有多样的生物资源，已知植物种类 3 728 种，几乎包括了中国中亚热带所有的植被类型；已知动物种类 5 110 种，是珍稀、特有野生动物的基因库。充沛的水利资源武夷山有建溪、崇阳溪、南浦溪、麻溪等 4 条主要河流，河流面积 3.89 万亩，水资源十分丰富。丰富的矿产资源，发现矿种 28 种，发现矿产地 95 处，其中固体矿产地 94 处，水产矿产地 1 处（矿泉水）。全市探明铀、煤、钼及花岗岩 9 处，钼矿石储量 170 万 t，花岗岩储量居福建省首位，且品种多、品质好、放射性低。探明有金属、非金属矿 14 种。金属有黄金、铜、钨、钼、硫、铁、锡等。

（二）景点布局

武夷山国家公园的景点在空间上，呈现一环五横一曲的布局特点。

一环：即围绕景区形成外围环路，贯穿景区外围的车行道路系统。

五横：包括五条横跨景区的道路即：水帘洞—遇林亭；永乐禅寺—大红袍；武夷宫—沿九曲北岸—品石岩；上浦入口—沿九曲南岸—玉女峰—虎啸岩—竹筏码头；外围经狮子峰连接一线天景区。（车行三纵：景区内贯穿南北的三条纵向道路；沿溪西面，连接赤石北入口和上埔南入口；水帘洞—永乐禅寺—马头岩—武夷宫；莲花峰—大红袍—桃源洞—虎啸岩——一线天。

一曲：即沿着九曲溪曲折的水路，主要作为竹筏游览的线路。

（三）营销分析

1. 精心市场划分，开拓重点市场

针对区域市场，依托媒体和促销手段进行宣传：在上海及华东地区，以旅交会、大篷车促销、电视媒体、晚报为依托；在广东乃至华南地区，以广东电视台、深圳电视台、香港凤凰台、晚报及旅行社包机为依托；在北京、山东及华北地区，以电视台、晚报、大篷车、新闻发布会为依托；武夷山还和厦门建发国旅、厦门航空公司等单位联合在韩国首尔电视台、日本东京电视台进行旅游宣传。

针对重点城市，把火车、航班直达的城市作为宣传促销的重点城市，常年在列车上发布景区广告，在民航报刊上刊发景区采风报道，在直达城市电视台进行景区系列宣传报道。

2. 突出特色品牌，开展联合促销

近年来，无论是电视台还是旅游报的系列宣传，无论是旅游展销还是景区自己制作的电视片、宣传书籍，武夷山均注重突出世界"双遗产"金字招牌。武夷山与泰山、黄山、峨眉山并列，宣传效果显著。

考虑到游客出游一般要游两个以上风景区这一行为特点，武夷山大力推进联合促销。不论是在我国宣传，还是在日、韩、东南亚促销，武夷山都把武夷山—厦门连成一条旅游线路进行推介，围绕"蓝天碧海鼓浪屿，碧水丹山武夷山"进行整体宣传促销，从而突出了福建旅游的整体形象。

3. 特殊客源群体的营销

针对学生、老年人等特殊群体，在《中学生报》《中国青年报》进行系列宣传，并给予门票优惠；组织大学生登山赛，建立了青少年活动基地；对老年人，与北

京、长沙等地旅行社进行合作，开行夕阳红专列，在《中国老年报》进行系列宣传，对离退休人员给予门票优惠。

针对家庭、情侣、白领阶层、职工劳模等特殊群体，先后推出了中国情人节"七夕"、森林休闲游、民俗风情游、职工疗养休闲游等相关活动。

（四）成功经验

1．融资：一切为我所用

武夷山是政府、企业、个人形成国家—集体和个人一起上的融资局面，全方位积极为武夷山国家公园的发展筹措资金，这为武夷山的发展奠定了雄厚的经济基础。

2．建设：规划管理是根本

武夷山规划强调，核心区和建设区必须分开，核心区分一级、二级、三级保护区。景区的建筑坚持"宜小不宜大，宜低不宜高，宜疏不宜密，宜藏不宜露，宜淡不宜浓"的"五宜五不宜"的武夷建筑原则，它的核心内容就是从武夷山盆景式的景区特征出发，将武夷山现在的民居风格和历史上有过的宋式建筑风格有机结合，将景区建筑和景区环境有机结合，从而形成一个独特的建筑风格。

3．营销：营销要有针对性，须遵循一定原则

（1）科学分析市场现状，确定了营销总体目标；

（2）精心市场细分，开拓重点市场；

（3）突出特色品牌，开展联合促销；

（4）合理分工，宏观宣传与微观促销相结合；

（5）组织重点项目，形成宣传合力。

4．服务：服务力求人性化，坚持特定标准

（1）积极推行 ISO 9002 认证，规范服务行为；

（2）改进工作制度，提高服务质量；

（3）完善服务设施，提供个性化服务。

5．保护：可持续发展的基础

（1）绿化荒山、美化景区；

（2）加强生物多样性保护，管好生态林；

（3）整治环境，进行景区大拆迁；

（4）开展遗产监测，及时提供决策依据。

第三节　旅游目的地管理案例

一、西安市的旅游目的地管理[6]

（一）西安市旅游发展概况

西安市所在的关中地区被称为"中华民族的摇篮"。近年来，西安市人民政府始终将旅游业作为扩大消费需求的重要领域，作为惠及广大人民群众的民生产业，作为加快现代服务业发展的引领性产业，成功打造了一批精品景区，使旅游业深度融入西安发展战略体系，旅游业已经成为西安市的主导产业之一。

（二）西安市旅游业发展的思路、做法和成功经验

西安市旅游业发展主要得益于西安市以建设国际一流旅游目的地城市为切入点，以建设丝绸之路经济带新起点为契机，加强政策引导，规范市场秩序，提升服务质量，推动旅游业又好又快发展的战略。具体情况如下所述。

1．坚持加强政策引导，努力完善规划体系

西安市先后出台了《西安市人民政府关于进一步加快发展旅游业的若干意见》和《关于推动 2013 年西安市旅游业跨越发展的 12 条措施》，有针对性地出台了对旅行社的扶持和激励政策，并将各区县、有关开发区和市级相关部门支持发展旅游业的情况纳入全市目标考核体系，推动旅游产业持续快速发展。近年来，西安市全面贯彻习近平新时代中国特色社会主义思想和党的十九大精神，以示范市创建引领全域旅游发展，大力实施"旅游产业倍增计划"和"旅游国际化行动计划"，推进旅游融合发展，构建旅游产业新体系，加快国际一流旅游目的地建设。逐年加大旅游投入，确保旅游业发展投入需求。坚持规划引领，发布《西安市旅游发展总体规划（修编）》，编制《西安市秦岭生态保护区旅游发展专项规划》《关中天水经济区旅游行动规划》等，初步形成市、区县、景区（点）三级规划体系。

2．加快产业转型升级，产品体系不断丰富

根据《西安市旅游发展总体规划（修编）》，西安旅游业发展按照板块开发、精品带动的策略，形成六大国内旅游品牌：盛世文化游、宗教文化游、商务会展游、文化休闲游、皇家温泉康体游、山水生态游。同时，积极顺应旅游发展的大趋势，加快旅游产品转型升级，不断推进休闲体系建设。加强秦岭北麓浅山区旅游休闲度假带建设，形成历史文化与山水产品的"两轮驱动"。积极培育文化旅游名镇、乡村旅游示范村，大力促进乡村旅游提档升级，构建多元化旅游产品体系。

3．不断创新营销方式，西安旅游影响力进一步提升

整合旅游营销力量，突出网络营销，加大在央视等主流媒体的宣传力度，先后通过央视、凤凰卫视、陕西卫视，以及新浪、腾讯等门户网站，持续密集投放西安旅游广告。针对入境市场，在主要客源国城市设立"西安之窗"旅游推广中心。针对自驾游市场，开展"自驾游西安，有礼相送"活动。针对省内市场，发放了近2亿元的"惠民大礼包"。针对本地市场，持续开展"幸福生活天天游"和旅游宣传进区县、进高校、进社区活动。大力开展旅游合作，与国旅、中旅、康辉三大旅游企业联手进行西安旅游推广，持续提升西安旅游的影响力。

4．加强民心相通

着力推进丝绸之路经济带旅游合作从2014年4月开始，西安市联合丝之路沿线城市主办了"游丝绸之路·赏西部风情联合推广活动，推出"精彩西安游"等8条特色旅游线路。2014年丝绸之路国际美食旅游季"丝绸之路万里行"媒体采访团、首届丝绸之路国际电影节等活动紧随其后，让世界更了解以西安为起点的丝绸之路。除了新推出的丝绸之路旅游品牌，城墙南门历史文化街区还经过综合提升改造焕发新颜，吸引了不少游客。

5．大力整治市场秩序，优化旅游服务环境

针对旅游市场秩序方面存在的问题，西安市集中开展专项整治，重点打击"黑导游""黑车""黑社"等市场乱象。《中华人民共和国旅游法》规定，进一步明确各区县政府和有关开发区管委会作为旅游市场监管主体的责任，并将相关工作纳入全市目标考核，使困扰旅游市场的各种乱象得到有效遏制，旅游环境得到明显净化。以"文明是最美的风景"为主题在全市开展文明旅游行动，努力提升市民和游客的文明素养，引导规范文明旅游行为。大力加强旅游诚信建设，推出"旅

游企业信用榜"公示制度，督促旅游企业不断提升服务质量，努力为游客提供安全、舒心的旅游环境。

6. 加强基础设施建设，不断完善服务功能

西安市以建设散客自助游最方便的城市为目标，努力完善城市旅游综合服务功能。加大国际航线开拓力度，并成为西北首家实施72小时过境免签的城市。同时，充分利用高铁、高速公路体系，构建西安及周边地区旅游交通大格局和方便市民出游的旅游公交网络。编制了《西安智慧旅游城市总体规划》，加快推进西安火车站游客集散中心建设，在游客密集场所设立旅游咨询服务中心。建设提升了百座旅游公厕和城市旅游标识系统，努力为游客提供优质、便捷的服务。根据《西安市2018年智慧旅游工作实施方案》，西安市将充分利用物联网、移动互联网大数据、云计算、AR、VR等新技术和数据分析在旅游业的集成与应用创新，不断提升西安市智慧旅游基础设施建设，积极推进西安市相关景区与省、市公共服务平台的数据对接工作，加快旅游产业运行监测与应急指挥平台建设，实现游客服务智慧化、旅游管理智能化。重点工作任务包括：加快旅游信息化基础设施建设，着力推进旅游产业运行监测与应急指挥中心建设，着力推进旅游管理服务平台建设，提升完善自助旅游服务建设，提升旅游电子商务平台建设，着力推进智慧旅游五类示范点建设工作，着力推进旅游新媒体线上、线下宣传营销工作。

(三) 西安市旅游发展措施

为了解决上述问题，实现建设国际一流旅游目的地的发展目标，西安必须做到以下几点。

第一，坚持科学发展观，依据旅游发展趋势与市场需求，集成整合优势资源，强势推进转型升级、集聚区带动、产业融合、市场瓶颈突破、城市（旅游）大提升五大战略，构建符合现代旅游发展的产业体系与空间格局；坚持走观光与休闲度假并重的道路，进一步转变旅游产业的发展方式，推进旅游与农业、工业、文化等相关产业的融合，加快培育旅游新业态；坚持项目带动，重点抓好秦岭终南山世界地质公园等一批重大旅游项目建设。建设若干旅游综合体，形成西安旅游休闲度假带；针对高端旅游市场，努力扩大会展和商务旅游的规模；引进和推广现代经营管理模式，促进旅游企业转型发展，做大做强市场主体，实现品牌化、

网络化、集团化发展格局；通过加大运用现代科技成果的力度，提高旅游行业创新能力。

第二，以"十二大"旅游集聚区建设为突破口，实施项目高端创意、建设品牌景区、组织精品旅游线路，文化与山水产品"两轮驱动"，创建享誉国际、国内市场的产品与品牌。12个旅游集聚区包括古城旅游集聚区、曲江文化旅游集聚区、临潼秦唐文化与度假旅游集聚区、浐沪灞国际会议与生态度假旅游集聚区、秦岭终南山世界地质公园核心集聚区、秦岭楼观道文化旅游集聚区、户南生态文化旅游集聚区、周秦汉遗址公园旅游集聚区、蓝田国家温泉休闲度假旅游集聚区、泾渭汉帝王文化旅游集聚区、秦咸阳宫文化体验旅游集聚区、西安樊川佛教祖庭旅游集聚区。这些旅游集聚区涵盖了文化与山水产品，充分发挥了西安市遗址资源丰富、古都文化积淀深厚、生态资源跨度大、人文活动独领风骚的特点。

第三，创新营销理念，实施八大营销工程，强力拓展入境与国内两大市场，推广与彰显西安"华夏故都，山水之城"城市形象。首先，持续拓宽旅游营销渠道，加强建设国际旅游营销渠道，重视建设港澳台旅游营销渠道，巩固与拓展国内旅游营销渠道，建设国际国内航空港销售窗口。其次，积极实施媒体大营销，推进国际媒体西安旅游造势，持续投放中央电视台广告，强化"东方文化旅游之都"媒体营销。强化网上展示与推广，积极打造旅游电子商务平台。再次，实施事件连环引爆营销，创意策划并实施"世界园艺博览会"等事件连环引爆营销活动。借势品牌节会营销，推出"丝绸之路国际旅游节"等品牌节会营销活动。最后，大力拓展商务会展客源，通过完善商务会展设施、申办名牌商务会展活动和会议，引进知名的专业国际会展公司，持续开发商务会展客源，优化西安旅游客源结构，提升旅游收入水平。

第四，建设与完善旅游基础与服务设施，捋顺旅游管理体制，规范市场秩序，提升服务质量，优化西安旅游环境；加快推进以信息和互联网技术为核心的智慧旅游城市建设，优化在线旅游信息服务集群，引导旅游企业利用物联网、互联网、移动通信等现代科技手段，开展旅游在线服务、网络营销；加快旅游集散体系建设，为游客提供集运输、票务等功能于一体的一站式综合服务；加快建立市、区（县）、企业三级旅游咨询体系，进一步完善全市旅游咨询服务网络；加快推进旅游路网体系建设，促进城市公交服务网络向郊（区）县、乡、村旅游景点延伸，不断完善旅游标识系统和自助游、自驾游服务，加大旅游停车场建设力度；加快推进旅游饭店建设，形成以星级饭店为主体、经济型酒店和民宿为补充的旅游接待服务格局。围绕建设国际一流旅游目的地城市的目标定位，以调结构、促转型、惠民生，审核旅游改革为主线，推动旅游产业升级，争取早日实现把旅游业发展成为西安市国民经济中的战略性支柱产业和人民群众更加满意的现代服务业的目标。

二、婺源县的旅游目的地管理[6]

（一）婺源县旅游发展概况

20 多年前，婺源还是一个传统的农业大县，交通不便、信息闭塞、山多田少，发展十分缓慢，"三省交界边穷县，山清水秀路难行"是当时婺源的真实写照。婺源县生态环境优良，文化底蕴深厚，如何将资源优势转化为发展优势，成为破解发展瓶颈、提高人民生活水平的一道"应用题"。

2001 年，婺源县委、县政府立足资源优势，抓住机遇，大打"文化"与"生态"两张牌，提出优先发展旅游产业，建设中国最美乡村的目标，大力发展乡村旅游，并积极拓展推介方式文化搭台，经济唱戏，不断擦亮"中国最美乡村"这一品牌，实现年旅游接待人数、年门票收入，年旅游综合收入三项指标的连续增长。

2000—2013 年，婺源游客接待人数由 2000 年的 12 万人次飙升至 2013 年的 1 007.5 万人次，增长了 80 多倍。经过 20 年发展，婺源逐渐打开了国际客源市场的大门，其旅游业已从规模小、起步低的阶段进入高速增长阶段。

婺源乡村旅游经过自发经营、资源整合两个阶段后，实现了"一个集团、一张门票，一大品牌"，截至 2019 年年底，全县先后开发出众多精品景区，其中国家 4A 级旅游景区 13 个，国家 5A 级旅游景区 1 个，创全国县级城市之最，形成"古村游、生产游、古风游"的东、西、北三条精品线路，融入"名山、名村、名镇"国际旅游黄金线路，实现资源共享、信息相通、客源互送，乡村旅游整体竞争力大大提高。婺源乡村旅游发展过程如图 10-4 所示。

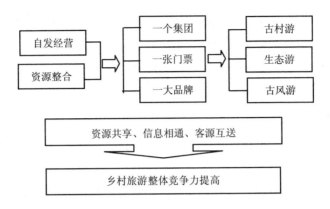

图 10-4　婺源乡村旅游发展过程

　　乡村旅游的发展为当地政府和百姓带来了无限商机与活力，让他们享受到了旅游发展带来的实惠。在旅游带动下，婺源 50% 以上的人在家门口吃上"旅游饭"。截至 2019 年，婺源县宾馆数量 300 余家；发展农家乐 4 000 多家，休闲娱乐场所 40 余家、旅游购物场所 40 余家、旅行社 30 余家。2019 年，婺源县接待游客 2 463 万人次，综合收入 244.3 亿元，人均增收 3 000 元以上。

（二）婺源旅游业发展的思路、做法和成功经验

1. 看得"重"

　　一是对旅游发展非常重视。婺源县出台了《加快旅游发展的若干意见》，成立了旅游产业领导小组，统一领导、高位推动，研究决定旅游发展的重大事项。

　　二是对旅游事业非常专注。婺源县从部门到基层，从干部到群众都以不争论、不徘徊、不停滞的观念，一心一意、步步为营、持之以恒地主攻旅游发展。

　　三是对旅游工作非常齐心。婺源提出全县办旅游，各个部门都围绕旅游做工作，形成了政府主导、部门联动、齐抓共管的工作局面。

2. 定得"高"

　　一是目标定位高。把旅游开发目标定位于全国乃至全球，提出建设"中国最美乡村"和"世界生态文化大公园"的目标，全力打造国内著名、世界知名旅游目的地。

　　二是规划水平高。舍得花钱，注重高起点、高水准规划先后投入超过 1 000 万元

聘请顶尖团队——中国城市规划设计研究院编制了四个层次的规划。

三是开发标准高。婺源县已经从民间散乱、小打小闹开发全面转向高水准、综合性大开发。在项目开发建设上，不仅注重引资金，还注重引技术，坚持选择既具经济实力，又具开发水平。

3. 钻得"深"

一是在开发理念上有深入创新。婺源县在旅游发展初期提出了先宣传、后项目的口号，在当前旅游大发展时期，提出旅游支柱产业、休闲度假会展型旅游景区和世界旅游市场的概念。配备了爱旅游、懂旅游的精干高效行政团队开展旅游工作。

二是在推进阶段上有科学把握。旅游产业从起步到发展都有一个过程。婺源县已经完成旅游资源的整合，推动旅游产业升级换代。

三是在文化底蕴上有深入研究。把文化底蕴研究作为旅游开发的灵魂，建立婺源文化研究会、徽剧团和县乡村"三级"文物保护管理体制，对县内明清建筑、历代贤俊事迹、民俗风水、民间艺术、茶道美食、文物古迹等分别进行整理，做了系统的研究和挖掘，总结出"红、绿、黑、白"特色旅游文化体系。

4. 玩得"活"

一是活在宣传营销。①制作名片。婺源县自 2001 年江泽民同志视察后，策划出适应自己风格的亮丽名片，打出了"中国旅游强县""中国最美的六大乡村古镇"等十多个著名招牌。②举办节庆。婺源县连年举办国际文化旅游节，以节庆赢关注，聚人气。③投放广告。婺源县投入大量的资金，运用铺天盖地的大型立体广告牌、进入央视等高档媒体黄金广告时段、宣传画册进入全国"两会"、赴全国 15 个城市进行推介等，全方位、高强度地开展宣传声势。

二是活在政策运用。敢于灵活运用政策、突破瓶颈制约是婺源旅游产业快速发展的制胜法宝。在土地使用方面，以旅游项目带动土地运作，灵活运用征收、租赁、以土地入股等方式；在项目审批方面，采用灵活审批等方式；在招商融资方面，敢于破题，以景点开发和房产开发相结合的办法解决景区基础设施建设需要县财政投入的问题。

三是活在景区共建。通过对古民居进行收购、对村民自主开发的景点予以补助、以旅游资源入股、参与农家乐和农特产品经营、提供公益性岗位、从门票收入中按一定比例给镇里村里划拨经费、给群众分红等多种途径，让当地群众增加收益，妥善处理好了旅游开发与当地群众的利益关系，调动了村民参与发展旅游与保护环境的积极性。

5. 做得"精"

一是注重细节的精雕细刻。婺源县提出把全县建设成为一座大花园的口号，要求全县每一幢房子、每一座桥梁、每一条道路、每一片绿化，甚至每一扇门窗、每一处栏杆都按景观物、艺术品的要求来建设或制作，全面融入地域的特色，注入文化的元素，形成"处处风光、步步景"的氛围。

二是注重风格的统一协调。全县的景点建筑、村民建筑等的建设都紧扣旅游主题，彰显地方特色。新建房屋，基本上采用新徽派风格，很有气势和特色。县内主要公路沿线、景点可视范围内，油菜种植覆盖率达 90%以上，形成了"油菜花经济"；三条精品旅游线路，茶园每年套种梨树、桃树等带花苗木，聚焦成花开百村的景象。

三是注重管理的精细有序。婺源县制定了景区开发建设、景区管理、导游管理、宾馆管理、餐馆管理、门票管理等办法，组织乡镇村旅游经营户赴四川等地考察取经。在单位学校、社区开展文明礼仪教育，培养了一大批懂旅游、茶道的专业人才，建立了比较规范的产业运行机制，景区管理步入正轨。

（三）婺源旅游发展措施

1. 进行旅游体制机制建设

婺源县全面启动省级旅游综合改革试点工作，进一步理顺了旅游统筹发展、综合协调的管理机制，形成更有利于旅游发展的综合环境。婺源县旅游委加挂了国家乡村旅游度假实验区管委会牌子，2014 年 7 月，县政府下发文件，明确了管委会的管理体制、内设机构、人员编制等，进一步整合旅游管理职能，理顺管理体制。同时成立了规划股、信息中心两个内设股室，并配备工作人员，开展了旅游规划报批旅游资源调查、旅游微信平台建设、旅游线上推广等一系列工作。在旅游目的地安全管理方面，成立了婺源县旅游高峰期接待工作领导小组，统一指挥调度旅游高峰期安全秩序，同时成立了旅游高峰期应急总指挥部，下设江岭、晓起、江湾等 13 个分指挥部和 1 个旅游投诉指挥部，层层落实安全工作责任，有效保证了高峰期旅游秩序稳定和交通顺畅。为了提升服务质量，婺源县政府规范旅游咨询投诉机制，明确相关部门的职责，逐步建立高效、快捷、人性化游客投诉综合处理机制，在全国率先成立县级旅游市场联合执法调度中心（简称"旅游110"）。

2. 全面优化旅游目的地环境，加快推进乡村旅游目的地建设

（1）在旅游目的地硬环境建设方面

首先，扎实推进A级景区创建和宾馆酒店星级创评工作。五龙源、严田成功创建国家4A级旅游景区，五龙源景区完成了停车场扩建、景区漂流河道监控安装、景区标识系统等建设。

其次，加快推进县城至旅游景区及景区间的旅游公路建设。近年来，婺源实现农村公路建设总里程近2 000 km，所有建制村实现"村村通"。

最后，加快旅游城乡客运一体化进程，进一步完善旅游标识标牌，已完成城乡客运（公交）一体化规划及组建城乡客运总公司实施方案的编制，准备签订组建城乡客运总公司的合作意向书。及时完善标志标线和安全防护设施，在婺源县段浙线安装旅游标识牌、警示牌约130块。

（2）在旅游目的地软环境建设方面

首先，大力推进农家乐诚信化体系建设和行业自律规范化发展，带动提升整体旅游行业的诚信度。在江湾开展诚信农家乐示范点试点工作，引导成立了江湾农家乐协会，组织相关职能部门多次对江湾农家乐进行规范和提升，推广江湾诚信农家乐示范点。

其次，推进"智慧旅游"平台建设，加快旅游数字化信息化发展。婺源县已委托有关公司负责设计婺源智慧旅游项目初步解决方案。截至2014年年底，已完成通往各大景区的公路和景区参观点、古民居、宾馆酒店、农家乐、驴友徒步路线等有关旅游要素的三维实景采集工作。开通了婺源旅游官方微信，含语音导游、电子画册、景区交通等内容，并加强引导旅游企业开通微信平台，加入旅游官方微信链接，加快实现信息对接，资源共享。在各宾馆、农家乐、景区景点等显著位置标示官方微信二维码，方便游客通过扫描二维码进入婺源旅游信息咨询共享平台。婺源发展智慧旅游，需要融合与应用信息技术，实现大数据，以精准的数据为基础，重服务化，只有这样才能实现真正的智慧营销、智慧管理、智慧服务，推动旅游产业的整体发展。

最后，加强全县干部及涉旅从业人员的培训工作，不断提升旅游综合服务水平。婺源县制订了干部教育和人力资源培训计划，并举办了农家乐管理人员培训班，同时对导游人员进行培训。

（3）推进旅游目的地品牌建设

首先，加强影视媒体营销力度，增加电视媒体广告的投放。中央电视台（以下简称央视）分别播出了"美丽中国乡村行——醉美婺源"等节目，"婺源旅游形象宣传片·乡愁篇"在央视的《中国新闻》栏目中推出。加强与影视机构合作，继电视剧《原乡》在央视热播后，婺源又成为电影《世外逃园》的主要拍摄地，同时，婺源牵手北京电影学院共建影视创作基地。

其次，全面推进客源市场推介。加强与黄山、景德镇、庐山、三清山等周边景区的合作，联合营销，共同打造精品旅游线路，实现资源共享、客源互送、市场共赢和优势叠加；加强客源地专场推介，组织县内旅游企业到南京、北京、上海、西安、台湾、澳门等地参加"江西风景独好"婺源旅游专场推介活动；加大海外市场开拓力度，重点开拓了韩国市场，逐步辐射我国港澳台地区及东南亚等海内外市场，积极开展宗子宗亲、寻根溯祖等主题营销。最后，丰富主题营销活动。开展了"最美乡村过大年"和"冬季市场优惠月"活动，做旺淡季旅游客源市场；圆满承办了2014年婺源全国自行车联赛思溪延村站比赛，进一步提升了"中国最美乡村"的知名度和美誉度；协助举办了"大美上饶·最美婺源"记者采风行旅游宣传活动，组织开展了海外华裔青少年"中国寻根之旅"夏令营；"江西风景独好——2014外媒看江西"，以及"金驹奖"世界大学生摄影展的获奖大学生来婺源采风等一系列特色活动；开展了婺源县十大必购旅游商品评选活动，带动旅游商品营销。

（4）加强旅游产业体系建设

婺源县进一步完善旅游产业发展规划体系，有力地推进了国家乡村旅游度假实验区、全国生态文明先行示范区等平台建设，加大项目服务力度，优化项目服务机制，旅游项目业态不断丰富，旅游产品品质和产业素质得到有效提升。

首先，进一步规范旅游规划体系。《婺源国家乡村旅游度假实验区总体规划》编制完成并正式获得省政府批复准予实施。逐步建立起规划前置审批机制，要求全县涉旅项目的规划、包装设计、招商、开发需符合婺源县旅游产业发展总体规划布局，组织并指导全县旅游景区规划编制、评审及报批相关工作，并对项目规划实施进行监督。

其次，进一步丰富旅游项目业态。婺源县高端商务、度假项目业态日渐成熟，婺源婺里天禧温泉酒店已经正式开业运营，填补了该县温泉度假产业的空白。以"梦里老家"大型山水实景演出项目、特色乡村旅游点、水墨上河国际文化交流中心项目、婺源华星国际影城、算岭民俗文化影视村等为支撑的乡村文化休闲度假产业规模不断扩大。以旅游商品产业基地、中国有机茶都项目等为支撑的产业融合日渐成为新常态。以文化旅游产业服务基地项目、旅游商品城项目、茗坦山谷温泉旅游度假项目为重点的婺源国家乡村旅游度假实验区项目整体包装策划、招商工作取得较好效果。

最后，进一步加强旅游产业扶持。做好旅游项目立项审批等前期服务工作，高标准推进旅游项目建设。依托国家乡村旅游度假实验区、全国生态文明先行示范区等平台，积极向上争取重点项目入库、土地指标及资金扶持等。以"扶优扶特"为原则，通过"旅游贷"试点工作，重点扶持旅游产业特别是符合办理条件的优质涉旅小微企业发展，进一步提高婺源县旅游企业活力和竞争力。

学术研讨题

1. 选择一篇你喜欢的 CSSCI 数据库收录的旅游目的地形象的学术论文，分析其研究的理论基础、思路、方法和学术价值。

2. 解析一篇 SSCI 收录的旅游目的地营销的学术论文。

3. 尝试设计一份旅游目的地调研报告的编撰计划。

推荐阅读文献

（1）黄安民. 旅游目的地管理[M]. 2 版. 武汉：华中科技大学出版社，2021.

（2）窦志萍，杨芬，和旭. "景城一体"城市型旅游目的地建设研究——以昆明为例[J]. 旅游研究，2015，7（3）：5-9.

（3）保继刚. 旅游规划案例[M]. 广州：广东旅游出版社，2003.

（4）吴必虎，俞曦，严琳. 城市旅游规划研究与实施评估[M]. 北京：中国旅游出版社，2010.

（5）陈家刚. 旅游规划与开发[M]. 天津：南开大学出版社，2006.

（6）世界旅游组织，中华人民共和国国家旅游局，贵州省旅游局. 贵州省旅游发展总体规划[M].
贵州：贵州人民出版社，2004.

（7）张宏梅，陆林. 入境旅游者心理特性研究——基于跨文化的视角[M]. 芜湖：安徽师范大学
出版社，2015.

（8）李雪松. 旅游目的地管理[M]. 北京：中国旅游出版社，2017.

（9）陈实. 旅游管理前沿专题[M]. 北京：中国经济出版社，2013.

主要参考文献

[1] 保继刚. 旅游规划案例[M]. 广州：广东旅游出版社，2003.

[2] 陈家刚. 旅游规划与开发[M]. 天津：南开大学出版社，2006.

[3] 世界旅游组织，中华人民共和国国家旅游局，贵州省旅游局. 贵州省旅游发展总体规划[M].
贵阳：贵州人民出版社，2004.

[4] 张凌云，王静，张雅坤，等. 世界著名旅游目的地开发与管理[M]. 北京：旅游教育出版社，
2015.

[5] 武夷山国家公园[O/L]. 武夷山国家公园管理局主办.https://wysgjgy.fujian.gov.cn/[2023-12].

[6] 黄安民. 旅游目的地管理[M]. 武汉：华中科技大学出版社，2021.

后 记

　　回忆获批学术型硕士生导师的 2010 年秋季，在为 2010 级旅游管理学术型硕士研究生上课时，从本科生推免攻读硕士学位的辛欣同学，在课堂上很认真地提了一个问题：陈老师您好，我们大二时，您为我们上过"景区经营与管理"的课程，现在咱们又上景区的课，会有啥区别吗？暂且不论辛欣提问题的原因和初衷。这个问题确实引起了我的思考：当时的本科生和硕士研究生的培养方案，我都是主要制定者之一。在课程设置时，"景区经营与管理"作为本科生了解一类重要旅游企业和旅游行业部门的课程，是培养方案中的专业主干课；而"景区管理研究进展与前沿"作为硕士研究生的专业选修课，旨在培养学生对景区研究领域的原理、范畴、命题与研究方法输出能力。从培养方案设置初衷来讲，首先考虑了本科生和硕士研究生的学习方法、方式和方向的差异；其次考虑了课程名称所匹配的教学大纲的差异；最后考虑了本科生与硕士研究生的课程教学方法、方式的不同。这一思考在此后的教学过程中，时时引导我进行课堂教与学的因材施教。

　　时值 2018 年，学校研究生院改革创新完善研究生教学制度，要求任课教师明确研究生课程的教材、教学大纲以及教案。这对于我新接任的"旅游目的地开发与管理"的课程而言，存在无法明确教材的现实问题。因为本科生教材不能选择，选择英文教材却需调整为双语课，已有中文研究生教材又缺乏，因而选择了自编教材。适逢学校研究生教学管理改革，旅游管理学术型研究生培养方案与工商管理学术型研究生培养方案合二为一，"旅游目的地规划与管理"作为旅游管理专业的必修课被写入培养方案。此后，积极与相关任课教师讨论教学大纲、教学目标、教学方法，积极申报研究生精品教材项目，先后获批河南省研究生教育改革与质量提升工程项目（精品教材）（YJS2022JC32）；河南大学研究生教育创新与质量提升计划项目（SYL20050104）；河南大学中国式现代化研究协同创新团队建设

（S23041Y）；河南省高等教育教学改革研究与实践项目（本科教育类）（2024SJGLX0055）。经过 4 年的不懈努力，以及在教材编写团队成员的大力支持和鼓励下，于 2022 年年底完成了约 30 万字的《旅游目的地研究：原理、方法与案例》研究报告一份。为更好地适应更多学校的旅游类硕士研究生的教学需要，团队在中国环境出版集团有限公司孔锦编辑的指导与建议下，进一步提炼研究报告大纲，调整相关研究内容，形成了《旅游目的地研究与管理》教材文稿。

在此特别感谢首都师范大学陶犁教授、郑州大学任瀚教授、河南大学陈楠教授和陈太政教授，中国环境出版集团有限公司孔锦编辑，以及项目团队其他成员，积极参与讨论、进行相关文献资料检索、按时完成各章节内容的撰写任务，感谢研究生李亚洁、张皓钰、王欣玲、刘美婷、禹建崇、晁丹参与相关文献资料检索和图表制作。正是团队的齐心协力才有《旅游目的地研究与管理》教材的顺利编撰。

主编

2024 年 5 月